Rückgabetag — nach Überschreiten dieses Termins

Ausgesondert
Stadtbibliothek
Wolfsburg

KYBERNETIK

Norbert Wiener

KYBERNETIK

Regelung und Nachrichtenübertragung
im Lebewesen und in der Maschine

ECON Verlag
Düsseldorf · Wien · New York · Moskau

Titel der amerikanischen Originalausgabe: Cybernetics or control and communication in the animal and the machine. Originalverlag: Massachusetts Institute of Technology. Übersetzt von E. H. Serr, unter Mitarbeit von Dr. E. Henze. Copyright © 1948 and 1961 by the Massachusetts Institute of Technology.

Die Deutsche Bibliothek – CIP-Einheitsaufnahme

Wiener, Norbert: Kybernetik: Regelung und Nachrichtenübertragung im Lebewesen und in der Maschine / Norbert Wiener. [Übers. von E. H. Serr, unter Mitarb. von E. Henze]. – Düsseldorf; Wien; New York; Moskau: ECON Verl., 1992. Einheitssacht.: Cybernetics or control and communication in the animal and the machine ⟨dt.⟩. ISBN 3-430-19652-3.

Copyright © 1992 der deutschen Ausgabe by ECON Executive Verlags GmbH, Düsseldorf, Wien, New York und Moskau. Alle Rechte der Verbreitung, auch durch Film, Funk und Fernsehen, fotomechanische Wiedergabe, Tonträger jeder Art, auszugsweisen Nachdruck oder Einspeicherung und Rückgewinnung in Datenverarbeitungsanlagen aller Art, sind vorbehalten. Lektorat: Wolfgang Drescher. Druck und Bindearbeiten: Franz Spiegel Buch GmbH, Ulm. Printed in Germany. ISBN 3-430-19652-3.

INHALT

Pfadfinder im Niemandsland (Alexander von Cube) 6
Vorwort zur zweiten Auflage 10

TEIL I

Ursprüngliche Ausgabe · 1948

	Einführung	25
I	Newtonscher und Bergsonscher Zeitbegriff	63
II	Gruppen und statistische Mechanik	83
III	Zufallsprozesse, Information und Kommunikation . .	103
IV	Rückkopplung und Schwingung	145
V	Rechenmaschinen und das Nervensystem	171
VI	Gestalt und Universalbegriffe	193
VII	Kybernetik und Psychopathologie	207
VIII	Information, Sprache und Gesellschaft	223

TEIL II

Ergänzende Kapitel · 1961

IX	Über lernende und sich selbst reproduzierende Maschinen	241
X	Gehirnwellen und selbstorganisierende Systeme	257
	Register	285

PFADFINDER
IM NIEMANDSLAND

Zur Neuauflage von Norbert Wieners »Kybernetik«

»*Das Buch, das seinem Verleger kein Geld bringt, wird wahrscheinlich nicht gedruckt und bestimmt nicht wieder neu aufgelegt.*« Der Autor, von dem diese Maxime stammt, und das Buch, in dem sie sich findet, werden wieder neu aufgelegt – zum dritten Mal inzwischen. Die Rede ist von Norbert Wiener und seiner »*Kybernetik*«.

Die Art und Weise, wie der Autor das Verlagsgeschäft einschätzt, enthält – auf einen simplen Nenner gebracht – schon seine ganze Theorie. Sie besagt, daß jedem Handeln eine Zielorientierung zugrunde liegt (Bücher müssen Geld bringen), daß die angestrebte Zielfindung allerdings nicht ohne Probleme ist (ein Buch kann sich als Mißerfolg erweisen), daß man aber aus seinen Fehlern lernen kann (der gleiche Flop wird »bestimmt« nicht wiederholt).

Wiener verdankt seine Lehre von der eminenten Bedeutung der »Rückkopplung« wesentlich dem Kriegsgeschäft. Bei der Entwicklung eines Feuerleitgeräts für die Flugabwehr wurde ihm klar, daß man – u. a. wegen bestimmter strömungstechnischer »Grenzwerte« – aus der Langzeitbeobachtung eines Flugzeuges eine Kurzzeitvorhersage für sein weiteres Flugverhalten gewinnen würde, wenn, um es nachrichtentechnisch halbwegs verständlich zu sagen, »bei einer von einem Muster gelenkten Bewegung die Abweichung der wirklich durchgeführten Bewegung von diesem Muster als neue Eingabe benutzt wird, um den geregelten Teil zu veranlassen, die Bewegung dem Muster näher zu bringen«.

Ansonsten schert sich der Autor, der ein Schüler von *Russell* und ein Freund von *Haldane* war, und zu dessen intellektuellem Umfeld Geistesriesen wie *Bose* und *Gabor, von Neumann* und *Turing* zählten, wenig um die Verständnismöglichkeiten des Lesers. Wenn er etwa nachweist, warum die trigonometrische Analyse bei der Behandlung nichtlinearer Phänomene kaum noch greift, oder wenn er sich mit der Gibbsschen Ergodentheorie auseinandersetzt, ja selbst wenn er uns mit einer so elementaren Größe wie dem Informationsgehalt vertraut machen will, dann geht das nur über den dornenreichen Pfad eines Seiten um Seiten füllenden mathematischen Formalismus – mit der tröstlichen Versicherung: »In diesem Buch haben wir mathematische Symbole und Rechnungen soweit wie möglich vermieden.«

Auch ohne diese Rücksichtnahme eröffnet das Buch – fast ein halbes Jahrhundert nach seinem ersten Erscheinen 1948 – eine immer noch faszinierende Aussicht auf ein Stück naturwissenschaftlichen Urgesteins, das inzwischen da und dort in einem anderen Licht erscheinen mag, das dabei aber kaum etwas von seiner Originalität einbüßte. Wem ist schon noch präsent, daß der Pfadfinder im »Niemandsland zwischen den ... anerkannten Disziplinen« nicht nur der Computertechnik den Weg bahnte (selbst die Einführung des digitalen Binärcodes geht auf den Autor zurück), sondern daß ihn sein interdisziplinärer Denkansatz u. a. einen Beitrag zur Theorie des Herzflatterns leisten ließ oder half, die neurophysiologische Betrachtung des Nervensystem von Grund auf zu revolutionieren.

Falls uns heute die Kühle erschreckt, mit der Wiener über die dafür notwendig erachteten Tierversuche referiert, sollten wir dagegen seine hohe humane Besorgnis halten, mit der er auch jenes Forschungsvorhaben kritisch begleitete, um das sein Sinnen und Trachten wie um kaum etwas anderes kreisen: Die *»Menschenmaschine«* – einschließlich des Gehirns – zu enträtseln und schließlich nachzubauen.

Obwohl das Wunderkind Wiener, das mit 14 Jahren das Abitur und mit 19 den Doktortitel schaffte, die Evolution des Organs, mit dem der Mensch gemeinhin zu denken pflegt, recht skeptisch beurteilte (»Das menschliche Gehirn mag so weit auf dem Weg zu seiner destruktiven Spezialisierung sein wie die großen Nasenhörner der letzten der Titanotherien«), so verwahrte er sich doch dagegen, daß die »moderne industrielle Revolution in ähnlicher Weise dazu bestimmt« ist, »das menschliche Gehirn zu entwerten«, wie die »erste industrielle Revolution, die Revolution der ›finsteren, satanischen Fabriken‹ die Entwertung des menschlichen Arms durch die Konkurrenz der Maschine« brachte. Dem verständlichen Wunsch der Menschen nach einem »sehr nützlichen Bestand an mechanischen Sklaven, die für sie die Arbeit verrichten ... ohne die unmittelbar demoralisierenden Wirkungen menschlicher Grausamkeit«, trat er mit der schwer zu widerlegenden These entgegen: »Jede Arbeit jedoch, die die Möglichkeit eines Wettbewerbs mit Sklavenarbeit zuläßt, akzeptiert die Bedingungen der Sklavenarbeit und ist wesentlich Sklavenarbeit.«

Wenn der »Bürger« Wiener solche Äußerungen tat, dann hielt er den Mathematiker Wiener meist außen vor. Als *Margret Mead* und andere versuchten, ihn auf »die Bedeutung des Begriffs und die Technik der Kommunikation im sozialen System« einzuschwören, konnte er »weder ihre Ansicht teilen, daß dieses Gebiet den ersten Anspruch auf meine Aufmerksamkeit hat, noch ihre Hoffnung teilen, daß ein ausreichender Fortschritt in dieser Richtung erzielt werden kann, um eine beachtenswerte therapeutische Wirkung auf die gegenwärtigen Krankheiten der Gesellschaft zu ermöglichen ... Alle großen Erfolge der Wissenschaft werden auf Gebieten erzielt, wo es einen gewissen hohen Grad der Isolation zwischen Phänomen und Beobachter gibt ... In den Sozialwissenschaften ist es am schwierigsten, die Kopplung zwischen dem beobachteten Phänomen und dem Beobachter zu bagatellisieren ... Wir sind zu sehr im Einklang mit dem Objekten unserer Untersuchung, um gute Sonden zu sein.« Fazit: Es »sind die sozialen Wissenschaften sehr unergiebige Testgebiete für neue mathematische Theorien«.

Das sollten sich nicht nur jene ins Stammbuch schreiben, die es dennoch nicht lassen konnten, und deren verzweifeltes Bemühen, die Kybernetik und ihre »vernetzten Systeme« zu einer sozialen Heilslehre hochzustilisieren, in schrecklichster Belanglosigkeit endeten, sondern auch jene, die neuerdings versuchen, einer anderen, mathematischen Theorie, nämlich der Chaosforschung, den gleichen Bärendienst zu erweisen. So wenig die »Homöostase« lebendiger organischer Einheiten irgend etwas zur Sinngebung demokratischer Verfassungen leistet, so wenig gibt die »Katastrophenstruktur« eine brauchbare Erklärung dafür ab, wieso politische Systeme aus einem Zustand scheinbarer Stabilität heraus plötzlich kollabieren. Beides sind historische Erfahrungen mit »selbstreferenten Systemen«, deren Existenz nicht bestritten werden kann, deren Zustand aber mit mathematischen Mitteln auch nicht zu beschreiben ist und deren Entwicklung sich demgemäß auch nicht vorhersagen läßt. Und nur darum geht es.

Den Rest sollte man sich selbst erlesen. Es lohnt sich, auch wenn es manchmal etwas anstrengend ist. Doch nur so stößt man – jeder für sich – auf solche Fundsachen: »Wie das Wolfsrudel ist der Staat, obgleich, wie wir hoffen wollen, zu einem weniger hohen Grad, dümmer als die meisten seiner Komponenten. Das widerspricht genau einer Meinung, die vor allem bei Geschäftsleuten, bei den Vorgesetzten großer Institute und bei ähnlichen Leuten verbreitet ist, nämlich die Annahme, daß die Gemeinschaft, weil sie größer ist als das Einzelwesen, auch intelligenter wäre. Ein Teil dieser Meinung entspringt aus nichts anderem als einem kindischen Entzücken am Großen und Verschwenderischen.«

Obwohl ich mich bisher eigentlich nicht zu den »ähnlichen Leuten« gezählt habe, bin ich mit dieser Maxime so schnell noch nicht fertig.

Overath, im Sommer 1992   *Alexander von Cube*

VORWORT
ZUR ZWEITEN AUFLAGE

Als ich die erste Auflage der »Cybernetics« vor dreizehn Jahren schrieb, tat ich es unter so großen Schwierigkeiten, daß eine unglückliche Anhäufung von Druckfehlern und einige Inhaltsfehler entstanden. Nun glaube ich, daß es Zeit ist, die Kybernetik wieder zu betrachten, nicht mehr nur als ein Programm, das irgendwann in der Zukunft durchgeführt werden soll, sondern als eine existierende Wissenschaft. Ich habe darum diese Gelegenheit benutzt, die nötigen Korrekturen vorzunehmen und gleichzeitig eine Darstellung des gegenwärtigen Standes dieses Faches und der neuen Denkweisen zu geben, die seit der ersten Veröffentlichung existent geworden sind.

Wenn ein neuer wissenschaftlicher Zweig richtig lebendig ist, muß und soll sich der Schwerpunkt des Interesses im Laufe der Jahre verschieben. Als ich zuerst über Kybernetik schrieb, bestanden die Hauptschwierigkeiten, einen Standpunkt einzunehmen, darin, daß die Vorstellungen der statistischen Informationstheorie und der Regelungstheorie neu waren und sogar auf die Denkhaltung der Zeit schockierend wirkten. Heute sind sie so allgemein bekanntgeworden wie das Rüstzeug der Fernmeldeingenieure und der Entwickler automatischer Regelungen, so daß die Hauptgefahr, vor der ich mich hüten muß, ist, daß das Buch nicht trivial erscheint. Die Rolle der Rückkopplung, sowohl bei technischen Entwicklungen wie auch in der Biologie, ist wohlbekannt geworden. Die Betrachtung der Information und die Technik des Messens und des Übertragens von Information ist für den Ingenieur, für den Physiologen, den Psychologen und den Soziologen zu einer regelrechten Disziplin geworden. Die Automaten, von der ersten Ausgabe dieses Buches kaum vorhergesagt, sind Wirklichkeit geworden, und die mit ihnen verknüpften sozialen Gefahren, vor denen ich nicht nur in diesem Buch, sondern auch in seinem kleinen populären Gefährten »The Human Use of Human Beings«[1] warnte, sind ebenfalls eine Realität.

Darum ist es angebracht, daß sich der Kybernetiker neuen Gebieten widmet und einen großen Teil seiner Aufmerksamkeit auf Ideen richtet, die im Laufe der Entwicklungen des letzten Jahrzehnts entstanden sind. Die einfachen linearen Rückkopplungen, deren Untersuchung für das Aufmerksamwerden der Gelehrten auf die Rolle der Kybernetik so wichtig war, werden jetzt als wesentlich weniger einfach und viel seltener als linear angesehen als bei den ersten Betrachtungen.

Tatsächlich reichten in den ersten Anfängen der elektrischen Schaltungstheorie die mathematischen Hilfsmittel für die systematische Behandlung von Netzwerken nicht über die lineare Überlagerung von Widerständen, Kapazitäten und Induktivitäten hinaus. Dies bedeutete, daß der gesamte Stoff mit den Mitteln der harmonischen Analyse der übertragenen Nachrichten und mit den Impedanzen, Scheinleitwerten und Spannungsverhältnissen der übertragenden Netzwerke angemessen beschrieben werden konnte.

Lange vor der Veröffentlichung der »Cybernetics« begann man sich darüber klarzuwerden, daß das Studium der nichtlinearen Netzwerke (so wie wir sie in vielen Verstärkern, in Spannungsbegrenzern, bei Gleichrichtern und ähnlichem finden) sich nicht ohne weiteres in diesen Rahmen fügte.

Dennoch wurden, dem Wunsch nach besseren Methoden entsprechend, viele Versuche unternommen, die linearen Begriffe der älteren Elektrotechnik weiter auszudehnen; so weit, daß die neueren Schaltungstypen hinreichend mit den Mitteln der ersteren beschrieben werden konnten.

Als ich etwa 1920 zum M.I.T. kam, war es üblich, die Fragen nach dem Verhalten nichtlinearer Schaltungen so zu stellen, daß man versuchte, den Begriff der Impedanz so weit zu fassen, daß er lineare und auch nichtlineare Systeme umfaßte. Das Ergebnis war, daß die Theorie der nichtlinearen elektrischen Schaltungen in

---

[1] *Wiener, N.*, Mensch und Menschmaschine — The Human Use of Human Beings, Metzner-Verlag, Frankfurt — Berlin 1952.

einen Zustand geraten war, der mit den letzten Vorstellungen des astronomischen ptolemäischen Systems verglichen werden kann, in dem Planetenkreis über Planetenkreis aufgebaut war, Korrektur auf Korrektur folgte, bis dieses ungeheuere Flickwerk unter seinem eigenen Gewicht zusammenbrach.

Geradeso, wie das Kopernikanische System aus den Resten des verworrenen Ptolemäischen Systems wuchs, als eine einfache und natürliche heliozentrische Beschreibung der Bewegungen der Himmelskörper an Stelle des komplizierten und ungenauen Ptolemäischen geozentrischen Systems, so hat die Untersuchung nichtlinearer Strukturen und Systeme, ob elektrischer oder mechanischer, ob natürlicher oder künstlicher, einen neuen und unabhängigen Ausgangspunkt gebraucht.

Ich habe in meinem Buch »Nonlinear Problems in Random Theory«[2] versucht, einen neuen Zugang aufzuzeigen. Es stellt sich heraus, daß die große Bedeutung der harmonischen Analyse bei der Behandlung von linearen Phänomenen bei der Untersuchung nichtlinearer Phänomene abnimmt. Es gibt einen einleuchtenden mathematischen Grund dafür. Das Verhalten elektrischer Netzwerke ist, wie viele andere physikalische Phänomene auch, durch die Invarianz gegenüber einer Verschiebung des zeitlichen Ursprungs gekennzeichnet. Ein physikalisches Experiment, das um 14 Uhr einen bestimmten Stand erreicht hat, wenn wir um 12 Uhr damit begannen, wird den gleichen Zustand um 14.15 Uhr erreicht haben, wenn wir 12.15 Uhr anfingen. So betrachten die Aussagen der Physik Invarianten der zeitlichen Translationsgruppe.

Die trigonometrischen Funktionen $\sin nt$ und $\cos nt$ zeigen gewisse wichtige Invarianzeigenschaften in bezug auf dieselbe Translationsgruppe. Die Funktion

$$e^{i\omega t}$$

geht bei der Translation, die wir durch die Addition von τ zu t erzeugen, in die Funktion

$$e^{i\omega(t+\tau)} = e^{i\omega\tau} e^{i\omega t}$$

der gleichen Art über. Entsprechend gilt

---

[2] *Wiener, N.*, Nonlinear Problems in Random Theory, The Technology Press M.I.T. und John Wiley & Sons, Inc., New York, 1958.

$a \cos n(t+\tau) + b \sin n(t+\tau)$
$$= (a \cos n\tau + b \sin n\tau) \cos nt + (b \cos n\tau - a \sin n\tau) \sin nt$$
$$= a_1 \cos nt + b_1 \sin nt.$$

Mit anderen Worten, die Familien der Funktionen

bzw.
$$Ae^{i\omega t}$$
$$A \cos \omega t + B \sin \omega t$$

sind abgeschlossen gegen zeitliche Translationen.

Nun gibt es auch andere Familien von Funktionen, die gegen Translationen invariant sind. Wenn man die sogenannte Irrfahrt betrachtet, bei der die Bewegung einer Partikel während eines Zeitintervalls eine Wahrscheinlichkeitsverteilung hat, die nur von der Länge dieses Zeitintervalls abhängig ist und unabhängig von allem, was sich vom Startzeitpunkt an ereignet hat, so erkennt man, daß die Menge aller Realisierungen des Irrfahrtprozesses gegenüber zeitlichen Translationen invariant ist.

Anders ausgedrückt, die reine Translationsinvarianz der trigonometrischen Funktionen ist eine Eigenschaft, die diese mit anderen Funktionenklassen teilen.

Die charakteristische Eigenschaft der trigonometrischen Funktionen — zuzüglich zu der obigen Invarianzeigenschaft — ist, daß

$$Ae^{i\omega t} + Be^{i\omega t} = (A+B)e^{i\omega t}$$

gilt, so daß diese Funktionen eine extrem einfache lineare Menge bilden. Es muß bemerkt werden, daß diese Eigenschaft die Linearität beinhaltet, d. h., daß man alle Schwingungen einer gegebenen Frequenz auf eine lineare Kombination zweier Frequenzen reduzieren kann. Es ist diese spezifische Eigenschaft, die die Rolle der harmonischen Analyse bei der Behandlung der linearen Eigenschaften elektrischer Schaltungen begründet. Die Funktionen

$$e^{i\omega t}$$

sind Charaktere der Translationsgruppe und erzeugen eine lineare Darstellung dieser Gruppe.

Wenn wir jedoch andere Verknüpfungen von Funktionen als die Addition mit konstanten Koeffizienten betrachten — wenn wir z. B. zwei Funktionen miteinander multiplizieren —, zeigen die einfachen trigonometrischen Funktionen nicht mehr diese elementare Gruppeneigenschaft. Auf der anderen Seite haben die zufälligen Funktionen, wie sie z. B. bei der Irrfahrt auftreten, gewisse Eigenschaften, die für die Diskussion ihrer nichtlinearen Verknüpfungen sehr geeignet sind.

Es erscheint mir kaum wünschenswert, hier ins Detail zu gehen, denn dies ist mathematisch ziemlich kompliziert, und es ist in meinem Buch »Nonlinear Problems in Random Theory« behandelt. Der Stoff jenes Buches hat schon zu beachtenswertem Nutzen bei der Diskussion spezifischer, nichtlinearer Probleme beigetragen, aber es bleibt noch viel zu tun übrig, um das dort aufgestellte Programm durchzuführen. Auf was nun die Praxis hinausläuft, ist, daß ein geeigneter Versuchseingang für die Untersuchung nichtlinearer Systeme eher vom Charakter der Funktionen bei der Brownschen Bewegung ist als vom Charakter eines Satzes trigonometrischer Funktionen. Diese Brownsche Bewegungsfunktion kann im Falle elektrischer Netzwerke physikalisch durch den Schroteffekt der Elektronen erzeugt werden. Dieser Schroteffekt ist das Phänomen der Regellosigkeit elektrischer Ströme, welches daher entsteht, daß ein solcher Strom nicht ein kontinuierlicher Fluß von Elektrizität ist, sondern eine Folge von unteilbaren und gleichartigen Elektronen. Daher sind elektrische Ströme statistischen Unregelmäßigkeiten unterworfen, die selbst einen gewissen gleichwertigen Charakter haben und die bis zu dem Punkt, an dem sie ein merkliches diffuses Geräusch verursachen, verstärkt werden können.

Wie ich im Kapitel IX zeigen werde, kann diese Theorie des Rauschens in der Praxis verwendet werden; nicht nur allein für die Untersuchung elektrischer Netzwerke und anderer nichtlinearer Systeme, sondern sogar auch für ihre Synthese[3]. Der Kunstgriff,

---

[3] Hier benutze ich den Ausdruck »nichtlineares System« nicht, um lineare Systeme auszuschließen, sondern um eine größere Kategorie von Systemen einzubeziehen. Die Analyse nichtlinearer Systeme mit Hilfe des Rauschens ist auch auf lineare Systeme anwendbar und so benutzt worden.

der benutzt wird, ist die Entwicklung der Ausgangsfunktion einer nichtlinearen Schaltung mit rauschendem Eingang in eine wohldefinierte Reihe nach orthonormalen Funktionen, die eng mit den Hermiteschen Polynomen verwandt sind. Das Problem der Untersuchung eines nichtlinearen Netzwerkes besteht in der Bestimmung der Koeffizienten dieser Polynome in Abhängigkeit von bestimmten Parametern der Eingangsfunktion mit Hilfe der Bildung von Erwartungswerten.

Die Beschreibung dieses Verfahrens ist ziemlich einfach. Außer der »black box«, welche ein noch nicht untersuchtes, nichtlineares System darstellt, habe ich gewisse Körper von bekannter Struktur, die ich »white boxes« nennen will und die die verschiedenen Terme in der gewünschten Entwicklung repräsentieren[4].

Ich führe das gleiche Rauschen in die »black box« und in eine vorgegebene »white box« ein. Der Koeffizient der »white box« in der Entwicklung der »black box« ist als ein Erwartungswert des Produktes ihrer Ausgänge gegeben. Dieser Erwartungswert wird über die gesamte Menge der Schroteffekt-Eingaben gebildet, und es gibt nun einen Satz, der uns erlaubt, diesen Erwartungswert in allen Fällen außer einer Menge von Fällen mit der Wahrscheinlichkeit 0 durch einen zeitlichen Mittelwert zu ersetzen. Um diesen Mittelwert zu erhalten, brauchen wir sowohl einen Multiplikator, der uns das Produkt der Ausgänge der »black box« und der »white box« liefert, als auch ein Instrument, das Mittelwerte liefert und das wir auf der Tatsache aufbauen können, daß das Potential in einem Kondensator proportional zu der im Kondensator gespeicherten Elektrizitätsmenge und daher zum Zeitintegral des durch ihn fließenden Stromes ist.

[4] Die Ausdrücke »black box« und »white box« sind gute bildliche Ausdrücke, die vielseitig verwendbar sind. Ich werde unter einer »black box« einen Apparateteil verstehen, beispielsweise einen elektrischen Vierpol, mit zwei Eingangs- und zwei Ausgangsklemmen, der eine bestimmte Operation auf der Eingangsspannung in der Gegenwart und in der Vergangenheit durchführt, aber für den wir nicht notwendigerweise irgendeine Information über die Struktur besitzen, mit der diese Operation durchgeführt wird. Auf der anderen Seite wird eine »white box« ein ähnliches Netzwerk sein, in das wir die Beziehung zwischen Eingangs- und Ausgangsspannung hineingebaut haben, übereinstimmend mit einem bestimmten Bauplan, um eine vorher bestimmte Eingangs-Ausgangs-Beziehung zu sichern.

Es ist nun nicht nur möglich, die Koeffizienten jeder »white box« zu bestimmen und damit die additiven Teile der äquivalenten Darstellung der »black box« nach und nach zu gewinnen, sondern es ist sogar möglich, diese Teile gleichzeitig festzulegen. Es ist sogar durch die Anwendung von entsprechenden Rückkopplungselementen möglich, jede einzelne »white box« automatisch sich selbst den Wert einstellen zu lassen, der zu ihrem Koeffizienten in der Entwicklung der »black box« gehört. Auf diese Weise können wir eine multiple »white box« konstruieren, die, wenn sie entsprechend mit einer »black box« verbunden ist und den gleichen Rauscheingang erhält, sich automatisch selbst zu einer der »black box« äquivalenten Schaltung entwickelt, obwohl ihre innere Struktur von der der »black box« völlig verschieden sein kann.

Diese Operation der Analyse, Synthese und der automatischen Selbsteinstellung von »white boxes« äquivalent zu gegebenen »black boxes« können auch mit anderen Methoden durchgeführt werden, die von Professor Amar Bose[5] und Professor Gabor[6] beschrieben wurden: Jede einzelne benutzt irgendeinen Einarbeitungs- oder Lernprozeß, gebildet durch das Auswählen und Vergleichen geeigneter Eingaben für die »black« und »white boxes«. In vielen dieser Prozesse, einschließlich der Methode von Professor Gabor, spielen Multiplikatoren eine bedeutende Rolle. Obwohl es viele Methoden für das Problem des elektrischen Multiplizierens zweier Funktionen gibt, ist diese Aufgabe technisch nicht leicht lösbar. Einerseits muß ein guter Multiplikator einen großen Amplitudenbereich verarbeiten, andererseits muß er sehr schnell arbeiten, damit er bis zu hohen Frequenzen genau ist. Gabor gibt für seinen Multiplikator einen Frequenzbereich bis zu ungefähr 1000 Hertz an. In seiner Habilitationsschrift für Elektrotechnik am Imperial College of Science and Technology der Universität London gibt er aber weder den Amplitudenbereich, den sein Multiplikator verarbeitet, noch den Grad der erreichten Genauigkeit näher an.

[5] *Bose, A. G.*, »Nonlinear System, Characterization and Optimization«, IRE Transactions on Information Theory IT-5, 30—40 (1959) (Specialsupplement to IRE Transactions).

[6] *Gabor, D.*, »Electronic Inventions and Their Impact on Civilization«, Inaugural Lecture, March 3, 1959, Imperial College of Science and Technology, University of London, England.

Ich erwarte sehr gespannt eine genaue Angabe dieser Größen, damit wir auch Wertangaben für die Genauigkeit anderer Teile von Apparaturen, die von dem Multiplikator abhängen, geben können.

Alle diese Geräte, in denen ein Element eine spezifische Struktur oder Funktion auf Grund vergangener Experimente annimmt, führen zu einem sehr interessanten neuen Gesichtspunkt, sowohl in der Technik als auch in der Biologie. In der Technik können Geräte ähnlicher Beschaffenheit nicht nur allein, um Spiele mit ihnen zu spielen oder um andere beabsichtigte Wirkungen zu erzielen, verwendet werden, sondern dazu, dies mit fortschreitender Perfektion auf der Basis der gemachten Erfahrungen zu tun.

Ich werde einige dieser Möglichkeiten im Kapitel IX dieses Buches erörtern. Biologisch gesehen haben wir wenigstens eine Analogie für das, was das zentrale Phänomen des Lebens sein könnte. Damit eine Erblichkeit überhaupt möglich ist und damit sich Zellen vermehren können, ist es nötig, daß die Erbeigenschaften tragenden Komponenten einer Zelle — die sogenannten Gene — fähig sind, weitere gleiche, Erbeigenschaften tragende Strukturen nach ihrem eigenen Vorbild zu schaffen.

Es ist deshalb sehr aufregend für uns, ein Mittel zu besitzen, mit welchem technische Gebilde andere Gebilde erzeugen können, deren Funktion ihrer eigenen gleich ist. Damit werde ich mich in Kapitel X befassen und im einzelnen erörtern, wie schwingende Systeme mit einer gegebenen Frequenz andere schwingende Systeme auf die gleiche Frequenz bringen können.

Es wird oft festgestellt, daß die Erzeugung einer bestimmten Molekülart nach dem Vorbild einer bereits bestehenden eine Analogie im Gebrauch von Modellen in der Technik hat, wo wir ein funktionales Element einer Maschine als Muster für die Herstellung eines anderen, gleichen Elementes gebrauchen können.

Das Bild des Modelles ist statisch, und es ist irgendein Vorgang notwendig, durch den ein Genmolekül ein anderes erzeugt. Ich schlage vor, sich versuchsweise vorzustellen, daß Frequenzen — sagen wir die Frequenzen des Molekülspektrums — die Musterelemente sind, die die Identität biologischer Substanzen bestimmen, und daß die Selbstorganisation der Gene eine Äußerung der

Selbstorganisation der Frequenzen, die ich später erörtern werde, darstellt.

Ich habe schon allgemein von lernenden Maschinen gesprochen. Ich werde ein Kapitel einer ausführlicheren Erörterung dieser Maschinen und Möglichkeiten sowie einigen Problemen, die mit ihrem Gebrauch zusammenhängen, widmen. Hier möchte ich nur ein paar Bemerkungen allgemeiner Art machen.

Wie man im Kapitel I sehen wird, ist der Begriff der lernenden Maschinen ebenso alt wie die Kybernetik selbst. In den Luftabwehrzielgeräten, die ich beschrieben habe, hängen die linearen Charakteristiken des verwendeten Vorhaltegerätes zu jeder gegebenen Zeit von einer langzeitlichen Kenntnis der Statistik der Gesamtheit der Zufallsprozesse, die wir vorhersagen wollen, ab.

Da diese Charakteristiken mathematisch an Hand der Prinzipien, die ich dort angegeben habe, herausgearbeitet werden können, ist es durchaus möglich, eine Rechenmaschine zu ersinnen, die diese Statistiken verarbeitet und die Kurzzeit-Charakteristiken des Feuerleitgerätes auf der Basis derjenigen automatisch gewonnenen Erfahrung entwickelt, die von derselben Maschine gemacht wird, die die Vorhalterechnung durchführt. Dies kann weit über das rein lineare Zielgerät hinausgehen.

In verschiedenen Schriften von Kallianpur, Masani, Akutowicz und mir selbst[7] haben wir eine Theorie der nichtlinearen Vorhersage oder Prognose entwickelt, die wenigstens denkbar mechanisiert werden kann, und zwar in gleicher Weise durch Verwertung der Langzeit-Beobachtung als statistischer Basis für die Gewinnung der Kurzzeit-Vorhersage.

Die Theorien der linearen und der nichtlinearen Vorhersage beinhalten beide einige Kriterien der Güte der Vorhersage. Das einfachste Kriterium — obgleich keineswegs das einzig gebräuchliche — ist, das mittlere Quadrat des Fehlers zu einem Minimum zu machen. Es wird in einer speziellen Form zusammen mit den Funktionalen der Brownschen Bewegung benutzt, die ich zur

[7] *Wiener, N.*, und *P. Masani*, »The Prediction Theory of Multivariate Stochastic Processes«, Part I, Acta Mathematica, 98, 111—150 (1957); Part II, ibid., 99, 93—137 (1958). Auch Wiener, N., und *E. J. Akutowicz*, »The Definition and Ergodic Properties of the Stochastic Adjoint of a Unitary Transformation«, Rendiconti del Circolo Matematico di Palermo, Ser. II, 205—217 (1957).

Konstruktion von nichtlinearen Schaltungen einsetze, um so mehr, da die verschiedenen Ausdrücke der Entwicklung gewisse Orthogonalitätseigenschaften haben. Diese sichern, daß die Partialsumme einer endlichen Anzahl dieser Ausdrücke die beste Approximation der zu imitierenden Schaltung ist, die durch Verwendung dieser Ausdrücke erreicht werden kann, wenn das Kriterium des mittleren Fehlerquadrates verwendet wird. Auch Gabors Arbeit stützt sich auf das Kriterium des mittleren Fehlerquadrates, allerdings in allgemeinerer Weise; anwendbar auf Zufallsprozesse, die durch Erfahrung gewonnen wurden.

Der Begriff der lernenden Maschinen kann weit über ihren Einsatz für Vorhersagegeräte (Prädiktoren), Filter und andere, ähnliche Anwendungen ausgedehnt werden. Dies ist besonders wichtig für die Untersuchung und die Konstruktion von Maschinen, die wie Schachspieler ein konkurrierendes Spiel spielen. Hier wurde die wesentliche Arbeit durch Samuel[8] und Watanabe[9] in den Laboratorien der International Business Machines Corporation geleistet. Wie im Falle der Filter und Prädiktoren sind gewisse Funktionen der Zufallsprozesse nach Ausdrücken entwickelt, nach denen eine viel größere Anzahl von Funktionen entwickelt werden kann. Diese Funktionen können numerische Werte der Größen enthalten, von denen das erfolgreiche Spielen eines Spiels abhängt. Zum Beispiel beinhalten sie die Anzahl der Spielfiguren auf beiden Seiten des Spielfeldes, die gesamten Verfügungsmöglichkeiten über die Figuren, ihre Beweglichkeit usf. Beim Beginn der Benutzung der Maschine werden diesen verschiedenen Gesichtspunkten gefühlsmäßige Werte zugeordnet; die Maschine wählt den zulässigen Zug aus, der von sämtlichen Möglichkeiten des Ziehens die maximale Bewertung haben wird. Bis zu diesem Punkt hat die Maschine nach einem starren Programm gearbeitet und war keine lernende Maschine.

Manchmal jedoch übernimmt die Maschine eine andere Aufgabe. Sie versucht, eine Funktion, die 1 für gewonnene Spiele,

[8] *Samuel, A. L.*, »Some Studies in Machine Learning, Using the Game of Checkers«, IBM Journal of Research and Development, 3, 210—229 (1959).

[9] *Watanabe, S.*, »Information Theoretical Analysis of Multivariate Correlation«, IBM Journal of Research and Development, 4, 66—82 (1960).

0 für verlorene Spiele und vielleicht $1/2$ für unentschiedene Spiele ist, zu vergrößern, und zwar in Termen verschiedener Funktionen, welche die Überlegungen ausdrücken, die die Maschine anstellen kann. Auf diese Weise bestimmt sie die Gewichte dieser Überlegungen so, als ob sie ein komplizierteres Spiel zu spielen in der Lage wäre. Ich werde einige der Eigenheiten dieser Maschinen im Kapitel IX erörtern, aber hier muß ich darauf hinweisen, daß sie erfolgreich genug waren, ihren Programmierer nach 10 bis 20 Stunden des Lernens und Einarbeitens zu besiegen. Ich möchte in jenem Kapitel auch einiges über die Arbeit sagen, die an Maschinen geleistet wurde, die für das Beweisen geometrischer Sätze und — bis zu einem gewissen Grade — für die Simulation der induktiven Logik entwickelt wurden.

Diese ganze Arbeit ist ein Teil der Theorie und Praxis des automatischen Programmierens, das eingehend im Electronic Systems Laboratory des Massachusetts Institute of Technology untersucht wurde. Hier wurde festgestellt, daß, wenn nicht irgendein lernender Automat eingesetzt wird, die Programmierung auch einer nach starren Regeln arbeitenden Maschine eine sehr schwierige Aufgabe ist und daß ein dringender Bedarf nach Mitteln vorliegt, diese Programmierung zu automatisieren.

Da nun der Begriff der lernenden Maschine auf jene Maschinen anwendbar ist, die wir selbst gebaut haben, ist er auch auf die lebenden Maschinen anwendbar, die wir Tiere nennen, so daß wir die Möglichkeit haben, die biologische Kybernetik in einem neuen Licht zu sehen. Hier möchte ich ein Buch von Stanley-Jones über die Kybernetik lebender Systeme aus einer Vielzahl von laufenden Forschungen hervorheben[10]. In diesem Buch widmen die Autoren einen großen Teil ihrer Aufmerksamkeit sowohl jenen Rückkopplungen, die das Arbeitsniveau des Nervensystems erhalten, wie auch jenen anderen Rückkopplungen, die auf spezielle Reize reagieren. Weil die Kombination des Niveaus des Systems mit einzelnen Reaktionen bis zu einem beachtlichen Grad multiplikativer Art ist, ist sie auch nichtlinear und schließt Betrachtungen der Art ein, wie wir sie bereits dargestellt haben. Dieses Betätigungsfeld ist zur

[10] *Stanley-Jones, D.*, und *K. Stanley-Jones*, Kybernetics of Natural Systems, A Study in Patterns of Control, Pergamon Press, London 1960.

Zeit sehr lebendig, und ich erwarte, daß es in naher Zukunft noch viel aktueller wird.

Die Methoden der Maschinen mit Gedächtnis und der Maschinen, die sich selbst reproduzieren, welche ich bis jetzt beschrieben habe, sind weitgehend — wenn auch nicht ganz — solche, die von sehr speziellen Schaltungen ausgehen oder von dem, was ich mit »blueprint«-Apparat bezeichnen möchte. Die physiologischen Aspekte des gleichen Prozesses müssen sich mehr nach den speziellen Techniken des lebenden Organismus richten, in denen »blueprints« durch einen weniger spezifischen Prozeß ersetzt sind, aber durch einen, in dem sich das System selbst organisiert. Kapitel X dieses Buches ist einem Beispiel eines sich selbst organisierenden Prozesses gewidmet, nämlich jenem, bei dem tiefe und sehr spezielle Frequenzen in Gehirnwellen umgeformt werden. Es ist deshalb weitgehend das physiologische Gegenstück zum vorhergehenden Kapitel, in dem ich ähnliche Prozesse auf höherer Ebene als der »blueprint«-Basis erörterte. Diese Existenz von sehr scharfen Spektrallinien in den Gehirnwellen und die Theorie, die ich aufstelle, um ihre Entstehung und Funktion sowie ihre medizinische Verwertbarkeit zu erklären, ist nach meiner Vorstellung ein neuer Durchbruch in der Physiologie. Ähnliche Ideen können an vielen anderen Stellen der Physiologie benutzt werden und können einen wirklichen Beitrag zur Untersuchung der Grundlagen der Lebensphänomene liefern. Dieses Gebiet, das ich darstelle, ist mehr ein Programm als eine bereits ausgeführte Arbeit, aber es ist ein Programm, auf das ich große Hoffnungen setze.

Es war nicht meine Absicht, weder in der ersten Ausgabe noch in der vorliegenden, dies Buch zu einem Kompendium dessen zu machen, was alles in der Kybernetik getan worden ist. Weder meine Interessen noch meine Fähigkeiten reichen hierfür aus. Meine Absicht ist, meine Ideen zu diesem Gegenstand zu äußern, zu erweitern und einige Ideen und philosophische Überlegungen zu entfalten, die mich am Anfang dazu führten, in dieses Gebiet einzudringen, und die mich ständig für seine Entwicklung interessierten. Daher ist es ein sehr persönliches Buch, in dem viel Raum solchen Entwicklungen gewidmet ist, die mich selbst fesselten, und relativ wenig jenen, an denen ich nicht selbst mitgearbeitet habe.

Ich hatte von vielen Stellen wertvolle Hilfe bei der Durchsicht dieses Buches. Ich muß im besonderen die Mitwirkung von Fräulein Constance D. Boyd von The M.I.T. Press, Dr. Shikao Ikehara vom Tokyo Institute of Technology, Dr. Y. W. Lee vom Electrical Engineering Department des M.I.T. und Dr. Gordon Raisbeck von den Bell Telephone Laboratories erwähnen. Auch für das Niederschreiben meiner neuen Kapitel und insbesondere für die Rechnungen im Kapitel X, in dem ich den Fall eines sich selbst organisierenden Systems betrachtet habe, das sich bei der Untersuchung des Elektroenzephalogrammes einstellt, möchte ich die Hilfe meiner Studenten John C. Kotelly und Charles E. Robinson und besonders die Mitwirkung von Dr. John S. Barlow vom Massachusetts General Hospital erwähnen. Das Sachwortverzeichnis wurde von James W. Davis aufgestellt.

Ohne die gründliche Mitwirkung und den Eifer von ihnen allen hätte ich weder den Mut noch die Sorgfalt gehabt, eine neue und verbesserte Auflage zu veröffentlichen.

Cambridge, Massachusetts Norbert Wiener
März 1961

TEIL I

URSPRÜNGLICHE AUSGABE
1948

EINFÜHRUNG

Dieses Buch stellt — nach mehr als zehn Jahren — das Ergebnis eines Arbeitsprogramms dar, das gemeinsam mit Dr. Arturo Rosenblueth, damals an der Harvard Medical School und jetzt am Instituto Nacional de Cardiología in Mexiko unternommen wurde.

In jenen Tagen leitete Dr. Rosenblueth, der Kollege und Mitarbeiter des verstorbenen Dr. Walter B. Cannon war, eine monatlich stattfindende Diskussionsreihe über wissenschaftliche Methodik. Die Teilnehmer waren meist junge Wissenschaftler an der Harvard Medical School; wir pflegten uns zum Essen an einem runden Tisch in der Vanderbilt Hall zusammenzufinden. Die Konversation war lebhaft und bewegte sich nicht in vorgeschriebenen Grenzen. Es war ein Ort, an dem jemand weder dazu ermutigt wurde noch es ihm überhaupt möglich war, auf seiner Würde zu bestehen. Nach dem Mahl verlas einer aus unserer Gruppe — oder ein geladener Gast — eine Abhandlung über irgendein wissenschaftliches Thema, im allgemeinen eines, in dem Fragen der Methodik die Hauptbetrachtungen oder zum mindesten einen leitenden Beweggrund bildeten. Der Sprecher mußte mit einer strengen Kritik rechnen, die wohlwollend, aber hart war. Dies war eine vollkommene Katharsis für halbfertige Gedanken, ungenügende Selbstkritik, übertriebenes Selbstbewußtsein und Prahlerei. Jene, die diesen Wirbel nicht ertragen konnten, kamen nicht wieder, aber unter den damaligen ständigen Teilnehmern dieser Zusammenkünfte gibt es mehr als einen, der fühlte, daß sie ein bedeutender, dauerhafter Beitrag zu unserer wissenschaftlichen Entwicklung waren.

Nicht alle Teilnehmer waren Ärzte oder medizinische Wissenschaftler. Einer von uns, ein sehr treues Mitglied und eine sehr große Stütze unserer Diskussionen, war Dr. Manuel Sandoval Vallarta, ein Mexikaner wie Dr. Rosenblueth und Professor der Physik am Massachusetts Institute of Technology, der zu meinen allerersten Studenten gehörte, als ich nach dem ersten Weltkrieg an das Institut kam. Dr. Vallarta pflegte zu diesen Diskussionstreffen einige seiner Kollegen vom M.I.T. mitzubringen, und an einem davon traf ich zum erstenmal Dr. Rosenblueth. Ich war lange an der wissenschaftlichen Methodik interessiert und war tatsächlich von 1911–1913 Teilnehmer von Josiah Royces Harvard-Seminar über diesen Gegenstand gewesen. Überdies fühlte man, daß es wesentlich war, jemanden dabei zu haben, der mathematische Fragen kritisch untersuchen konnte. So wurde ich ein aktives Mitglied der Gruppe, bis Dr. Rosenblueths Ruf nach Mexiko 1944 und die allgemeinen Umstellungen des Krieges die Versammlungsfolgen beendeten.

Viele Jahre hatten Dr. Rosenblueth und ich die Überzeugung geteilt, daß die für das Gedeihen der Wissenschaft fruchtbarsten Gebiete jene waren, die als Niemandsland zwischen den verschiedenen bestehenden Disziplinen vernachlässigt wurden. Seit Leibniz hat es vielleicht keinen Menschen mehr gegeben, der die volle Übersicht über die gesamte geistige Tätigkeit seiner Zeit gehabt hat. Seit jener Zeit ist die Wissenschaft in zunehmendem Maß die Aufgabe von Spezialisten geworden; auf Gebieten, die die Tendenz zeigen, ständig näher zusammenzuwachsen. Vor einem Jahrhundert mag es keinen Leibniz gegeben haben, aber da waren ein Gauß, ein Faraday und ein Darwin. Heute gibt es ein paar Gelehrte, die sich ohne Einschränkung Mathematiker, Physiker oder Biologen nennen können. Ein Mann kann Topologe, Akustiker oder Fachmann für Ringflügelflugzeuge sein. Er wird angefüllt sein mit den Spezialausdrücken seines Faches und wird dessen gesamte Literatur und alle Feinheiten kennen, aber sehr häufig wird er das nächste Sachgebiet als irgend etwas betrachten, das einen Kollegen drei Türen weiter im Korridor angeht, und sein eigenes Interesse daran als einen unverantwortlichen Bruch der Zurückgezogenheit ansehen.

Diese spezialisierten Gebiete wachsen ständig und nehmen neue Territorien ein. Das Ergebnis ist ähnlich dem, das sich ereignete, als das Oregongebiet gleichzeitig von den Siedlern aus den Vereinigten Staaten, den Briten, den Mexikanern und den Russen in Besitz genommen wurde — ein unentwirrbares Knäuel von Erforschung, Namengebung und Gesetzen. Da gibt es wissenschaftliche Arbeitsgebiete, wie wir im Hauptteil des Buches sehen werden, die von den verschiedenen Seiten erforscht worden sind, der reinen Mathematik, der Statistik, der Elektrotechnik und der Neurophysiologie; in denen jeder einzelne Begriff von jeder Disziplin einen speziellen Namen bekommt und in denen bedeutende Arbeiten verdrei- und vervierfacht werden, während andere wichtige Arbeit durch den Mangel an Mitteln in einem Gebiet verzögert wird, Mittel, die im nächsten Gebiet schon klassisch geworden sein können.

Es sind diese Grenzgebiete der Wissenschaft, die dem qualifizierten Forscher die reichsten Gelegenheiten bieten. Sie sind aber gleichzeitig die widerspenstigsten gegen die eingefahrenen Techniken der Breitenarbeit und der Arbeitsteilung. Wenn die Schwierigkeit eines physiologischen Problems im wesentlichen mathematisch ist, werden zehn Physiologen, die sich nicht in der Mathematik auskennen, genauso weit kommen wie ein Physiologe, der sich nicht in Mathematik auskennt, und nicht weiter. Wenn ein Physiologe, der mathematische Arbeitsweisen nicht kennt, mit einem Mathematiker zusammenarbeitet, der nichts von Physiologie versteht, kann der eine sein Problem nicht in Ausdrücke bringen, mit denen der andere arbeiten kann, und der zweite wird nicht in der Lage sein, die Antworten in eine Form zu bringen, die der erste verstehen kann. Dr. Rosenblueth hat immer die Meinung vertreten, daß eine entsprechende Erforschung dieser weißen Felder auf der Karte der Wissenschaften nur von einem Team von Wissenschaftlern gemacht werden kann, bei dem zwar jeder ein Spezialist auf seinem Gebiet ist, aber auch jeder einen vortrefflichen Spürsinn besitzt und Übung im Umgang mit den Gebieten seines Nachbarn hat. Alle müssen gewohnt sein, zusammenzuarbeiten, die geistigen Gewohnheiten des anderen kennen, und die Bedeutung eines neuen Vorschlages eines Kollegen untersuchen, bevor er vollkommen formuliert ist. Der Mathematiker muß nicht über die Geschicklichkeit verfügen, ein physiologisches Experiment durchzuführen, aber er muß die Fähigkeit besitzen, es zu verstehen, zu kritisieren und anzuregen. Der Physiologe muß nicht in der Lage sein, einen bestimmten mathematischen Satz zu beweisen, aber er muß in der Lage sein, seine physiologische Bedeutung zu begreifen und dem Mathematiker zu sagen, wonach er suchen soll. Wir haben jahrelang von einem Institut mit unabhängigen Wissenschaftlern geträumt, die gemeinsam in diesen Hinterwäldern der Wissenschaft arbeiten würden; nicht als Untergeordnete irgendeines hohen Exekutivbeamten, sondern vereint durch den Wunsch — ja durch die geistige Notwendigkeit —, das Teilgebiet als Ganzes zu verstehen und einander zu diesem Verstehen zu verhelfen.

Wir hatten diesen Dingen zugestimmt, lange bevor wir das Gebiet unserer gemeinsamen Forschungen und entsprechend unsere Teile in ihm gewählt hatten. Der entscheidende Faktor für diesen neuen Schritt war der Krieg. Mir war seit geraumer Zeit bekannt, daß im Falle einer dringenden nationalen Anstrengung meine Funktion in dieser hauptsächlich durch zwei Dinge bestimmt werden würde: meinen engen Kontakt mit dem Programm der Rechenmaschinen, entwickelt von Dr. Vannevar Bush, und meine eigene gemeinsame Arbeit mit Dr. Yuk Wing Lee auf dem Gebiet der Synthese von elektrischen Netzwerken. Tatsächlich erwiesen sich beide als wichtig. Im Sommer des Jahres 1940 wandte ich einen großen Teil meiner Aufmerksamkeit der Entwicklung von Rechenmaschinen für die Lösung partieller Differentialgleichungen zu. Ich war lange an ihnen interessiert gewesen und war selbst überzeugt, daß ihr Hauptproblem, im Gegensatz zu den gewöhnlichen Differentialgleichungen, die Dr. Bush mit seinem Analogrechner so gut behandelt hatte, die Darstellung von Funktionen mit mehr als einer Veränderlichen war. Ich war auch zu der Überzeugung gekommen, daß in dem Prozeß der Bildabtastung, wie er beim Fernsehen benutzt wird, die Antwort auf diese Frage lag und daß das Fernsehen dazu bestimmt war, für die Technik durch die Einführung solcher neuer Methoden nützlicher zu werden als ein unabhängiger Industriezweig.

Es war klar, daß jeder Bildabtastprozeß die Zahl von Daten, mit denen operiert wird, verglichen mit der Zahl von Daten in einem Problem gewöhnlicher Differentialgleichungen, ungeheuer vergrößern mußte. Um vernünftige Ergebnisse in einer vernünftigen Zeit zu erhalten, wurde es nötig, die Geschwindigkeit der Elementarprozesse so hoch wie möglich zu steigern und das Unterbrechen des Ablaufes dieser Prozesse durch Schritte von wesentlich langsamerer Natur zu vermeiden. Es wurde auch nötig, die einzelnen Prozesse mit einem sehr hohen Grad an Genauigkeit auszuführen, damit die sehr häufige Wiederholung dieser Elementarprozesse nicht einen so großen Fehler verursachte, daß das Resultat praktisch völlig unbrauchbar wurde. So entstanden die Forderungen:

1. daß das zentrale Addier- und Multiplizierwerk der Rechenmaschine numerisch sein sollte, wie bei einer gewöhnlichen Addiermaschine; nicht von der Art stetiger Meßprozesse, wie beim Analogrechner von Bush;

2. daß diese Mechanismen, die im wesentlichen Schalter sind, Elektronenröhren enthalten sollten und nicht Getriebe oder mechanische Relais, um nämlich einen schnelleren Arbeitsablauf zu sichern;

3. daß es, in Übereinstimmung mit der Erfahrung, die bei einigen bestehenden Apparaten der Bell Telephone Laboratories gesammelt wurde, wahrscheinlich wirtschaftlicher wäre, zur Addition und Multiplikation das binäre Zahlensystem zu benutzen als das dekadische System;

4. daß die gesamte Folge der Operationen durch die Maschine selbst ausgeführt würde; daß also kein menschliches Eingreifen vom Zeitpunkt der Dateneingabe bis zur Auslieferung der Endresultate notwendig wäre und daß alle hierbei notwendigen logischen Entscheidungen in die Maschine selbst hineingebaut werden sollten;

5. daß die Maschine eine Vorrichtung für das Speichern von Daten enthielte, die diese schnell aufzeichnet, bis zum Löschen festhält, sie schnell liest, schnell löscht und dann unmittelbar für das Speichern von neuem Material bereit ist.

Diese Empfehlungen, zusammen mit Vorstellungen über die Mittel, sie zu verwirklichen, wurden Dr. Vannevar Bush für eine mögliche Verwendung im Kriege übergeben. Im Stadium der

Kriegsvorbereitungen schienen sie nicht wichtig genug zu sein, um sofortige Arbeit an ihnen zu rechtfertigen. Nichtsdestoweniger stellen sie alle Gedanken dar, die in die Praxis moderner ultraschneller Rechenautomaten aufgenommen wurden. Diese Vorstellungen lagen alle im Denken der Zeit nahe, und ich möchte auch nicht für einen Augenblick etwas Ähnliches wie die alleinige Urheberschaft ihrer Einführung beanspruchen. Dennoch, sie haben sich als brauchbar erwiesen, und meine Hoffnung ist, daß meine Denkschrift die Wirkung hatte, sie den Ingenieuren bekanntzumachen. Auf jeden Fall sind es, wie wir im Hauptteil dieses Buches sehen werden, Ideen, die im Zusammenhang mit der Untersuchung des Nervensystems von Interesse sind. Diese Arbeit wurde also auf den Tisch gelegt, und obgleich ihre Fruchtlosigkeit nicht erwiesen war, führte sie nicht zu einem unmittelbaren Projekt von Dr. Rosenblueth und mir. Unsere wirkliche Zusammenarbeit ergab sich aus einem anderen Projekt, das gleichfalls für die Zwecke des letzten Krieges unternommen wurde. Bei Kriegsbeginn richteten das deutsche Luftwaffenpotential und die defensive Lage Englands die Aufmerksamkeit vieler Wissenschaftler auf die Entwicklung der Flugabwehrartillerie. Schon vor dem Krieg war es klargeworden, daß die Geschwindigkeit des Flugzeugs alle klassischen Methoden der Feuerleitung überwunden hatte und daß es nötig war, alle notwendigen Rechnungen in die Regelungsapparatur selbst einzubauen. Diese waren sehr schwierig geartet durch die Tatsache, daß — nicht zu vergleichen mit allen vorher betrachteten Zielen — ein Flugzeug eine Geschwindigkeit hat, die ein sehr ansehnlicher Bruchteil der Geschwindigkeit des Geschosses ist, das zum Beschuß verwendet wird. Demgemäß ist es außerordentlich wichtig, das Geschoß nicht auf das Ziel abzuschießen, sondern so, daß Geschoß und Ziel im Raum zu einem späteren Zeitpunkt zusammentreffen. Wir mußten deshalb eine Methode finden, die zukünftige Position des Flugzeuges vorherzusagen.

Die einfachste Methode ist, den gegenwärtigen Kurs des Flugzeuges geradlinig zu extrapolieren. Dafür spricht vieles. Je mehr ein Flugzeug wendet und Kurven fliegt, um so geringer ist seine effektive Geschwindigkeit, um so weniger Zeit hat es, einen Auftrag auszuführen, und um so länger verbleibt es in einem gefährlichen Gebiet. Bei gleichbleibender Lage wird ein Flugzeug möglichst geradeaus fliegen. Zu der Zeit jedoch, wo die erste Granate explodiert, ändert sich die Lage, und der Pilot wird möglicherweise Zickzack- oder Kunstflüge machen oder in irgendeiner anderen Weise Ausweichbewegungen vornehmen.

Wenn diese Handlung vollkommen im Belieben des Piloten stünde und der Pilot seine Chancen auf solch kluge Weise nutzte, wie wir sie bei einem guten Pokerspieler voraussetzen, hat er z. B. so gute Möglichkeiten, seine erwartete Position vor der Ankunft eines Geschosses abzuändern, daß die Chancen, ihn zu treffen, nicht sehr hoch sind, ausgenommen vielleicht im Falle eines sehr schweren Sperrfeuers. Auf der anderen Seite steht es nicht ganz im Belieben des Piloten, nach seinem Willen zu manövrieren. Einmal ist er in einem Flugzeug, das außerordentlich hohe Geschwindigkeit erreicht und eine zu plötzliche Abweichung von seinem Kurs wird eine Beschleunigung bewirken, die ihn bewußtlos macht und durch die das Flugzeug abstürzen könnte. Dazu kommt, daß er das Flugzeug nur durch Bewegen seiner Steuerruder steuern kann und daß die neue Strömung, die sich einstellt, eine kurze Zeit braucht, um zu wirken. Selbst wenn sie voll ausgebildet ist, ändert sie allein die Beschleunigung des Flugzeuges, und diese Änderung der Beschleunigung muß zuerst die Änderung der Geschwindigkeit herbeiführen und dann die Änderung der Position, bevor sie endgültig wirksam ist. Weiterhin ist ein Flugzeugführer unter der Spannung der Gefechtsbedingungen kaum in einer Stimmung, sich auf ein sehr kompliziertes und ungehemmtes Willensverhalten einzulassen, und wird sehr wahrscheinlich die Aktionen ausführen, die er in der Ausbildung gelernt hat. Dies alles machte eine Untersuchung des Problems der Vorhersage der Flugkurve notwendig, die zeigen sollte, ob sich die Ergebnisse als günstig oder ungünstig für die wirkliche Verwendung einer Regelung erweisen würden, die solche Prädiktoren für Kurven enthalten mußten. Um die Zukunft einer Kurve vorauszusagen, muß eine gewisse Operation auf ihrer Vergangenheit durchgeführt werden. Der echte Vorhersageoperator oder Prädiktor kann nicht durch irgendeinen konstruierbaren Apparat verwirklicht werden, es gibt jedoch gewisse Operationen, die ihm in einem gewissen Sinne gleich sind und die tatsächlich durch Apparaturen, die wir bauen können, zu verwirklichen sind. Ich deutete Prof. Samuel Caldwell vom Massachusetts Institute of Technology an, daß diese Operationen einen Versuch wert zu sein schienen, und er schlug sofort vor, sie auf Dr. Bushs Analogrechner auszuprobieren, indem dieser als funktionsfähiges Modell des gewünschten Feuerleitgerätes benutzt wurde. Das taten wir und erzielten Ergebnisse, die im Hauptteil dieses Buches erörtert werden. Auf jeden Fall fand ich mich mit einem Kriegsprojekt beschäftigt, wobei Mr. Julian H. Bigelow und ich Partner waren. Es war dies der Aufbau der Theorie der Vorhersage und der Entwicklung von Geräten, die diese Theorie realisierten.

Man wird sehen, daß ich zum zweiten Male zur Untersuchung eines mechanisch-elektrischen Systems verpflichtet worden war, welches für die Übernahme einer spezifisch menschlichen Funktion entwickelt wurde — einmal für die Ausführung einer komplizierten Rechnung und zum zweiten für das Vorhersagen der Zukunft. In diesem zweiten Fall sollten wir nicht auf die Diskussion der Ausführung gewisser menschlicher Funktionen verzichten. In manchem Feuerleitgerät ist es wirklich so, daß der Originalimpuls zum Zielen direkt durch Radar hereinkommt, aber üblicherweise ist ein menschlicher Richtschütze oder ein Richtgerät oder beide zusammen vorhanden, die als ein wesentlicher Teil der Feuerleitanlage arbeiten. Es ist wesentlich, ihre Charakteristiken zu kennen, um sie mathematisch in die Geräte einzubeziehen, die sie bedienen. Überdies ist ihr Ziel, das Flugzeug, auch menschlich gesteuert, und es ist wünschenswert, dessen Operationscharakteristiken zu kennen.

Mr. Bigelow und ich kamen zu dem Schluß, daß ein außerordentlich wichtiger Faktor im willensgesteuerten Handeln das ist, was die Regelungstechniker mit Rückkopplung bezeichnen. Ich werde dies eingehend in den entsprechenden Kapiteln erörtern. Hier genügt die Feststellung, daß bei einer von einem Muster gelenkten Bewegung die Abweichung der wirklich durchgeführten Bewegung von diesem Muster als neue Eingabe benutzt wird, um den geregelten Teil zu veranlassen, die Bewegung dem Muster näherzubringen. Zum Beispiel überträgt eine Ausführungsart einer Steuermaschine eines Schiffes den Ausschlag des Steuerrades auf eine

Zusatzeinrichtung der Ruderpinne, die derart die Ventile der Steuermaschine regelt, daß die Ruderpinne in eine Lage kommt, bei der diese Ventile geschlossen bleiben. Also dreht sich die Ruderpinne so, daß sie das andere Ende des die Ventile regelnden Zusatzaggregates mittschiffs bringt und auf diese Weise die Winkelstellung des Steuerrades als eigene Winkelstellung realisiert. Natürlich wird irgendwelche Reibung oder Verzögerung, die die Bewegung der Ruderpinne hemmt, den Dampfeintritt durch die Ventile auf einer Seite vergrößern und ihn auf der anderen Seite so vermindern, daß die Drehkraft zunimmt, die darauf gerichtet ist, die Ruderpinne in die gewünschte Stellung zu bringen. Also zielt das Rückkopplungssystem darauf hin, die Verrichtung der Steuermaschine relativ unabhängig von der Belastung zu machen.

Andererseits, z. B. unter gewissen verzögernden Bedingungen, wird eine zu starre Rückkopplung das Ruder zum Überschwingen bringen und wird von einer Rückkopplung in der anderen Richtung gefolgt sein, die das Ruder noch mehr überschwingen läßt, bis der Steuermechanismus in wilde Schwingungen übergeht oder zum Schlagen kommt und vollständig zusammenbricht. In einem Buch, wie in dem von MacColl[11], finden wir eine sehr genaue Erörterung der Rückkopplung, der Bedingungen, unter denen sie von Vorteil ist, und der Bedingungen, unter denen sie zusammenbricht. Sie ist ein Phänomen, das wir quantitativ vollständig verstehen.

Nehmen wir nun an, daß ich einen Bleistift aufhebe, so muß ich, um dieses zu tun, gewisse Muskeln bewegen. Jedoch jeder von uns, ausgenommen wenige Anatomieexperten, weiß nicht, welches diese Muskeln sind, und sogar unter den Anatomen gibt es wenige, wenn es überhaupt welche gibt, die diese Handlung durch eine bewußte Willenssteuerung der Kontraktion jedes betreffenden Muskels ausführen können. Was wir hingegen wollen, ist, den Bleistift aufzuheben. Haben wir dies einmal beschlossen, so schreitet unsere Bewegung derart fort, daß wir grob sagen können, daß der Grad, zu welchem der Bleistift noch nicht aufgehoben ist, mit jedem Bewegungsstadium vermindert wird. Dieser Teil der Aktion ist nicht voll im Bewußtsein.

[11] *MacColl, L. A.*, Fundamental Theory of Servomechanismus, Van Nostrand, New York, 1946.

Um eine Handlung auf solche Weise durchzuführen, muß es bewußt oder unbewußt eine Nachricht zum Nervensystem geben über den Grad, zu dem der Bleistift zu jedem Augenblick noch nicht erreicht ist. Wenn wir unser Auge auf den Bleistift richten, mag diese Nachricht wenigstens teilweise visuell sein, jedoch ist sie allgemeiner kinästhetisch oder propriozeptiv, um einen jetzt in Mode befindlichen Ausdruck zu gebrauchen. Wenn die propriozeptiven Erregungen rein »wünschend« sind und wir ersetzen sie nicht durch visuelle oder andere Mittel, so sind wir unfähig, den Akt des Bleistiftaufhebens auszuführen, und wir befinden uns in einem Zustand, der als Ataxie bekannt ist. Eine Ataxie dieser Art ist in Form der Syphilis des zentralen Nervensystems, als *tabes dorsalis*, bei welcher der kinästhetische Reiz, der durch die spinalen Nerven übertragen wird, mehr oder weniger gestört ist, gut bekannt.

Eine übermäßige Rückkopplung jedoch ist ein ebenso ernstes Hindernis für organisiertes Handeln wie eine gestörte Rückkopplung. Angesichts dieser Möglichkeit traten Mr. Bigelow und ich an Dr. Rosenblueth mit einer sehr bestimmten Frage heran: Gibt es irgendeinen pathologischen Zustand, in dem der Patient beim Versuch, irgendeinen Willensakt wie das Aufheben eines Bleistifts auszuführen, über das Ziel hinausschießt und in eine unkontrollierbare Schwingung verfällt? Dr. Rosenblueth antwortete uns sofort, daß es einen solchen gut bekannten Zustand gibt, der Absichts-Tremor (purpose tremor) genannt wird und welcher oft zu Unrecht dem Kleinhirn zugeordnet wird.

Wir fanden so eine überaus treffende Bestätigung unserer Hypothese, die die Natur von — wenigstens in Grenzen — Willenshandlungen betraf. Es muß herausgestellt werden, daß unsere Ansicht beträchtlich über jene der Neurophysiologen hinausging. Das zentrale Nervensystem erscheint nicht mehr als ein in sich abgeschlossenes Organ, das Eingaben von den Sinnesorganen erhält und an die Muskeln abführt. Im Gegenteil sind einige seiner charakteristischen Handlungen nur als Kreisprozesse erklärbar, die vom Nervensystem in die Muskeln übergehen und durch die Sinnesorgane ins Nervensystem zurückkehren, ob diese nun Propriozeptoren oder Organe speziellerer Sinne sind. Dies schien uns ein neuer Markstein im Studium jenes Teils der Neurophysiologie zu sein, der nicht allein die Elementarprozesse der Nerven und Synapsen betrifft, sondern die Wirkung des Nervensystems als Ganzes betrachtet.

Wir drei fühlten, daß dieser neue Gesichtspunkt einen Aufsatz verdiente, den wir schrieben und veröffentlichten[12]. Dr. Rosenblueth und ich sahen voraus, daß dieser Aufsatz nur das Aufstellen eines Programmes für einen großen Komplex experimenteller Arbeit sein konnte, und wir beschlossen, wenn wir je in den Besitz eines alle Wissenschaften umfassenden Institutes kommen sollten, würde dieses Thema ein beinahe idealer Schwerpunkt unserer Tätigkeit sein.

Auf der Ebene der Nachrichtentechnik war es Mr. Bigelow und mir schon klar geworden, daß die Probleme der Regeltechnik und der Nachrichtentechnik untrennbar waren und daß sie sich nicht auf die Elektrotechnik konzentrierten, sondern auf den fundamentaleren Begriff der Nachricht, ob diese nun durch elektrische, mechanische oder nervliche Mittel übertragen wird. Die Nachricht ist eine zeitlich diskret oder stetig verteilte Folge meßbarer Ereignisse – genau das, was von den Statistikern ein Zufallsprozeß genannt wird. Die Vorhersage der Zukunft einer Nachricht geschieht durch irgendeine Operation auf ihre Vergangenheit, gleichgültig, ob dieser Operator durch ein mathematisches Rechenschema oder durch einen mechanischen oder elektrischen Apparat verwirklicht wird. In diesem Zusammenhang fanden wir, daß der ideale Vorhersagemechanismus, den wir zuerst betrachtet hatten, mit zwei Fehlertypen annähernd entgegengesetzter Art behaftet war. Während der Prädiktor, den wir zuerst entwickelten, eine extrem glatte Kurve mit jedem gewünschten Genauigkeitsgrad vorherbestimmen konnte, wurde diese Feinheit des Verfahrens immer durch zunehmende Empfindlichkeit bezahlt. Je besser der Apparat für glatte Kurven war, desto mehr wurde er durch kleine, kurze Abweichungen in Schwingungen versetzt, und um so länger pflegte es zu dauern, bis solche Schwingungen abklangen. So schien die gute Prognose einer glatten Kurve einen feinfühligeren und empfindlicheren Apparat zu verlangen, als die bestmögliche Vorherbestimmung

---

[12] *Rosenblueth, A., N. Wiener,* und *J. Bigelow,* »Behavior, Purpose, and Teleology«, Philosophy of Science, 10, 18—24 (1943).

einer rauhen Kurve und die Wahl des besonderen Apparates für einen speziellen Fall war abhängig von der statistischen Natur des Phänomens, das vorherzusagen war. Dieses sich gegenseitig beeinflussende Paar von Fehlertypen schien etwas mit dem kontrastierenden Problem der Ortsmessung und der Bewegungsmessung zu tun zu haben, das in der Quantenmechanik von Heisenberg als Ungenauigkeitsrelation zu finden ist.

Als wir einmal klar erkannt hatten, daß die Lösung des Problems der optimalen Vorhersage nur durch eine Verarbeitung der Statistik der Zufallsprozesse, die vorhergesagt werden sollen, zu erhalten war, war es nicht schwer, die ursprüngliche Schwierigkeit in der Theorie zu etwas zu machen, was tatsächlich ein wirksames Werkzeug zur Lösung des Problems der Prognose war. Wenn man das wahrscheinlichkeitstheoretische Verhalten eines Zufallsprozesses als bekannt annahm, war es möglich, einen expliziten Ausdruck für den mittleren quadratischen Fehler der Vorhersage mit einem bekannten Kalkül und für einen gegebenen Bereich herzuleiten.

Als wir dies einmal hatten, konnten wir das Problem der optimalen Vorhersage in die Bestimmung eines speziellen Operators überführen, der eine spezielle, positive Größe, die von ihm abhing, auf ein Minimum reduzieren sollte. Minimalprobleme dieser Art gehören zu einem bekannten Zweig der Mathematik, nämlich der Variationsrechnung, und dieser Zweig besitzt bekannte Lösungsmethoden. Mit Hilfe dieser Methoden waren wir in der Lage, eine explizite, beste Lösung des Problems der Vorhersage der Zukunft eines Zufallsprozesses zu erhalten, wenn dessen statistisches Verhalten gegeben ist, und wir waren sogar weiterhin in der Lage, eine physikalische Verwirklichung dieser Lösung in Form eines realisierbaren Gerätes zu erreichen.

Als wir dies getan hatten, bekam wenigstens ein Problem des technischen Entwickelns einen völlig neuen Gesichtspunkt. Im allgemeinen ist das Entwickeln eher als Kunst denn als Wissenschaft angesehen worden. Durch das Zurückführen eines Problems dieser Art auf ein Minimalprinzip hatten wir das Fach wesentlich mehr auf eine wissenschaftliche Basis gestellt. Es war uns klar, daß dieses nicht ein alleinstehender Fall war, sondern daß es einen ganzen

Bereich von Ingenieurarbeit gab, in dem ähnliche Entwicklungsprobleme durch die Methoden der Variationsrechnung gelöst werden konnten.

Wir nahmen andere, ähnliche Probleme in Angriff und lösten sie mit den gleichen Methoden. Darunter war das Problem des Entwurfs von Filtern. Wir finden oft eine Nachricht durch fremde Störungen verfälscht, die wir »Rauschen« nennen. Wir betrachten dann das Problem der Wiederherstellung der ursprünglichen Nachricht − der Nachricht mit einer bestimmten Phasenvoreilung oder einer bestimmten Verzögerung −, und zwar mit Hilfe eines Operators, der auf die verfälschte Nachricht angewendet wird. Die optimale Bestimmung dieses Operators und des Gerätes, das ihn realisiert, hängt von der statistischen Natur der Nachricht und des Rauschens − zusammen oder einzeln − ab. So haben wir beim Entwerfen von Filtern empirische und ziemlich zufällige Methoden durch wissenschaftlich vollkommen fundierte Vorgänge ersetzt. Dadurch haben wir aus der Nachrichtentechnik eine statistische Wissenschaft gemacht, einen Zweig der statistischen Mechanik. Die Begriffe der statistischen Mechanik haben seit mehr als einem Jahrhundert in jeden Zweig der Wissenschaft eingegriffen. Wir werden sehen, daß diese Vorherrschaft der statistischen Mechanik in der modernen Physik eine sehr wesentliche Bedeutung für die Auslegung der Natur der Zeit hat. Im Falle der Nachrichtentechnik jedoch ist die Bedeutung der statistischen Einflüsse sofort augenscheinlich. Die Übertragung von Information ist nur als eine Übertragung von Alternativen möglich. Wenn nur ein möglicher Zustand übertragen werden soll, dann kann er höchst wirksam und mit geringstem Aufwand durch das Senden von überhaupt keiner Nachricht übertragen werden.

Der Telegraf und das Telefon können ihre Funktion nur ausführen, wenn die Nachrichten, die sie übermitteln, sich fortlaufend ändern, und zwar so, daß diese nicht vollständig durch ihre Vergangenheit bestimmt sind, und beide können tatsächlich nur gebaut werden, wenn die Änderungen dieser Nachrichten sich in irgendeine Art statistischer Regeln fügen.

Um diesen Aspekt der Nachrichtentechnik zu umfassen, mußten wir eine statistische Theorie des »Informationsgehalts« entwickeln, in der die Einheit der Information diejenige ist, die bei einer Entscheidung zwischen zwei gleichwahrscheinlichen, einfachen Alternativen übertragen wird. Diese Idee kam mehreren Verfassern ungefähr zur gleichen Zeit, unter ihnen dem Statistiker R. A. Fisher, Dr. Shannon von den Bell Telephone Laboratories und dem Autor. Fishers Motiv für das Untersuchen dieses Gegenstandes ist in der klassischen Statistik zu finden, das von Shannon im Problem der Verschlüsselung von Information und das des Autors im Problem von Rauschen und Nachricht in elektrischen Filtern. Es sei beiläufig erwähnt, daß einige meiner Überlegungen in dieser Richtung diejenigen der früheren Arbeit von Kolmogoroff[13] in Rußland berühren, obgleich ein beachtlicher Teil meiner Arbeit getan war, bevor ich auf die Arbeit der russischen Schule aufmerksam gemacht wurde.

Der Begriff des Informationsgehaltes berührt in natürlicher Weise einen klassischen Begriff in der statistischen Mechanik: den der Entropie. Gerade wie der Informationsgehalt eines Systems ein Maß des Grades der Ordnung ist, ist die Entropie eines Systems ein Maß des Grades der Unordnung; und das eine ist einfach das Negative des anderen. Dieser Gesichtspunkt führt uns zu einer Anzahl von Betrachtungen, die den zweiten Hauptsatz der Thermodynamik betreffen, und zu einer Untersuchung der Existenz des sogenannten Maxwellschen Dämons. Solche Fragen tauchen unabhängig bei der Untersuchung der Enzyme und anderer Katalysatoren auf, und ihr Studium ist wesentlich für das klare Verständnis fundamentaler Phänomene der lebenden Substanz wie Stoffwechsel und Fortpflanzung. Das dritte fundamentale Phänomen des Lebens, das der Reizbarkeit, gehört zum Gebiet der Nachrichtentheorie und fällt unter die Gruppe der Gedanken, die wir gerade erörtert haben[14]. Daher hatte schon vier Jahre vorher die Gruppe der Wissenschaftler um Dr. Rosenblueth und mich die tatsächliche Einheit der Probleme der Nachrichtenübertragung, Regelung und der statistischen Mechanik erkannt, sowohl bei der Maschine wie

---

[13] *Kolmogoroff, A. N.*, »Interpolation und Extrapolation von stationären zufälligen Folgen«, Bull. Acad. Sci. U.S.S.R., Ser. Math. 5, 3—14 (1941).

[14] *Schrödinger, Erwin*, What is Life?, Cambridge University Press, Cambridge, England 1945.

im lebenden Gewebe. Auf der anderen Seite waren wir ernstlich durch den Mangel der Eindeutigkeit der Literatur über diese Probleme und durch das Fehlen jeder allgemeinen Terminologie oder auch nur eines einzigen Namens für das Gebiet behindert. Nach vielem Überlegen kamen wir zu dem Entschluß, daß die gesamte bestehende Terminologie eine zu starke Neigung zu irgendeiner Seite hatte, um der zukünftigen Entwicklung des Gebietes so gut zu dienen, wie sie sollte; und wie es Wissenschaftlern so oft ergeht, waren wir gezwungen, zuletzt einen künstlichen neogriechischen Ausdruck zu prägen, um die Lücke zu füllen. Wir haben beschlossen, das ganze Gebiet der Regelung und Nachrichtentheorie, ob in der Maschine oder im Tier, mit dem Namen »Kybernetik« zu benennen, den wir aus dem griechischen »κυβερνήτης« oder »Steuermann« bildeten. Durch die Wahl dieses Ausdruckes möchten wir anerkennen, daß die erste bedeutende Schrift über Rückkopplungsmechanismen, ein Artikel über Fliehkraftregler von Clerk Maxwell, im Jahre 1868[15] veröffentlicht wurde, und dieses englische Wort »Governor« für Fliehkraftregler ist von einer lateinischen Verfälschung von κυβερνήτης abgeleitet. Wir wollen auch auf die Tatsache verweisen, daß die Steuermaschine eines Schiffes tatsächlich eine der ersten und am besten entwickelten Formen von Rückkopplungsmechanismen ist.

Obgleich der Ausdruck Kybernetik nicht weiter zurückdatiert als zum Sommer des Jahres 1947, finden wir ihn doch geeignet bei Hinweisen auf frühere Entwicklungen des Gebietes. Von etwa 1942 an ging die Entwicklung des Faches an mehreren Fronten vorwärts. Zuerst wurden die Gedanken des gemeinsamen Aufsatzes von Bigelow, Rosenblueth und Wiener von Dr. Rosenblueth während eines Treffens verbreitet, das 1942 in New York unter Leitung der Josiah Macy Foundation abgehalten wurde und den Problemen der zentralen Hemmung im Nervensystem gewidmet war. Unter den bei diesem Treffen Anwesenden war Dr. Warren McCulloch von der Medical School of the University of Illinois, welcher schon mit Dr. Rosenblueth und mir in Berührung stand und der an der Untersuchung der Organisation der Gehirnrinde interessiert war.

[15] *Maxwell, J. C.*, Proc. Roy. Soc. (London), 16, 270—283 (1868).

An diesem Punkt kommt ein Element hinzu, das wiederholt in der Geschichte der Kybernetik auftritt — der Einfluß der mathematischen Logik. Wenn ich unabhängig von der Geschichte der Wissenschaft einen Schutzpatron für die Kybernetik wählen sollte, würde ich Leibniz nennen. Die Philosophie Leibniz' kreist um zwei engverwandte Begriffe — den einer universellen Symbolik und den eines Kalküls der Vernunft. Von diesen sind die mathematischen Bezeichnungen und die symbolische Logik der heutigen Zeit hergeleitet. Genau wie der Kalkül der Arithmetik eine fortschreitende Mechanisierung, ausgehend vom Rechenschieber und der Tischrechenmaschine bis zum ultraschnellen Rechenautomaten des heutigen Tages, durchlaufen hat, enthält der *calculus ratiocinator* von Leibniz die Keime der *machina ratiocinatrix*, der logischen Maschine. Leibniz war tatsächlich selbst, wie sein Vorgänger Pascal, an der Konstruktion von mechanischen Rechenmaschinen interessiert. Es ist deshalb nicht im mindesten überraschend, daß der gleiche intellektuelle Impuls, der zur Entwicklung der mathematischen Logik geführt hat, gleichzeitig zur idealen oder tatsächlichen Mechanisierung der Prozesse des Denkens geführt hat.

Ein mathematischer Beweis, dem wir folgen können, ist einer, der in einer endlichen Anzahl von Symbolen geschrieben werden kann. Diese Symbole können tatsächlich einen Hinweis auf den Begriff der Unendlichkeit enthalten, aber dieser Übergang ist ein solcher, den wir in eine endliche Anzahl von Stufen zusammenziehen können, wie im Falle der vollständigen Induktion, wo wir einen Satz, der von einem Parameter n abhängt, zunächst für $n=0$ beweisen und dann zeigen, daß der Fall $n+1$ aus dem Fall n folgt, und damit die Gültigkeit des Satzes für alle positiven Werte von n erhalten. Darüber hinaus müssen die Operationsregeln unseres deduktiven Mechanismus von endlicher Anzahl sein, obgleich sie wegen eines Verweisens auf den Begriff der Unendlichkeit selbst — ausgedrückt in endlich vielen Termen — anders erscheinen können. Kurz gesagt war es ganz einleuchtend geworden — sowohl für den Nominalisten wie Hilbert wie für den Intuitionisten wie Weyl —, daß die Entwicklung einer mathematisch-logischen Theorie den gleichen Einschränkungen unterworfen ist wie jene, die die Vervollkommnung einer Rechenmaschine begrenzt. Wie wir später sehen werden, ist es sogar möglich, in dieser Weise die Paradoxien von Cantor und Russell zu interpretieren.

Ich bin selbst ein früherer Schüler von Russell und verdanke vieles seinem Einfluß. Dr. Shannon wählte für seine Doktorarbeit am Massachusetts Institute of Technology die Anwendung der Techniken der klassischen Booleschen Algebra auf die Untersuchung von Schaltsystemen in der Elektrotechnik.

Turing, der vielleicht der erste ist, der die logischen Möglichkeiten der Maschine als intellektuelles Experiment untersucht hat, diente der Britischen Regierung während des Krieges in der Elektronik und ist jetzt mit dem Programm betraut, das das National Physical Laboratory of Teddington für die Entwicklung von Rechenmaschinen modernsten Typs durchführt.

Ein anderer junger Wanderer vom Gebiet der mathematischen Logik zur Kybernetik ist Walter Pitts. Er war ein Schüler von Carnap in Chikago und hatte auch Kontakt zu Prof. Raschewski und seiner Schule von Biophysikern. Es soll beiläufig bemerkt werden, daß diese Gruppe viel dazu beigetragen hat, die Aufmerksamkeit der mathematisch Interessierten auf die Möglichkeiten der biologischen Wissenschaften hinzulenken, obgleich es einigen von uns scheinen mag, daß sie zu sehr von Problemen der Energie, des Potentials und den Methoden der klassischen Physik beherrscht sind, um die bestmögliche Arbeit bei der Untersuchung von Systemen wie dem Nervensystem, die sehr weit davon entfernt sind, durch energetische Überlegungen untersucht werden zu können, zu leisten. Mr. Pitts hatte das große Glück, unter den Einfluß von McCulloch zu kommen; die beiden begannen ganz früh, an Problemen zu arbeiten, die die Vereinigung der Nervenfasern durch Synapsen zu Systemen mit gegebenen Gesamteigenschaften betrafen. Unabhängig von Shannon hatten sie die Technik der mathematischen Logik für die Erörterung dessen, was schließlich nach den Schaltproblemen war, angewandt. Sie fügten Elemente hinzu, welche nicht in Shannons früherer Arbeit hervortraten, obgleich sie sicher durch die Gedanken von Turing eingegeben waren, z. B. der Gebrauch der Zeit als Parameter, die Betrachtung von Netzen, die Zyklen enthalten, der synaptischen und anderer Verzögerungen[16].

Im Sommer des Jahres 1943 traf ich Dr. J. Lettvin vom Boston City Hospital, der sehr an den Dingen des nervlichen Mechanismus interessiert war. Er war ein enger Freund von Mr. Pitts und machte mich mit seiner Arbeit bekannt[17]. Er veranlaßte Mr. Pitts, nach Boston zu kommen und Dr. Rosenblueth und mich kennenzulernen. Wir hießen ihn in unserer Gruppe willkommen.

Mr. Pitts kam an das Massachusetts Institute of Technology im Herbst des Jahres 1943, um mit mir zu arbeiten und um seine mathematischen Kenntnisse für das Studium der Kybernetik, die zu jener Zeit gerade geboren, aber noch nicht getauft worden war, zu vertiefen.

Obwohl Mr. Pitts zu jener Zeit bereits mit mathematischer Logik und Neurophysiologie gut vertraut war, hatte er aber noch nicht die Gelegenheit gehabt, sehr viel mit dem Ingenieurwesen in Kontakt zu kommen. Im besonderen kannte er Dr. Shannons Arbeit nicht und hatte nicht viel Erfahrung mit den Möglichkeiten der Elektronik. Er war sehr interessiert, als ich ihm Beispiele von modernen Vakuumröhren zeigte und ihm erklärte, daß diese ideale Mittel wären, um apparative Äquivalente zu seinen nervlichen Kreisen und Systemen darzustellen. Von dieser Zeit an wurde es uns klar, daß die ultraschnelle Rechenmaschine, so wie sie abhängig war von aufeinanderfolgenden Schaltern, beinahe ein ideales Modell der sich aus dem Nervensystem ergebenden Probleme darstellen mußte. Der Alles-oder-nichts-Charakter der Neuronenentladung ist völlig analog zur Auswahl einer binären Ziffer; und schon mehr als einer von uns hatte das binäre Zahlensystem als beste Basis des Rechnens in der Maschine erkannt. Die Synapse ist nichts als ein Mechanismus, der bestimmt, ob eine gewisse Kombination von Ausgängen von anderen Elementen ein ausreichender Anreiz für das Entladen des nächsten Elementes ist oder nicht und muß ein genaues Analogon in der Rechenmaschine haben. Das Problem,

---

[16] *Turing, A. M.*, »On Computable Numbers, with an Application to the Entscheidungsproblem«, Proceedings of the London Mathematical Society, Ser. 2, 42, 230—265 (1936).

[17] *McCulloch, W. S.*, and *W. Pitts*, »A logical calculus of the ideas immanent in Nervous activity«, Bull. Math. Biophys, 5, 115—133 (1943).

die Natur und Möglichkeiten des tierischen Gedächtnisses darzustellen, hat seine Parallele im Problem des Konstruierens künstlicher Gedächtnisse für die Maschine.

Zu dieser Zeit hatte sich die Entwicklung von Rechenmaschinen für die Kriegsbedürfnisse als wesentlicher erwiesen, als das erste Urteil von Dr. Bush angezeigt hatte, und sie schritt an mehreren Orten voran, und zwar auf Wegen, die gar nicht so verschieden waren von jenen, die mein früherer Bericht aufgezeigt hatte. Harvard, Aberdeen Proving Ground und die University of Pennsylvania konstruierten schon Maschinen, und das Institute für Advanced Study in Princeton und das Massachusetts Institute of Technology waren dabei, das gleiche Gebiet anzugehen.

In diesem Programm lag ein stufenweiser Fortschritt vom mechanischen Geräteteil zum elektrischen Geräteteil, von der Zahlenbasis zehn zur Basis zwei, vom mechanischen Relais zum elektrischen Relais, von der menschlich gesteuerten zur automatisch gesteuerten Operation, und in Kürze glich jede neue Maschine mehr als die vorangegangene dem Memorandum, das ich Dr. Bush gesandt hatte. Es war ein unaufhörliches Gehen und Kommen von Leuten, die an diesem Gebiet interessiert waren. Wir hatten Gelegenheit, unsere Gedanken unseren Kollegen zu übermitteln, im besonderen Dr. Aiken von Harvard, Dr. von Neumann vom Institute for Advanced Study und Dr. Goldstine von den Eniac- und Edvac-Maschinen der Universität von Pennsylvania. Jeder, den wir mit einem offenen Ohr und dem Vokabular der Ingenieure trafen, wurde bald mit den Ausdrücken der Neurophysiologen und Psychologen angesteckt.

In diesem Stadium erschien es Dr. von Neumann und mir wünschenswert, ein gemeinsames Treffen all derer abzuhalten, die an dem interessiert waren, was wir nun Kybernetik nennen; dieses Treffen fand gegen Ende des Winters 1943/44 in Princeton statt. Ingenieure, Physiologen und Mathematiker waren vertreten. Es war nicht möglich, Dr. Rosenblueth unter uns zu haben, da er gerade eine Berufung zum Leiter der Laboratorien für Physiologie des Instituto Nacional de Cardiología in Mexiko angenommen hatte, aber Dr. McCulloch und Dr. Lorente de No' vom Rockefeller Institute vertraten die Physiologen. Dr. Aiken konnte nicht anwesend sein; jedoch Dr. Goldstine gehörte zu einer Gruppe von mehreren Rechenmaschinenkonstrukteuren, die am Treffen teilnahm, während Dr. von Neumann, Mr. Pitts und ich die Mathematiker waren. Die Physiologen gaben eine gemeinsame Darstellung von Kybernetikproblemen von ihrem Gesichtspunkt aus; ähnlich stellten die Rechenmaschinenbauer ihre Methoden und Ziele dar. Am Ende des Treffens war es allen klar, daß es eine beträchtliche gemeinsame Denkbasis aller Bearbeiter der verschiedenen Gebiete gab, daß man in jeder Gruppe schon Begriffe gebrauchen konnte, die durch andere schon besser entwickelt waren, und daß ein Versuch gemacht werden sollte, ein allgemeines Vokabular zustande zu bringen.

Geraume Zeit davor hatte die Kriegsuntersuchungsgruppe, angeführt von Dr. Warren Weaver, ein Dokument herausgebracht, das zuerst geheim und später nur für den Dienstgebrauch bestimmt war und welches die Arbeit von Mr. Bigelow und mir über Prädiktoren und Filter einschloß. Es wurde festgestellt, daß die Bedingungen der Flugabwehr nicht die Konstruktion spezieller Apparate für die krummlinige Vorhersage rechtfertigten, die Prinzipien sich jedoch als einwandfrei und praktisch erwiesen und von der Regierung für Glättungszwecke (smoothing) und für mehrere verwandte Gebiete verwendet würden. Im besonderen hat sich der Typ von Integralgleichungen, auf den sich das Variationsproblem reduziert, bei Wellenleiterproblemen und bei vielen anderen Problemen der angewandten Mathematik als interessant erwiesen.

So waren auf diese oder jene Weise bei Kriegsende die Gedanken der Vorhersagetheorie und der statistischen Nachrichtentheorie bereits einem großen Teil der Statistiker und Nachrichteningenieure der Vereinigten Staaten und Großbritanniens bekannt. Es war auch mein Regierungsdokument, das jetzt vergriffen ist, und eine beachtliche Zahl von erklärenden Schriften von Levinson[18], Wallman, Daniell, Phillips und anderen geschrieben worden, um die Lücke zu füllen. Ich selbst habe mehrere Jahre lang eine ausführliche mathematische Darstellung in Arbeit gehabt, die meine Untersuchungen fortlaufend aufzeichnen sollte, aber Umstände,

---

[18] *Levinson, N.*, J. Math. and Physics, 25, 261—278; 26, 110—119 (1947).

die ich nicht vollständig beherrschte, haben ihre Veröffentlichung verhindert. Schließlich habe ich nach einem Kongreß der American Mathematical Society und des Institute of Mathematical Statistics, der in New York im Frühjahr 1947 abgehalten wurde und der Untersuchung von stochastischen Prozessen von einem Gesichtspunkt aus gewidmet war, der eng mit der Kybernetik zusammenhing, den fertig geschriebenen Teil meines Manuskriptes an Prof. Doob von der University of Illinois weitergegeben, damit es in seiner Bezeichnungsweise und in Übereinstimmung mit seinen Gedanken als Buch in der Mathematical-Surveys-Reihe der American Mathematical Society erscheinen sollte. Ich hatte bereits einen Teil meiner Arbeit in einer Vortragsreihe in der Mathematischen Abteilung des Massachusetts Institute of Technology im Sommer des Jahres 1945 entwickelt. Inzwischen war mein alter Schüler und Mitarbeiter[19] Dr. Y. W. Lee aus China zurückgekommen. Im Herbst des Jahres 1947 liest er über die neuen Methoden beim Entwurf von Filtern und ähnlichen Schaltungen im M.I.T., in der Abteilung für Elektrotechnik, und er hat Pläne, das Material dieser Vorlesungen als Buch herauszugeben. Zur gleichen Zeit muß das vergriffene Regierungsdokument neugedruckt werden[20].

Wie gesagt, kehrte Dr. Rosenblueth anfangs 1944 nach Mexiko zurück. Im Frühling 1945 erhielt ich eine Einladung von der Mexican Mathematical Society, an einem im Juni in Guadalajara stattfindenden Treffen teilzunehmen. Diese Einladung war bekräftigt durch die Comisión Instigadora y Coordinadora de la Investigación Científica unter der Leitung von Dr. Manuel Sandoval Vallarta, von dem ich schon gesprochen habe. Dr. Rosenblueth lud mich ein, einige wissenschaftliche Untersuchungen mit ihm durchzuführen, und das Instituto Nacional de Cardiología unter seinem Direktor Dr. Ignacio Chávez brachte mir seine Gastfreundschaft entgegen.

Ich blieb damals etwa zehn Wochen in Mexiko. Dr. Rosenblueth und ich beschlossen, ein Arbeitsgebiet weiterzuführen, das wir

---

[19] *Lee, Y. W.*, J. Math. and Physics, 11, 261—278 (1932).

[20] *Wiener, N.*, Extrapolation, Interpolation, and Smoothing of Stationary Time Series, Technology Press and Wiley, New York 1949.

schon mit Dr. Walter B. Cannon erörtert hatten. Er war auch bei Dr. Rosenblueth zu Besuch, und unglücklicherweise stellte sich dieser als sein letzter heraus. Die Arbeit befaßte sich mit dem Zusammenhang einerseits zwischen der Reaktion der tonischen, klonischen und phasigen Kontraktionen in der Epilepsie, und andererseits dem tonischen Krampf, dem Schlagen und der Fibrillation des Herzens. Wir fühlten, daß der Herzmuskel ein reizbares Gewebe darstellte, das ebenso für die Erforschung von Leitungsmechanismen brauchbar war wie das Nervengewebe, und weiterhin, daß die Anastomose und die Verästelung der Herzmuskelfasern uns ein einfacheres Phänomen präsentierten als das Problem der Nervensynapse. Wir waren auch Dr. Chávez für seine unbeschränkte Gastfreundschaft sehr zu Dank verpflichtet, und obwohl es nie die Absicht des Instituts gewesen war, Dr. Rosenblueth auf die Erforschung des Herzens zu beschränken, waren wir dankbar, eine Gelegenheit zu haben, zu seinem hauptsächlichen Zweck beizutragen.

Unsere Forschung schlug zwei Richtungen ein: das Studium der Phänomene der Leitfähigkeit und Latenz in gleichförmig leitenden zwei- oder dreidimensionalen Medien und die statistische Untersuchung der Leitungseigenschaften von zufälligen Netzen aus leitenden Fasern. Das erste führte uns zu den Grundlagen einer Theorie des Herzflatterns, das letztere zu einer gewissen Möglichkeit, die Fibrillation zu verstehen. Beide Arbeitsrichtungen sind in einem gemeinsam veröffentlichten Aufsatz[21] entwickelt, und wie in beiden Fällen unsere früheren Resultate gezeigt haben, daß eine nochmalige, gründliche Durchsicht und Ergänzung notwendig war, ist die Arbeit über das Flattern von Mr. Oliver G. Selfridge vom Massachusetts Institute of Technology revidiert worden, während die statistische Methode, die bei der Untersuchung der Herzmuskelnetze gebraucht wurde, von Mr. Walter Pitts, der jetzt ein Mitglied der John Simon Guggenheimer Foundation ist, auf die Behandlung von neuronalen Netzen ausgedehnt worden ist.

[21] *Wiener, N.*, und *A. Rosenblueth*, The Mathematical Formulation of the Problem of Conduction of Impulses in a Network of Connected Excitable Elements, Specifically in Cardiac Muscle, Arch. Inst. Cardiol. Méx., 16, 205—265 (1946).

Die experimentelle Arbeit wird von Dr. Rosenblueth unter Mithilfe von Dr. F. García Ramos vom Instituto Nacional de Cardiología und der Mexican Army Medical School geleistet.

Auf dem Kongreß der Mexican Mathematical Society in Guadalajara legten Dr. Rosenblueth und ich einige unserer Resultate vor. Wir waren bereits zu dem Schluß gekommen, daß sich unsere früheren Pläne einer Zusammenarbeit als ausführbar erwiesen hatten. Wir waren wirklich glücklich, eine Gelegenheit zu haben, unsere Resultate einem größeren Auditorium vorlegen zu können. Im Frühling 1946 hatte Dr. McCulloch Absprachen für das erste einer Reihe von Treffen, die in New York abgehalten werden sollten und den Problemen der Rückkopplung gewidmet waren, mit der Josiah Macy Foundation getroffen. Diese Treffen wurden in der traditionellen Art der Macy-Stiftung durchgeführt, überaus wirkungsvoll von Dr. Frank Fremont-Smith, der sie im Auftrag der Stiftung organisierte, vorbereitet. Der Gedanke war, eine Gruppe von mäßigem Umfang zusammenzubekommen, etwa 20 nicht überschreitend, und zwar von Wissenschaftlern verschiedener verwandter Gebiete, und diese an zwei aufeinanderfolgenden Tagen für ganztägige Folgen zwangloser Vorträge, Diskussionen und gemeinsamer Mahlzeiten zusammenzuhalten, bis sie die Gelegenheit gehabt hatten, ihre Gegensätzlichkeiten gründlich zu erörtern und im gemeinsamen Denken Fortschritte zu machen. Der Kern unserer Treffen war die Gruppe gewesen, die in Princeton 1944 versammelt war, aber die Doktoren McCulloch und Fremont-Smith hatten richtig die psychologischen und soziologischen Beziehungen des Themas erkannt und der Gruppe eine Anzahl von führenden Psychologen, Soziologen und Anthropologen hinzugeladen. Die Notwendigkeit des Hinzuziehens von Psychologen war tatsächlich von Anfang an offensichtlich. Derjenige, der das Nervensystem untersucht, darf das Gemüt nicht vergessen, und derjenige, der das Gemüt untersucht, kann das Nervensystem nicht außer acht lassen. Vieles von der früheren Psychologie hat sich als nichts anderes als die Physiologie der speziellen Sinnesorgane herausgestellt, und das gesamte Gewicht des Gedankengutes, das die Kybernetik in die Psychologie hinein trägt, betrifft die Physiologie und Anatomie der außerordentlich spezialisierten Cortexgebiete, welche mit diesen speziellen Sinnesorganen zusammenhängen. Von Anfang an haben wir vorausgesehen, daß das Problem des Erkennens von »Gestalten« oder der wahrnehmbaren Formation der Allgemeinbegriffe zu dieser Art gehören würde. Was ist der Mechanismus, durch den wir ein Quadrat als ein Quadrat erkennen, ohne Rücksicht auf seine Lage, seine Größe und seine Orientierung? Um uns bei solchen Angelegenheiten zu helfen und um ihnen zu erklären, welche Nutzanwendungen aus unseren Konzeptionen gezogen werden könnten, hatten wir Psychologen wie Professor Klüver von der University of Chicago, den verstorbenen Dr. Kurt Lewin vom Massachusetts Institute of Technology und Dr. M. Ericsson aus New York dabei.

Was die Soziologie und Anthropologie betrifft, ist es offenkundig, daß die Information und Übertragung als Mechanismus der fortschreitenden Organisation vom Einzelwesen zur Gemeinschaft von Bedeutung ist. Auf der einen Seite ist es vollkommen unmöglich, soziale Gemeinschaften wie z. B. die der Ameisen zu verstehen, ohne eine vollkommene Erforschung ihrer Übertragungshilfsmittel, und wir waren sehr glücklich, die Hilfe von Dr. Schneirla in dieser Angelegenheit zu haben. Für die ähnlichen Probleme der menschlichen Organisation suchten wir Hilfe von den Anthropologen Dr. Bateson und Dr. Margaret Mead, während Dr. Morgenstern vom Institute für Advanced Study unser Ratgeber auf dem bedeutsamen Gebiet der soziologischen Organisation war, die zur Wirtschaftstheorie gehört. Sein sehr bedeutendes, gemeinsam mit Dr. von Neumann verfaßtes Buch über Spiele stellt nebenbei bemerkt eine überaus interessante Untersuchung der sozialen Organisation vom Gesichtspunkt derjenigen Methoden aus dar, die mit dem Thema der Kybernetik nahe verwandt sind, obgleich sie sich davon doch unterscheiden. Dr. Lewin und andere waren Vertreter der neueren Arbeit auf den Gebieten der Theorie der Meinungsforschung und der Praxis der Meinungsbildung, und Dr. F. C. S. Northrup wurde dazu gewonnen, die philosophische Bedeutung unserer Arbeit zu prüfen.

Dies soll keine vollständige Übersicht unserer Gruppe sein. Wir vergrößerten unsere Gruppe auch, um Techniker und Mathematiker wie Bigelow und Savage, Neuroanatomen und Neurophysiologen wie Bonin und Lloyd usw. dabei zu haben. Unser erstes Treffen, das im Frühling 1946 abgehalten wurde, war größtenteils didaktischen Vorträgen für diejenigen von uns gewidmet, die beim Princeton-Treffen dabeigewesen waren, und einer allgemeinen Festlegung der Bedeutung des Gebietes für alle Anwesenden. Es war der Zweck des Treffens, daß die Gedanken, die mit der Kybernetik zusammenhängen, wichtig und interessant genug für die Anwesenden wurden, um eine Fortsetzung unserer Zusammenkünfte in Abständen von 6 Monaten zu garantieren, und daß vor dem nächsten großen Treffen eine kleinere Zusammenkunft zum Nutzen der mathematisch weniger Geschulten stattfinden sollte, um ihnen in einer so einfachen Sprache wie möglich das Wesen der hierfür notwendigen mathematischen Begriffe zu erklären.

Im Sommer 1946 kehrte ich mit der Unterstützung der Rockefeller Foundation und der Gastfreundlichkeit des Instituto Nacional de Cardiología nach Mexiko zurück, um die Zusammenarbeit mit Dr. Rosenblueth fortzusetzen. Diese Zeit war dazu bestimmt, ein nervliches Problem direkt mit dem Begriff der Rückkopplung zu behandeln und zu sehen, was wir experimentell dabei tun könnten. Wir wählten die Katze zu unserem Versuchstier, den quadriceps extensor femoris als Versuchsmuskel.

Wir schnitten die Halterung des Muskels durch, befestigten ihn an einem Hebel mit bekannter Zugspannung und zeichneten seine Kontraktionen isometrisch oder isotonisch auf. Wir benutzten auch einen Oszillographen, um die gleichzeitigen elektrischen Veränderungen im Muskel selbst aufzuzeichnen. Wir arbeiteten hauptsächlich mit Katzen, die zuerst durch Äther betäubt wurden und später durch eine Transektion des Rückenmarks in Brusthöhe gelähmt wurden. In vielen Fällen wurde Strychnin benutzt, um die Reflexbewegungen zu vergrößern. Der Muskel wurde bis zu dem Punkt gespannt, bei welchem ein leichter Anstoß ihn zu einem Verhalten von periodischen Kontraktionen zu bringen pflegte, das in der Sprache der Physiologen »Clonus« genannt wird. Wir beobachteten dieses Kontraktionsmodell, indem wir der physiologischen Kondition der Katze, der Spannung des Muskels, der Frequenz der Schwingung, dem Mittelwert der Schwingung und seiner

Amplitude Beachtung zollten. Diese versuchten wir zu analysieren, wie wir ein mechanisches oder elektrisches System analysieren würden, das das gleiche Schwingungsbild aufweist. Wir benutzten z. B. die Methoden von Mac Colls Buch über Servomechanismen. Hier ist nicht der Ort, um die volle Bedeutung unserer Resultate zu erörtern, die wir jetzt durcharbeiten und zur Veröffentlichung vorbereiten. Die folgenden Feststellungen jedoch sind entweder begründet oder doch sehr wahrscheinlich: daß die Frequenz der clonischen Oszillation viel weniger empfindlich gegen Veränderungen der Spannungszustände ist, als wir erwartet hatten, und daß sie viel eher durch die Konstanten des geschlossenen Kreises (efferenter Nerv)–(Muskel)–(Kinästhetische Endigung)–(afferenter Nerv)–(Zentralsynapse)–(efferenter Nerv) bestimmt ist, als durch irgend etwas anderes. Dieser Kreis ist nicht einmal annähernd ein Kreis von linearen Operatoren, wenn wir als Basis der Linearität die Anzahl der Impulse nehmen, die durch den efferenten Nerv pro Sekunde übertragen werden, sondern er scheint diesem viel näher zu kommen, wenn wir die Anzahlen der Impulse durch ihre Logarithmen ersetzen. Dies stimmt mit der Tatsache überein, daß die Hüllkurve der Reizfunktion des efferenten Nervs nicht annähernd sinusförmig, sondern der Logarithmus dieser Kurve sinusförmig ist; während in einem linearen Schwingungssystem mit konstantem Energieniveau die Form der Erregungskurve in jedem Fall, ausgenommen eine Menge von Fällen mit der Wahrscheinlichkeit 0, sinusförmig sein muß. Um zu wiederholen: die Begriffe der Enthemmung und Hemmung sind von Natur aus viel eher multiplikativ als additiv. Eine vollständige Hemmung z. B. bedeutet eine Multiplikation mit 0, und eine teilweise Hemmung bedeutet eine Multiplikation mit einer kleinen Größe. Es sind diese Begriffe der Hemmung und Enthemmung, die bei der Diskussion des Reflexbogens benutzt werden[22]. Darüber hinaus ist die Synapse eine Koinzidenz-Registriereinrichtung; der efferente Nerv wird nur gereizt, wenn die Anzahl der eintretenden Impulse in einer kleinen Summationszeit eine gewisse Schwelle überschreitet. Wenn diese Schwelle, verglichen mit der vollen An-

[22] Unveröffentlichte Artikel über den Clonus vom Instituto Nacional de Cardiología, Mexiko.

zahl der eintretenden Synapsen, klein genug ist, so dient der Synapsenmechanismus dazu, Wahrscheinlichkeiten zu multiplizieren, und ein sogar nur angenähert lineares Glied kann er nur in einem logarithmischen System darstellen. Dieses näherungsweise logarithmische Verhalten des Synapsenmechanismus hängt sicher damit zusammen, daß das Weber-Fechnersche Gesetz der Reizintensität logarithmisch ist, obgleich dieses Gesetz nur eine erste Näherung darstellt.

Die überraschendste Tatsache ist, daß wir auf Grund dieser logarithmischen Basis und mit den aus der Übertragung einzelner Impulse durch die verschiedenen Elemente des neuromuskularen Kreises erhaltenen Daten in der Lage waren, sehr gute Annäherungen an die echten Perioden der clonischen Vibration zu erhalten, indem wir die durch die Servotechniker für die Bestimmung der Frequenzen von wilden Schwingungen in zusammengebrochenen Rückkopplungssystemen entwickelte Methode benutzten. Wir erhielten theoretisch Schwingungen von ungefähr 13,9 Hz in Fällen, wo die beobachteten Oszillationen zwischen 7 und 30 Hz variierten, jedoch im allgemeinen irgendwie zwischen 12 und 17 Hz schwankten. Den Umständen entsprechend ist diese Übereinstimmung ausgezeichnet.

Die Frequenz des Clonus ist nicht das einzige bedeutende Phänomen, das wir beobachten können: es gibt auch eine relativ langsame Veränderung der Grundspannung und eine noch langsamere Veränderung der Amplitude. Diese Phänomene sind sicher keineswegs linear. Hinreichend langsame Veränderungen der Konstanten eines linearen Schwingungssystems können jedoch als eine erste Annäherung angesehen werden; die Veränderungen müssen jedoch unendlich langsam erfolgen, und das System muß sich in jedem Stück der Schwingung so verhalten, als wenn seine Parameter zu diesem Zeitpunkt seine bestimmenden, konstanten Parameter wären. Dies ist die Methode, die in anderen Zweigen der Physik als die Methode der Störungstheorie bekannt ist. Sie kann benutzt werden, um die Probleme des Basisniveaus und der Amplituden des Clonus zu untersuchen. Obwohl diese Arbeit noch nicht vollständig ist, ist es klar, daß diese Methode möglich und vielversprechend ist. Es gibt eine zwingende Vermutung, daß, obgleich der Taktgeber des Hauptkreises im Clonus sich als ein Zwei-Neuronen-Kreis erweist, die Verstärkung von Impulsen in diesem Kreis in einem und vielleicht in mehreren Punkten variabel ist, und daß irgendein Teil dieser Verstärkung durch langsame, vielnervige Prozesse beeinflußt sein kann, die viel schneller im zentralen Nervensystem ablaufen als die primär für das Takten des Clonus maßgebende spinale Kette. Diese variable Verstärkung kann durch das allgemeine Niveau der zentralen Aktivität, durch den Gebrauch von Strychnin oder Anästhetika, durch Bewußtlosigkeit und durch viele andere Ursachen beeinflußt werden. Dies waren die Hauptresultate, die Dr. Rosenblueth und ich während des Treffens der Macy-Stiftung im Herbst 1946 und auf einem Kongreß der New York Academy, der zur selben Zeit zur Verbreitung der kybernetischen Begriffe in eine breitere Öffentlichkeit abgehalten wurde, vorgelegt haben. Während wir mit unseren Ergebnissen zufrieden waren und vollständig überzeugt von der allgemeinen Durchführbarkeit der Arbeit in dieser Richtung, fühlten wir nichtsdestoweniger, daß die Zeit unserer Zusammenarbeit zu kurz gewesen war und unsere Arbeit unter zu starkem Druck ausgeführt war, um sie ohne weitere Bestätigung zu veröffentlichen. Diese Bestätigung – welche natürlich zu einer Widerlegung führen kann – erstreben wir jetzt im Sommer und Herbst 1947.

Die Rockefeller Foundation hatte Dr. Rosenblueth bereits einen Zuschuß für die Einrichtung eines neuen Laborgebäudes im Instituto Nacional de Cardiología bewilligt. Wir merkten, daß es nun an der Zeit für uns war, gemeinsam zu Dr. Warren Weaver, der mit der Leitung der physikalischen Abteilung beauftragt war, und zu Dr. Robert Morison, der der medizinischen Abteilung vorstand, zu gehen, um den Grundstein zu einer langandauernden wissenschaftlichen Zusammenarbeit zu legen, damit unser Programm in einem mäßigeren und gesünderen Tempo ausgeführt wurde. Darin wurden wir durch unsere betreffenden Institute begeistert unterstützt. Der Dekan der Fakultät der Wissenschaften, Dr. George Harrison, war der Hauptrepräsentant des Massachusetts Institute of Technology während dieser Verhandlungen, während Dr. Ignacio Chávez seine Institution vertrat, das Instituto Nacional de Cardiología. Während dieser Verhandlungen wurde es klar, daß das Arbeitszentrum unseres gemeinsamen Wirkens im Instituto sein sollte, um eine doppelte Laborausstattung zu vermeiden und um das sehr reale Interesse zu fördern, das die Rockefeller Foundation bei der Einrichtung von wissenschaftlichen Zentren in Lateinamerika gezeigt hat. Der schließlich angenommene Plan galt für fünf Jahre, während welcher ich 6 Monate jedes zweiten Jahres im Instituto verbringen sollte, während Dr. Rosenblueth 6 Monate der dazwischenliegenden Jahre am M. I. T. verbringen würde. Die Zeit am Instituto soll dem Gewinnen und der Erklärung von experimentellen Daten für die Kybernetik gewidmet sein, während die dazwischen liegenden Jahre mehr theoretischen Untersuchungen gewidmet sein sollen, vor allem dem sehr schwierigen Problem, für Leute, die neu in dieses Gebiet eindringen wollen, ein Übungsschema zu ersinnen, das ihnen den notwendigen mathematischen, physikalischen und technischen Rückhalt und die Kenntnis biologischer, psychologischer und medizinischer Techniken sichert.

Im Frühjahr 1947 vollbrachten Dr. McCulloch und Mr. Pitts ein Stück Arbeit von beachtenswerter kybernetischer Bedeutung. Dr. McCulloch war vor das Problem gestellt worden, einen Apparat zu konstruieren, der den Blinden in die Lage versetzen sollte, die gedruckte Seite mit Hilfe des Ohres zu lesen. Das Hervorbringen verschiedener Töne durch den gedruckten Buchstaben mit Hilfe einer Fotozelle ist eine alte Geschichte und kann mit einer großen Anzahl von Methoden durchgeführt werden; der schwierige Punkt ist, die Klanggestalt im wesentlichen gleich zu machen, wenn ein Exemplar des Buchstabens auftritt, von welcher speziellen Art es auch immer sein mag. Dies ist ein bestimmtes Analogon zum Problem der Erkennung von Form, von »Gestalt«, welche uns erlaubt, ein Quadrat als ein Quadrat zu erkennen, trotz einer großen Zahl von Änderungen der Größe und Lage. Dr. McCullochs Gerät erlaubte ein selektives Lesen der Drucktype für eine Anzahl verschiedener Schriftgrößen. Ein solches selektives Lesen kann automatisch als Abtastprozeß durchgeführt werden. Dieses Abtastverfahren, das einen Vergleich zwischen einer Figur und einer gegebenen Standardfigur von fester, aber von der jener verschiedenen Größe erlaubt, hatte ich bereits auf einem der Treffen der Macy-Stiftung vorgeschlagen. Ein Schaltbild des Apparates, mit dem das selektive Lesen durchgeführt wurde, erregte die Aufmerksamkeit von Dr. von Bonin, welcher unmittelbar fragte: »Ist dies ein Schaltbild der vierten Schicht des cortikalen Sehzentrums?« Dieser Anregung folgend entwickelte Dr. McCulloch unter der Assistenz von Mr. Pitts eine Theorie, die die Anatomie und Physiologie des Sehzentrums verband und in der die Operation des Abtastens und eine Reihe von Transformationen eine bedeutende Rolle spielen. Diese wurde im Frühjahr 1947 vorgelegt, und zwar bei dem Treffen der Macy-Stiftung und bei einer Zusammenkunft der New York Academy of Sciences. Dieser Abtastprozeß enthält schließlich eine bestimmte Periodendauer, die der Periode des Zeilensprunges beim gewöhnlichen Fernsehen entspricht. Es gibt verschiedene anatomische Anhaltspunkte in der Länge der Kette aufeinanderfolgender Synapsen für die Zeit, die nötig ist, einen Operationszyklus zu durchlaufen. Man erhält eine Zeit von der Größenordnung einer Zehntelsekunde für eine vollständige Durchführung des Operationszyklus, und dies ist annähernd die Periode des sogenannten Alpharhythmus des Gehirns. Es ist schließlich von ganz anderen Gesichtspunkten her vermutet worden, daß der Alpharhythmus visuellen Ursprungs und für den Prozeß des Erkennens von Gestalten wichtig ist.

Im Frühjahr 1947 erhielt ich eine Einladung, an einer mathematischen Konferenz in Nancy über Probleme der harmonischen Analyse teilzunehmen. Ich sagte zu und verbrachte auf meiner Reise hin und zurück insgesamt 3 Wochen in England, meist als Gast meines alten Freundes Professor J. B. S. Haldane. Ich hatte die Gelegenheit, fast alle Leute zu treffen, die an ultraschnellen Rechenmaschinen arbeiten, besonders in Manchester und in den National Physical Laboratories in Teddington, und vor allem, über die fundamentalen Gedanken der Kybernetik mit Mr. Turing in Teddington zu sprechen. Ich besuchte auch das Psychological Laboratory in Cambridge und hatte gute Gelegenheit, die Arbeit, die Professor Bartlett und sein Mitarbeiterstab über das menschliche Element in Kontrollprozessen ausführten, zu erörtern. Ich fand das Interesse an Kybernetik fast ebenso groß wie in Amerika, daß man in England darüber gut informiert war, und daß die Technik ausgezeichnet arbeitete, obgleich sie natürlich durch die kleineren vorhandenen Geldmittel beschränkt war. Ich fand vielerorts großes Interesse und Verständnis für ihre Möglichkeiten, und die Professoren Haldane, H. Levy und Bernal betrachteten sie wirklich als eines der dringendsten Probleme, das auf der Tagesordnung der Wissenschaft und wissenschaftlichen Philosophie stand. Ich fand jedoch nicht, daß große Fortschritte gemacht wurden, das Fach zu vereinheitlichen und die verschiedenen Fäden der Forschung zu verknüpfen, wie wir es daheim in den Staaten getan hatten.

In Frankreich beinhaltete das Treffen in Nancy über harmonische Analyse eine Reihe von Vorträgen, die statistische Ideen und Gedanken aus der Nachrichtentechnik auf eine Art vereinigten, die völlig in Einklang mit dem Gesichtspunkt der Kybernetik war. Hier muß ich besonders die Namen von M. Blanc-Lapierre und M. Loève erwähnen. Ich fand auch ein beträchtliches Interesse an diesem Gebiet von seiten der Mathematiker, Physiologen und Chemophysiker im Hinblick auf seine thermodynamischen Aspekte, besonders insoweit, als sie das allgemeinere Problem der Natur des Lebens selbst berühren. Tatsächlich hatte ich dieses Problem vor meiner Abreise in Boston mit Professor Szent Györgyi, dem ungarischen Biochemiker, erörtert und hatte gefunden, daß seine Gedanken mit den meinen übereinstimmten.

Ein Ereignis meines Frankreichbesuches ist hier besonders erwähnenswert. Mein Kollege Professor G. de Santillana vom M. I. T. führte mich bei M. Freymann von der Firma Hermann & Cie ein, der von mir das vorliegende Buch erbat. Ich bin besonders glücklich über seine Einladung, da M. Freymann Mexikaner ist und das Niederschreiben des vorliegenden Buches zu einem großen Teil — vom Untersuchungsstadium bis zu seiner jetzigen Form — in Mexiko ausgeführt worden ist.

Wie ich bereits angedeutet habe, betrifft eine der Arbeitsrichtungen, die aus dem Gedankenkreis der Treffen der Macy-Stiftung gewachsen sind, die Bedeutung des Begriffs und die Technik der Übertragung im sozialen System. Es ist bestimmt so, daß das soziale System eine Organisation ähnlich dem Einzelwesen ist, daß es durch ein System der Nachrichtenübertragung verbunden ist und daß es eine Dynamik besitzt, in der Kreisprozesse mit Rückkopplungsnatur eine bedeutende Rolle spielen. Dies stimmt in den allgemeinen Gebieten der Anthropologie und Soziologie und in den mehr speziellen Gebieten der Volkswirtschaft; und die schon erwähnte sehr bedeutende Arbeit von von Neumann und Morgenstern über die Theorie der Spiele tritt in diesen Gedankenbereich ein. Auf dieser Basis haben mich Dr. Gregory Bateson und Dr. Margaret Mead veranlaßt, im Hinblick auf die Dringlichkeit der soziologischen und wirtschaftlichen Probleme des gegenwärtigen Zeitalters der Verwirrung einen großen Teil meiner Energie der Erörterung dieser Seite der Kybernetik zu widmen. Sosehr ich auch mit ihrer Auffassung von der Dringlichkeit der Situation übereinstimme und sosehr ich hoffe, daß sie und andere kompetente Wissenschaftler Probleme dieser Art, die ich in einem späteren Kapitel dieses Buches erörtere, aufgreifen, kann ich weder ihre Ansicht teilen, daß dieses Gebiet den ersten Anspruch auf meine Aufmerksamkeit hat, noch ihre Hoffnung, daß ein ausreichender Fortschritt in dieser Richtung erzielt werden kann, um eine beachtenswerte therapeutische Wirkung auf die gegenwärtigen Krankheiten der Gesellschaft zu erzielen. Um damit zu beginnen; die hauptsächlichen Einflüsse, die auf die Gesellschaft einwirken, sind nicht nur statistisch, sondern der zeitliche Umfang der Statistik, auf welcher sie basieren, ist außerordentlich kurz. Es bringt keinen großen Nutzen, die Wirtschaft der Stahlindustrie vor und nach der Einführung des Bessemer-Prozesses unter einen Hut zu bringen oder die Statistiken der Gummiindustrie vor und nach Aufkommen der Automobilindustrie und der Kultivierung von Hevea in Malaya zu vergleichen. Es gibt auch keinen wichtigen Punkt im statistischen Verlauf einer einzelnen Tabelle der Ansteckung mit Geschlechtskrankheiten, die den Zeitabschnitt vor und nach der Einführung des Salvarsans erfaßt, außer für den speziellen Zweck, die Wirksamkeit dieser Droge zu untersuchen. Für eine gute Statistik der Gesellschaft benötigen wir lange Beobachtungen unter vollständig konstanten Bedingungen, geradeso wie wir für eine gute Auflösung des Lichtes eine Linse mit großer Apertur brauchen. Die effektive Apertur einer Linse wird nicht merklich vergrößert durch das Wachsen ihrer numerischen Apertur, außer wenn die Linse aus einem Material hergestellt ist, das so homogen ist, daß die Phasenverzögerung des Lichtes in verschiedenen Teilen der Linse vom genau vorgeschriebenen Wert um weniger als einen kleinen Bruchteil einer Wellenlänge abweicht. In ähnlicher Weise ist das Ergebnis langer statistischer Beobachtungen unter stark variierenden Bedingungen trügerisch und unrichtig. So sind die sozialen Wissenschaften sehr unergiebige Testgebiete für neue mathematische Techniken: ebenso unergiebig wie die statistische Mechanik eines Gases für ein Wesen der Größenordnung eines Moleküls sein würde, für das die Schwankungen, die wir von einem höheren Standpunkt aus nicht beachten, gerade Angelegenheiten größten Interesses sein würden. Überdies, wenn vernünftige, sichere und routinierte numerische Techniken fehlen, muß das Element der Urteilskraft des Experten beim Bestimmen der Schätzungen soziologischer, anthropologischer und wirtschaftlicher Quantitäten so groß sein, daß es kein Gebiet für einen Neuling ist, der noch nicht den Erfahrungsumfang des Experten hat. Ich möchte beiläufig erwähnen, daß der moderne Apparat der Theorie kleiner Stichproben, jedenfalls, wenn er über die Bestimmung der eigenen, speziell definierten, Parameter hinausgeht und zu einer positiven statistischen Schlußmethode für neue Fälle wird, mir kein Zutrauen gibt, wenn er nicht von einem Statistiker angewandt wird, dem die Hauptelemente der Dynamik der Situation entweder explizit bekannt sind oder der sie implizit fühlt.

Ich habe gerade von einem Gebiet gesprochen, auf welchem meine Erwartungen für die Kybernetik durch ein Verständnis für die Grenzen der Daten, die wir zu erhalten hoffen können, gemäßigt sind. Es gibt zwei andere Gebiete, wo ich letztlich hoffe, einiges mit Hilfe kybernetischer Gedanken tatsächlich zustande zu bringen, bei denen diese Hoffnung jedoch auf weitere Entwicklungen warten muß. Eines davon betrifft Prothesen für verlorene oder verkümmerte Glieder. Wie wir bei der Erörterung des Begriffs »Gestalt« gesehen haben, werden die Gedanken der Nachrichtentechnik bereits von McCulloch auf die Probleme der Ersetzung verlorener Sinne angewendet, bei der Konstruktion eines Instrumentes, das den Blinden in die Lage versetzt, Gedrucktes durch

Hören zu lesen. Hier übernimmt das von McCulloch vorgeschlagene Instrument ganz deutlich einige der Funktionen nicht nur des Auges, sondern auch des Sehzentrums. Es gibt eine ganz klare Möglichkeit, etwas Ähnliches bei den künstlichen Gliedern zu tun. Der Verlust eines Gliedteiles schließt nicht nur den Verlust des rein passiven Trägers des fehlenden Teiles ein oder seines Wertes als mechanische Erweiterung des Stumpfes und den Verlust der Zusammenziehungskraft seiner Muskeln, sondern schließt ebenso den Verlust aller hautgebundenen und kinästhetischen Wahrnehmungen ein, die ihm entspringen. Die ersten beiden Verluste sind die, die die Konstrukteure künstlicher Glieder jetzt zu ersetzen versuchen. Der dritte ist bis jetzt jenseits dieses Rahmens gewesen. Bei einem einfachen Holzbein ist dieses nicht wichtig: der Stab, der das verlorene Glied ersetzt, hat selbst keine Freiheitsgrade, und der kinästhetische Mechanismus des Stumpfes ist vollkommen in der Lage, seine eigene Position und Geschwindigkeit zu berichten. Dies ist nicht der Fall beim künstlichen Glied mit beweglichem Knie und Knöchel, das vom Patienten mit Hilfe der zurückgebliebenen Muskulatur hochgehoben wird. Er hat keine ausreichende Meldung über Stellung und Bewegung, und dieses stört die Sicherheit seines Schrittes auf einem unebenen Untergrund. Es scheint keine unüberwindliche Schwierigkeit zu geben, die künstlichen Gelenke und die Sohle des künstlichen Fußes mit Spannungs- oder Druckmessern auszustatten, die elektrisch oder auf andere Weise, sagen wir durch Vibratoren, an unbeschädigte Hautteile melden. Das heutige künstliche Glied läßt einen Teil der Lähmung zurücktreten, die durch die Amputation verursacht wurde, aber es hinterläßt die Ataxie. Durch den Gebrauch geeigneter Empfänger würde vieles von dieser Ataxie verschwinden, und der Patient müßte in der Lage sein, Reflexe zu erlernen, wie wir sie alle beim Lenken eines Autos benutzen, die ihn befähigen müßten, mit sicherer Gangart auszuschreiten. Was wir über das Bein gesagt haben, sollte mit noch mehr Nachdruck für den Arm gelten, wo die Figur des allen Lesern von Büchern über Neurologie bekannten Zwerges zeigt, daß der sensorielle Verlust bei einer Amputation des Daumens allein beträchtlich größer ist als der sensorielle Verlust bei einer Hüftgelenksamputation.

Ich habe einen Versuch gemacht, diese Betrachtungen den in Frage kommenden Autoritäten zu unterbreiten, bis jetzt jedoch konnte ich nicht viel erreichen. Ich weiß nicht, ob die gleichen Gedanken bereits aus anderen Quellen hergeleitet wurden oder ob sie ausprobiert und als technisch unausführbar betrachtet werden. Im Falle, daß sie noch keine wirklich praktische Bedeutung erlangt haben, können sie in der unmittelbaren Zukunft eine solche bekommen.

Lassen Sie mich nun zu einem weiteren Punkt kommen, der, wie ich glaube, Beachtung verdient. Es war mir schon lange klar gewesen, daß die modernen, ultraschnellen Rechenmaschinen im Prinzip ein ideales zentrales Nervensystem für eine automatische Regelungsanlage waren und daß ihre Eingaben und Ausgänge nicht die Form von Zahlen oder Diagrammen haben müssen, sondern sehr gut Äußerungen von künstlichen Sinnesorganen sein können, wie z. B. von photoelektrischen Zellen oder Thermometern bzw. die Wirkungen von Motoren oder Magnetspulen. Mit der Hilfe von Spannungsmessern oder ähnlichen Hilfsmitteln, die die Wirkungen dieser Motororgane lesen und berichten und zu dem zentralen Steuerungssystem als einem künstlichen kinästhetischen Sinn zurückkoppeln, sind wir bereits in der Lage, künstliche Maschinen von fast jedem Grad sorgfältiger Arbeitsleistung zu konstruieren. Lange vor Nagasaki und dem öffentlichen Bekanntwerden der Atombombe kam es mir vor, als ob wir hier in der Gegenwart einer anderen sozialen Macht waren, die unerhörten Einfluß zum Guten oder Bösen hin hatte. Die automatische Fabrik und das Fließband ohne menschliche Bedienung sind nur so weit von uns entfernt, wie unser Wille fehlt, ein ebenso großes Maß von Anstrengung in ihre Konstruktion zu setzen wie z. B. in die Entwicklung der Radartechnik im Zweiten Weltkrieg[23].

Ich habe gesagt, daß diese neue Entwicklung unbegrenzte Möglichkeiten zum Guten und Bösen hin hat. Auf der einen Seite bedingt sie im bildlichen Sinne die Vorherrschaft der Maschinen, wie sie sich Samuel Butler vorgestellt hat, ein sehr direktes und durchaus nicht bildliches Problem. Sie gibt der menschlichen Rasse eine neue und sehr nützliche Ansammlung mechanischer Sklaven, die

---

[23] Fortune, 32, 139—147 (October); 163—169 (November, 1945).

ihre Arbeit verrichten. Solche mechanische Arbeit hat viele von den wirtschaftlichen Eigenschaften von Sklavenarbeit, obgleich sie nicht wie die Sklavenarbeit die direkten, demoralisierenden Wirkungen menschlicher Grausamkeit einschließt. Jede Arbeit jedoch, die die Möglichkeiten des Wettbewerbes mit Sklavenarbeit zuläßt, nimmt die Bedingungen der Sklavenarbeit an und ist im wesentlichen Sklavenarbeit. Das Schlüsselwort dieser Feststellung ist Wettbewerb. Es kann sehr wohl für die Menschheit gut sein, Maschinen zu besitzen, die sie von der Notwendigkeit niedriger und unangenehmer Aufgaben befreien, oder es kann auch nicht gut sein. Ich weiß es nicht. Es kann nicht gut sein, diese neuen Kräfteverhältnisse in den Begriffen des Marktes abzuschätzen, des Geldes, das sie verdienen; und es sind genau die Begriffe des freien Marktes, des »fifth freedom«, die die Losungsworte des Teiles der amerikanischen Meinung wurden, der durch die National Association of Manufacturers und die Saturday Evening Post repräsentiert wird. Ich sage amerikanische Meinung, da ich als Amerikaner diese am besten kenne, die Krämer jedoch kennen keine nationalen Grenzen.

Ich kann vielleicht den historischen Hintergrund der gegenwärtigen Situation erläutern, wenn ich sage, daß die erste industrielle Revolution, die Revolution der »finsteren satanischen Fabriken«, die Entwertung des menschlichen Armes durch die Konkurrenz der Maschinerie war. Es gibt keinen Stundenlohn eines US-Erdarbeiters, der niedrig genug wäre, mit der Arbeit eines Dampfschaufelbaggers zu konkurrieren. Die moderne industrielle Revolution ist in ähnlicher Weise dazu bestimmt, das menschliche Gehirn zu entwerten, wenigstens in seinen einfacheren und mehr routinemäßigen Entscheidungen.

Natürlich, gerade wie der gelernte Zimmermann, der gelernte Mechaniker, der gelernte Schneider in gewissem Grade die erste industrielle Revolution überlebt haben, können der erfahrene Wissenschaftler und der erfahrene Verwaltungsbeamte die zweite überleben. Wenn man sich jedoch die zweite Revolution abgeschlossen denkt, hat das durchschnittliche menschliche Wesen mit mittelmäßigen oder noch geringeren Kenntnissen nichts zu verkaufen, was für irgend jemanden das Geld wert wäre.

Die Antwort ist natürlich, daß wir eine Gesellschaft haben müssen, die auf menschliche Werte gegründet ist und nicht auf Kaufen und Verkaufen. Um diese Gesellschaft zu erreichen, brauchen wir eine Menge von Planungen und Kämpfen, die, wenn es zum besten verläuft, sich auf der Ebene von Ideen abspielen, und wenn nicht – wer weiß, wie?

Ich fühlte mich verpflichtet, meine Informationen und meine Ansicht der Lage an jene weiterzugeben, die aktives Interesse an den Bedingungen und der Zukunft der Arbeit haben, d. h. an die Gewerkschaften. Ich brachte es fertig, Kontakt zu einer oder zwei Personen in der Spitze der C. I. O. zu bekommen, die mir ein sehr kluges und wohlwollendes Gehör schenkten. Weiter konnte weder ich noch irgend jemand von ihnen gehen. Es war ihre Meinung – wie meine vorhergegangene Beobachtung und Information sowohl in den Vereinigten Staaten als auch in England bestätigten –, daß die Gewerkschaften und die Arbeiterbewegung in den Händen von einem kleinen Personenkreis sind, der durchaus in den speziellen Problemen, die die Geschäftsverwaltung und die Erörterung der Lohn- und Arbeitsbedingungen betreffen, gut bewandert ist, aber vollkommen unvorbereitet ist, um in größere politische, technische, soziologische und ökonomische Fragen einzudringen, die gerade die Existenz der Arbeit betreffen. Die Gründe hierfür sind sehr leicht zu sehen: Der Gewerkschaftsfunktionär kommt allgemein aus dem engen Kreis eines Arbeiters in das enge Leben eines Verwaltungsangestellten, ohne eine Möglichkeit für eine gründliche Vorbildung zu haben; und für jene, die diese Vorbildung haben, ist eine Gewerkschaftskarriere im allgemeinen nicht verlockend, auch sind die Gewerkschaften verständlicherweise nicht empfänglich für solche Leute.

Diejenigen von uns, die zu der neuen Wissenschaft Kybernetik beigetragen haben, sind in einer moralischen Lage, die, um es gelinde auszudrücken, nicht sehr bequem ist. Wir haben zu der Einführung einer neuen Wissenschaft beigesteuert, die, wie ich gesagt habe, technische Entwicklungen mit großen Möglichkeiten für Gut oder Böse umschließt. Wir können sie nur in die Welt weitergeben, die um uns existiert, und dies ist die Welt von Belsen und Hiroshima. Wir haben nicht einmal die Möglichkeit, diese neuen technischen Entwicklungen zu unterdrücken. Sie gehören zu diesem Zeitalter, und das Höchste, was irgend jemand von uns tun kann, ist, zu verhindern, daß die Entwicklung des Gebietes in die Hände der verantwortungslosesten und käuflichsten unserer Techniker gelegt wird. Das Beste, was wir tun können, ist, zu versuchen, daß eine breite Öffentlichkeit die Richtung und die Lage der gegenwärtigen Arbeit versteht, und unsere persönlichen Anstrengungen auf die Gebiete zu beschränken, die, wie z. B. Physiologie und Psychologie, am weitesten von Krieg und Unterdrückung entfernt sind.

Wie wir gesehen haben, gibt es Leute, die hoffen, daß der Gewinn eines besseren Verstehens von Mensch und Gesellschaft, der sich durch dieses neue Arbeitsgebiet anbietet, die gelegentlichen Zugeständnisse, die wir an die Machtzusammenballung machen (die immer gerade — entsprechend ihren eigenen Existenzbedingungen — in den Händen der Skrupellosesten konzentriert ist), verhindert und überwindet. Ich schreibe im Jahre 1947, und ich muß sagen, daß es eine sehr schwache Hoffnung ist.

Der Autor möchte Mr. Walter Pitts, Mr. Oliver Selfridge, Mr. Georges Dube und Mr. Frederic Webster für ihre Hilfe bei der Durchsicht des Manuskriptes und der Vorbereitung des Materials für die Veröffentlichung seinen Dank ausdrücken.

November 1947   Instituto Nacional de Cardiología
                                 Ciudad de México

I

NEWTONSCHER UND BERGSONSCHER ZEITBEGRIFF

Es gibt ein kleines Lied, das jedem deutschen Kind vertraut ist, es lautet:

»Weißt du, wieviel Sternlein stehen
An dem blauen Himmelszelt?
Weißt du, wieviel Wolken gehen
Weithin über alle Welt?
Gott, der Herr, hat sie gezählet,
Daß ihm auch nicht eines fehlet
An der ganzen, großen Zahl.«

W. Hey

Dies Liedchen ist ein interessantes Thema für die Philosophie und die Geschichte der Wissenschaft, indem es zwei Wissenschaften nebeneinander stellt, die einerseits sich beide mit der Beobachtung des Himmels über uns beschäftigen, andererseits aber beinahe in jeder Beziehung höchst gegensätzlich sind. Die Astronomie ist die älteste der Wissenschaften, während die Meteorologie zu den jüngsten zählt, die erst anfangen, den Namen zu verdienen. Die vertrauteren astronomischen Phänomene können für viele Jahrhunderte vorausgesagt werden, während eine Vorhersage des morgigen Wetters im allgemeinen nicht leicht zu geben ist und tatsächlich vielerorts oft sehr ungenau ist.

Um auf das Lied zurückzukommen: Die Antwort auf die erste Frage lautet, daß wir innerhalb gewisser Grenzen wissen, wie viele Sterne es gibt. Abgesehen von kleineren Unsicherheiten bezüglich einiger Doppelsterne und veränderlicher Sterne ist ein Stern an erster Stelle ein bestimmter Gegenstand, ausgezeichnet geeignet zum Zählen und Katalogisieren, und wenn eine menschliche *Durchmusterung* der Sterne — wie wir diese Kataloge nennen — bei den Sternen, die unter einer bestimmten Größe liegen, haltmacht, so gibt es nichts, was einem Gedanken an eine göttliche, viel weiter gehende *Durchmusterung* entgegensteht.

Wenn Sie andererseits von einem Meteorologen verlangen, Ihnen eine ähnliche *Durchmusterung* der Wolken zu geben, würde er Ihnen ins Gesicht lachen oder nachsichtig erklären, daß es in der gesamten Sprache der Meteorologie keinen Gegenstand wie eine Wolke gibt, definiert als ein Objekt mit einer quasipermanenten Identität, und wenn es sie gäbe, er weder die Fähigkeit besäße noch tatsächlich daran interessiert wäre, sie zu zählen. Ein topografisch veranlagter Meteorologe würde eine Wolke vielleicht als einen bestimmten Raum definieren, in dem der Wasseranteil in festem oder flüssigem Zustand einen gewissen Betrag überschreitet. Diese Definition hätte jedoch nicht den geringsten Wert für irgend jemand und würde höchstens einen äußerst vergänglichen Zustand darstellen. Was den Meteorologen wirklich angeht, sind statistische Feststellungen wie: »Boston, 17. Jan. 1950, Himmel zu 38% bedeckt, Cirrhocumulus.«

Es gibt natürlich einen Zweig in der Astronomie, der etwas behandelt, was man kosmische Meteorologie nennen könnte: das Studium der Galaxien, Nebel, Sternhaufen und ihre Statistik, wie es z. B. von Chandrasekhar betrieben wird. Dies ist jedoch ein sehr junges Sachgebiet der Astronomie, jünger als selbst die Meteorologie und etwas außerhalb der Tradition der klassischen Astronomie stehend. Diese Tradition, abgesehen von ihren reinen Klassifizierungs- oder *Durchmusterungs*aspekten, war ursprünglich mehr am Sonnensystem als an den Fixsternen interessiert. Es ist die Astronomie des Sonnensystems, die hauptsächlich mit den Namen Kopernikus, Kepler, Galilei und Newton in Beziehung steht und die die Amme der modernen Physik ist.

Sie ist tatsächlich eine ideal einfache Wissenschaft. Schon vor der Existenz irgendeiner hinreichenden dynamischen Theorie, ja schon bei den Babyloniern stellte man sich vor, daß sich Verfinsterungen in regelmäßigen, vorher bestimmbaren Zyklen ereignen, die sich rückwärts und vorwärts zeitlich fortsetzen. Man vergegenwärtigte sich, daß die Zeit selbst besser mittels der Bewegung der Gestirne auf ihren Bahnen gemessen werden konnte als auf irgendeine andere Art. Das Muster aller Vorgänge im Sonnensystem bildete die Umdrehung eines Rades oder einer Reihe von Rädern, entweder in Form der Ptolemäischen Epizykeltheorie oder der kopernikanischen Bahntheorie, und in jeder dieser Theorien wird die Vergangenheit in der Zukunft gesetzmäßig wiederholt. Die Sphärenmusik ist ein Palindrom, und das Buch der Astronomie liest sich in gleicher Weise vorwärts wie rückwärts. Zwischen der Bewegung eines Planetariums, das vorwärts, und einem, das entgegengesetzt läuft, besteht außer in den Anfangspositionen und -richtungen kein Unterschied. Als schließlich all dies durch Newton auf eine Anzahl von Postulaten und eine geschlossene Mechanik zurückgeführt wurde, blieben die fundamentalen Gesetze dieser Mechanik unverändert durch die Transformation der veränderlichen Zeit t in ihre Umkehrung.

Wenn wir also die Planeten filmen würden, um ein wahrnehmbares Bild ihrer Bewegung zu zeigen, und wir ließen den Film rückwärts ablaufen, so ergäbe sich noch, übereinstimmend mit der Newtonschen Mechanik, ein mögliches Bild der Planeten. Wenn wir auf der anderen Seite die Turbulenz der Wolken in einem Gewittersturm filmten und würden ihn rückwärts ablaufen lassen, erschiene er gänzlich verkehrt. Wo wir Aufwinde erwarteten, würden wir Abwinde sehen, die Turbulenz würde an Intensität abnehmen, das Blitzen ginge den Veränderungen der Wolke, die ihm gewöhnlich vorausgehen, voran und so beliebig weiter.

Welcher Unterschied zwischen der astronomischen und der meteorologischen Situation bewirkt nun alle diese Differenzen und insbesondere die offensichtliche Umkehrbarkeit der astronomischen und die offensichtliche Nichtumkehrbarkeit der meteorologischen Zeit? Hauptsächlich enthält das meteorologische System eine ungeheure Zahl annähernd gleicher Partikel, von denen einige sehr eng miteinander gekoppelt sind, während das astronomische System des solaren Universums nur eine verhältnismäßig kleine Anzahl von Partikeln aufweist, die von sehr verschiedener Größe und untereinander hinreichend lose gekoppelt sind, so daß die Kopplungseffekte zweiter Ordnung das allgemeine Bild, das wir beobachten, nicht ändern, und die Kopplungseffekte höherer Ordnung vollkommen zu vernachlässigen sind. Die Planeten bewegen sich unter Bedingungen, die für die Trennung einer gewissen, begrenzten Anzahl von Kräften viel günstiger sind als bei irgendeinem physikalischen Experiment, das wir im Labor durchführen können. Die Planeten und sogar die Sonne sind, verglichen mit den Abständen zwischen ihnen, nahezu Punkte. Verglichen mit der elastischen und plastischen Deformation, die sie erleiden, sind die Planeten entweder nahezu starre Körper, oder wo dies nicht der Fall ist, sind ihre inneren Kräfte — wenn man die relative Bewegung ihrer Zentren betrachtet — von verhältnismäßig geringer Bedeutung. Der Raum, in dem sie sich bewegen, ist beinahe vollkommen frei von hemmender Materie, und bei ihrer gegenseitigen Anziehung können ihre Massen als sehr nahe bei ihren Mittelpunkten und als konstant angesehen werden. Die Abweichung des Gravitationsgesetzes vom $1/r^2$-Gesetz ist überaus klein. Die Lagen, Geschwindigkeiten und Massen der Körper des Sonnensystems sind zu jedem Zeitpunkt außerordentlich gut bekannt, und die Berechnung ihrer zukünftigen und ihrer vergangenen Lagen ist zwar im einzelnen nicht leicht, jedoch im Prinzip einfach und genau. Auf der anderen Seite ist in der Meteorologie die Zahl der betreffenden Partikel so enorm, daß eine genaue Beschreibung ihrer Anfangsstellungen und Geschwindigkeiten gänzlich unmöglich ist, und würden diese Beobachtungen tatsächlich gemacht und würden ihre zukünftigen Lagen und Geschwindigkeiten berechnet, so hätten wir nichts als eine undurchdringliche Anhäufung von Kurven, die von neuen interpretiert werden müßten, bevor sie von irgendeinem Nutzen für uns wären. Die Ausdrücke »Wolke«, »Temperatur«, »Turbulenz« usw. sind alles Bezeichnungen, die sich nicht auf einen einzelnen physikalischen Zustand, sondern auf eine Verteilung von möglichen Zuständen beziehen, von denen nur ein einziger Fall realisiert ist. Würden die gesamten Ablesungen aller meteorologischen Stationen der Erde zur gleichen Zeit zusammengefaßt, so würden sie nicht einen billionsten Teil der Daten ergeben, die notwendig sind, um den wirklichen Zustand der Atmosphäre vom Newtonschen Gesichtspunkt her zu charakterisieren. Sie würden lediglich gewisse Konstanten liefern, konsistent mit einer unendlichen Anzahl verschiedener

Atmosphären, und könnten höchstens zusammen mit gewissen *a-priori*-Annahmen eine Wahrscheinlichkeitsverteilung, ein Maß auf der Menge der möglichen Atmosphärenzustände ergeben. Wenn wir die Newtonschen Gesetze oder irgendein anderes beliebiges System kausaler Gesetze benutzen, ist alles, was wir für eine zukünftige Zeit vorhersagen können, eine Wahrscheinlichkeitsverteilung der Konstanten des Systems, und sogar diese Vorhersagemöglichkeit schwindet mit fortschreitender Zeit.

Sogar in einem Newtonschen System, in dem die Zeit vollkommen reversibel ist, führen Fragen der Wahrscheinlichkeitstheorie und der Vorhersage auf Antworten, die asymmetrisch sind wie Vergangenheit und Zukunft, weil die Fragen asymmetrisch sind, auf die sie Antwort geben. Wenn ich ein physikalisches Experiment anstelle, so bringe ich das System, das ich betrachte, auf solche Weise aus der Vergangenheit in die Gegenwart, daß ich gewisse Größen festhalte, und einen vernünftigen Grund habe, anzunehmen, daß gewisse andere Größen bekannte statistische Verteilungen aufweisen. Dann beobachte ich die statistische Verteilung der Resultate nach einer gegebenen Zeit. Dies ist kein Prozeß, den ich umkehren kann. Um dies zu tun, wäre es notwendig, eine geeignete Verteilung von Systemen auszusuchen, die, ohne Zutun unsererseits, innerhalb gewisser statistischer Grenzen enden würden, und herauszufinden, welches die Anfangsbedingungen zu einer gegebenen Zeit waren. Für ein System jedoch, das von einem unbekannten Zustand ausgeht, ist die Möglichkeit, in einem genau definierten statistischen Zustand zu enden, ein so seltenes Ereignis, daß wir es als ein Wunder betrachten können; wir können jedoch unsere experimentelle Technik nicht auf das Erwarten und Zählen von Wundern gründen. Kurzum, wir sind zeitlich gerichtet, und unsere Beziehungen zur Zukunft unterscheiden sich von unseren Beziehungen zur Vergangenheit. Alle unsere Fragen und alle unsere Antworten sind gleichsam durch diese Asymmetrie bedingt.

Eine sehr interessante astronomische Frage, die die Richtung der Zeit betrifft, taucht im Zusammenhang mit der Zeit der Astrophysik auf, in der wir entfernte Himmelskörper in einer einzigen Beobachtung betrachten und bei welcher keine Vorzugsrichtung in der Natur unseres Experimentes zu bestehen scheint.

Warum jedoch nimmt dann die mit dieser Asymmetrie behaftete Thermodynamik, die auf experimentellen irdischen Beobachtungen beruht, eine solch bevorzugte Stellung in der Astrophysik ein? Die Antwort ist interessant und nicht allzu offensichtlich. Unsere Beobachtungen der Sterne gehen durch die Vermittlung des Lichtes vonstatten, durch Strahlen oder Partikel, die, ausgehend vom beobachteten Objekt, von uns wahrgenommen werden. Einfallendes Licht können wir wahrnehmen, nicht jedoch ausfallendes Licht, oder die Wahrnehmung von ausfallendem Licht ist wenigstens nicht durch ein so einfaches und unmittelbares Experiment zustande zu bringen wie die des einfallenden Lichtes. Die Wahrnehmung des einfallenden Lichtes endigt mit dem Auge oder einer fotografischen Platte. Wir machen für den Empfang von Bildern zur Bedingung, daß wir jene für einige Vergangenheit in einen Zustand der Isolation versetzen: Wir verdunkeln das Auge, um »Nachher-Bilder« zu vermeiden, und wir wickeln unsere Platten in schwarzes Papier, um Lichthofbildungen zu vermeiden. Es ist klar, daß nur solche Augen und solche Platten für uns von Nutzen sind; werden wir »Vorher-Bildern« ausgesetzt, so könnten wir ebensogut blind sein, und wenn wir unsere Platten in schwarzes Papier packen sollten, nachdem wir sie benutzen, und sie vor dem Gebrauch entwickeln sollten, dann wäre die Fotografie tatsächlich eine sehr schwierige Kunst. Unter der obigen Voraussetzung können wir jene Sterne sehen, die auf uns und das All strahlen, während, wenn es irgendwelche Sterne gäbe, deren Entwicklung in umgekehrter Richtung verliefe, sie Strahlung vom ganzen Himmel aufnehmen würden, und gerade diese Absorption würde für uns auf keine Weise wahrnehmbar sein, aus der Tatsache heraus, daß wir unsere eigene Vergangenheit bereits kennen, jedoch nicht unsere Zukunft. So muß der Teil des Universums, den wir sehen, seine Vergangenheit-Zukunft-Relation übereinstimmend mit unserer eigenen haben, jedenfalls soweit es die Lichtemission angeht. Gerade die Tatsache, daß wir einen Stern sehen, bedeutet, daß seine Thermodynamik unserer eigenen gleich ist.

In der Tat ist es ein sehr interessantes Gedankenexperiment, sich ein intelligentes Wesen vorzustellen, dessen Zeit in anderer Richtung als unsere eigene abläuft. Einem solchen Wesen wäre alle Verständigung mit uns unmöglich. Jedes Signal, das es senden würde, erreichte uns von seinem Gesichtspunkt aus mit einem logischen Fluß von Folgerungen, den unsrigen aber vorhergehend. Diese »Vorhergänge« wären bereits in unserer Erfahrung und hätten uns als die natürliche Erklärung seines Signals gedient, ohne vorauszusetzen, daß es ein denkendes Wesen gesendet habe. Wenn es uns ein Quadrat zeichnen würde, sähen wir die Überbleibsel seiner Figur als ihre Vorboten und sie schiene die kuriose, stets vollkommen erklärbare Konstitution dieser Reste zu sein. Seine Absicht würde ebenso zufällig erscheinen wie die Gesichter, die wir aus Bergen und Felsen lesen. Das Zeichnen des Quadrates würde uns als Katastrophe erscheinen — zwar als plötzliche, aber durch natürliche Gesetze erklärbar —, durch welche jenes Quadrat aufhören würde zu bestehen. Unser Gegenüber würde uns betreffend ganz ähnliche Gedanken haben. *Innerhalb jeder Welt, mit der wir Nachrichten austauschen können, läuft die Zeit gleichsinnig ab.*

Um zu der Gegensätzlichkeit zwischen der Newtonschen Astronomie und der Meteorologie zurückzukehren, stellt man fest, daß die meisten Wissenschaften sich an dazwischen liegenden Stellen befinden, daß aber die meisten eher der Meteorologie als der Astronomie nahestehen. Wie wir sahen, enthält sogar die Astronomie eine kosmische Meteorologie. Sie beinhaltet auch jenes außerordentlich interessante, von Sir G. Darwin untersuchte Gebiet, das als die Gezeitentheorie bekannt ist. Wir haben gesagt, daß wir die relativen Bewegungen der Sonne und der Planeten als die Bewegungen starrer Körper behandeln können, was jedoch nicht ganz der Fall ist. Die Erde z. B. ist nahezu von Meeren bedeckt. Das Wasser, welches dem Mond näher als das Zentrum der Erde ist, wird stärker vom Mond angezogen als der feste Teil der Erde, und das Wasser auf der anderen Seite wird weniger stark angezogen. Diese relativ kleine Kraft zieht das Wasser in zwei Hügel auseinander, einen dem Mond zugekehrten und einen ihm abgekehrten. Auf einer vollkommen flüssigen Kugel könnten diese Hügel dem Mond mit kleinem Energieverlust rund um die Erde folgen und würden folglich beinahe genau dem Mond gegenüber und entgegengesetzt bleiben. Sie hätten folglich einen Einfluß auf den Mond, der aber die Winkelposition des Mondes am Himmel nicht sehr beeinflussen würde. Die Gezeitenwelle jedoch, die sie auf der Erde hervorbringen, wird an Küsten und in seichten Gewässern, wie in der Beringsee und der Irischen See, gestört und verzögert. Sie bleibt folglich hinter der Lage des Mondes zurück, und die Kräfte, die dies bewirken, haben weitgehend turbulenten, dissipativen Charakter, sehr ähnlich den in der Meteorologie angetroffenen Kräften, und erfordern eine statistische Behandlung. Tatsächlich kann die Ozeanographie die Meteorologie der Hydrosphäre an Stelle der Atmosphäre genannt werden.

Diese Reibungskräfte hemmen den Mond bei seinem Lauf um die Erde und beschleunigen die Rotation der Erde. Sie sind darauf gerichtet, die Längen des Monats und des Tages einander immer näher zu bringen. Tatsächlich ist der Mondtag der Monat, und der Mond kehrt immer beinahe das gleiche Gesicht zur Erde. Es wird angenommen, daß dies das Ergebnis einer alten Gezeitenentwicklung ist; ausgehend von der Zeit, als der Mond irgendein flüssiges, gasförmiges oder plastisches Material enthielt, das der Erdanziehung nachgeben konnte und bei diesem Nachgeben große Mengen von Energie verbrauchte. Dies Phänomen der Gezeitenentwicklung ist nicht auf die Erde und den Mond beschränkt, sondern kann bis zu gewissem Grade bei allen Gravitationssystemen beobachtet werden. In vergangenen Zeiten hat es das Gesicht des Sonnensystems wesentlich geändert, obgleich diese Veränderung in allen geschichtlichen Zeiten, verglichen mit der Bewegung der festen Körper der Planeten des Sonnensystems, unbedeutend ist.

So beinhaltet sogar die Gravitationsastronomie Reibungsprozesse. Es gibt keine einzige Wissenschaft, die exakt mit dem strengen Newtonschen Modell übereinstimmt. Sicher haben die biologischen Wissenschaften ihren vollen Anteil an »Einweg«-Phänomenen. Geburt ist nicht das genaue Gegenteil des Todes, noch ist das Aufbauen von Geweben das genaue Gegenteil von ihrem Absterben. Weder folgt die Zellteilung einem in der Zeit symmetrischen Vorbild, noch tut dies die Vereinigung der Keimzellen, um das befruchtete Ei zu bilden. Das Individuum ist ein Zeiger, der zeitlich in eine Richtung deutet, und die Rasse ist gleichermaßen von der Vergangenheit in die Zukunft gerichtet.

Die Entwicklung in der Paläontologie deutet auf eine bestimmte, langzeitliche Tendenz — obschon sie unterbrochen und kompliziert sein kann — vom Einfachen zum Komplexen. Während der Mitte des letzten Jahrhunderts wurde diese Tendenz allen Wissenschaftlern mit echter Unvoreingenommenheit klar, und es ist kein Zufall, daß das Problem der Entdeckung ihrer Mechanismen durch den gleichen großen Schritt von zwei Männern vorangetragen wurde, die ungefähr zur gleichen Zeit arbeiteten: Charles Darwin und Alfred Wallace. Dieser Schritt war die Einsicht, daß eine rein zufällige Variation der Individuen einer Gattung in die Form einer in einer oder wenigen Richtungen verlaufenden Entwicklung zerlegt werden kann, und zwar für jede Linie nach dem Grade der Lebensfähigkeit der verschiedenen Variationen, entweder vom Gesichtspunkt des Individuums oder der Rasse her. Eine Hunde-Mutation ohne Beine wird sicherlich verhungern, während eine lange, dünne Eidechse, die den Mechanismus des Kriechens auf ihren Rippen entwickelt hat, eine größere Chance zum Überleben haben kann, wenn sie glatte Konturen hat und frei ist von hindernden, hervorragenden Gliedern. Ein Wassertier, ob Fisch, Echse oder Säugetier, wird besser schwimmen mit einer spindelförmigen Gestalt, kräftigen Körpermuskeln und einem hinteren Auswuchs, der das Wasser »schlagen« kann; und wenn es in seiner Nahrung vom Verfolgen flüchtender Beute abhängig ist, können seine Überlebenschancen vom Annehmen dieser Form abhängen.

Die Darwinsche Entwicklung ist so ein Mechanismus, durch den eine mehr oder weniger zufällige Variabilität zu einem ziemlich bestimmten Bild kombiniert wird. Das Darwinsche Prinzip gilt noch heute, obgleich wir eine viel bessere Kenntnis des Mechanismus haben, von dem es abhängt. Die Arbeit Mendels hat uns eine weit genauere und ins einzelne gehende Sicht der Vererbung gegeben als jene, die durch Darwin gegeben wurde, während der Begriff der Mutation seit der Zeit von de Vries sich in unserer Vorstellung von der statistischen Basis der Mutation vollkommen geändert hat. Wir haben die feine Anatomie der Chromosome untersucht und haben in ihnen die Gene lokalisiert. Die Reihe der modernen Genetiker ist lang und hervorragend. Einige von diesen, wie z. B. Haldane, haben die statistische Untersuchung des Mendelismus zu einem wirkungsvollen Werkzeug für das Studium der Entwicklung gemacht.

Wir haben bereits von der Gezeitenevolution von Sir George Darwin, Charles Darwins Sohn, gesprochen. Weder die Verbindung der Idee des Sohnes mit der des Vaters noch die Wahl des Namens »Evolution« ist zufällig. In der Gezeitenevolution ebenso wie in der Entstehung der Arten haben wir einen Mechanismus, durch den eine zufällige Mannigfaltigkeit — jene der zufälligen Bewegungen der Wellen in einer den Gezeiten unterworfenen See und der Moleküle des Wassers — durch einen dynamischen Prozeß in ein Beispiel einer Entwicklung verwandelt wird, die in einer Richtung verläuft. Die Theorie der Gezeitenevolution ist ganz bestimmt eine astronomische Anwendung der Ideen des älteren Darwin.

Der dritte der Dynastie der Darwins, Sir Charles, ist eine der Autoritäten der modernen Quantenmechanik. Diese Tatsache kann zufällig sein, aber nichtsdestoweniger stellt sie eine sogar weitere Invasion von statistischen Ideen in die Newtonschen Gedanken dar. Die Reihenfolge der Namen Maxwell-Boltzmann-Gibbs repräsentiert eine progressive Zurückführung der Thermodynamik auf die statistische Mechanik, d. h. eine Zurückführung der Phänomene, die Wärme und Temperatur betreffen, auf Phänomene, in denen die Newtonsche Mechanik auf eine Situation angewendet wird, in der wir uns nicht mit einem einzelnen dynamischen System befassen, sondern mit einer statistischen Verteilung dynamischer Systeme, und in der unsere Schlußfolgerungen nicht alle solche Systeme betreffen, sondern die überwältigende Mehrheit von ihnen. Um das Jahr 1900 wurde es klar, daß irgend etwas in der Thermodynamik ernstlich nicht stimmte, besonders was die Strahlung anbetrifft. Der Äther konnte — wie durch das Plancksche Gesetz gezeigt wird — viel weniger Strahlung hoher Frequenzen absorbieren, als irgendeine bestehende Mechanisierung der Strahlungstheorie erlaubt hätte. Planck stellte eine quasi-atomistische Theorie der Strahlung auf — die Quantentheorie —, die zufriedenstellend genug diese Phänomene erklärte, aber mit dem gesamten Rest der Physik uneinig war; und Niels Bohr ergänzte dies mit einer ähnlichen *ad hoc*-Theorie des Atoms. So formten Newton und Planck-Bohr der Reihe nach die Thesis und Antithesis eines Hegelschen

Widerspruches. Die Synthese ist die statistische Theorie, von Heisenberg 1925 entdeckt, in der die statistische Newtonsche Dynamik von Gibbs durch eine statistische Theorie ersetzt wird, die jener von Newton und Gibbs für Makrovorgänge sehr ähnelt, aber in der die vollständige Angabe von Daten für Gegenwart und Vergangenheit nicht ausreichend ist, die Zukunft mehr als statistisch vorherzubestimmen. Es wird also nicht zuviel gesagt, wenn man behauptet, daß nicht nur die Newtonsche Astronomie, sondern sogar die Newtonsche Physik ein Bild aus mittleren Resultaten einer statistischen Situation und deshalb eine Darstellung eines Entwicklungsprozesses geworden ist.

Dieser Übergang von einer Newtonschen reversiblen Zeit zu einer Gibbsschen irreversiblen Zeit hat seine philosophischen Echos gehabt. Bergson betonte nachdrücklich den Unterschied zwischen der reversiblen Zeit der Physik, in der sich nichts Neues ereignet, und der irreversiblen Zeit der Evolution und Biologie, in der immer irgend etwas neu ist. Die Vorstellung, daß die Newtonsche Physik nicht den geeigneten Rahmen für die Biologie bot, war vielleicht der Kernpunkt in der alten Kontroverse zwischen Vitalismus und mechanistischer Auffassung, obgleich dies sehr erschwert wurde durch den Wunsch, wenigstens eine schattenhafte Vorstellung von Seele und Gottesbegriff gegen das Eindringen des Materialismus zu bewahren. Schließlich bewies, wie wir gesehen haben, der Vitalist zu viel. Anstatt eine Mauer zu bauen zwischen den Forderungen des Lebens und denen der Physik, wurde die Mauer zu dem Zweck errichtet, einen so weiten Bereich zu umgeben, daß beide, Materie und Leben, in ihr umschlossen lagen. Es ist wahr, daß die Materie der neueren Physik nicht der Materie von Newton entspricht, aber sie ist genauso weit von den anthropomorphen Wünschen der Vitalisten entfernt. Die Chance des Quantentheoretikers ist nicht die ethische Freiheit des Augustinus, und Tyche ist eine ebenso unnachsichtige Lehrerin wie Ananke.

Das Denken jedes Zeitalters spiegelt sich in seiner Technik wider. Die Ingenieure vergangener Zeiten waren Landmesser, Astronomen und Seefahrer; jene des siebzehnten und des frühen achtzehnten Jahrhunderts waren Uhrmacher und Linsenschleifer. Wie in alten Zeiten machten sich die Handwerker ihre Werkzeuge nach den

Vorbildern des Himmels. Eine Taschenuhr ist nichts anderes als ein Taschenplanetarium, sich notwendig wie die himmlischen Sphären bewegend; und wenn Reibung und Energieverlust in ihr eine Rolle spielen, müssen ihre Auswirkungen beseitigt werden, so daß die Bewegung der Zeiger so periodisch und regelmäßig wie möglich ist. Das hauptsächliche technische Ergebnis dieser Ingenieurtätigkeit nach dem Modell von Huyghens und Newton war das Zeitalter der Navigation, in dem es zum erstenmal möglich war, Längen mit einer beachtlichen Genauigkeit zu berechnen und dem Handel über die Ozeane das Abenteuerliche zu nehmen und ihn zu einem angesehenen Gewerbe zu machen. Es ist die Technik der Merkantilisten.

Dem Kaufmann folgte der Fabrikant und dem Chronometer die Dampfmaschine. Von der Newcomenschen Maschine beinahe bis zur heutigen Zeit ist das zentrale Gebiet des Ingenieurwesens das Studium der Antriebsmaschinen gewesen. Wärme wurde in brauchbare Rotations- und Translationsenergie verwandelt, und die Physik Newtons wurde durch jene von Rumford, Carnot und Joule ergänzt. Die Thermodynamik kommt auf, eine Wissenschaft, in der die Zeit überwiegend irreversibel ist; und obgleich die früheren Stadien dieser Wissenschaft ein Gebiet des Denkens darzustellen schienen, das beinahe ohne Kontakt mit der Newtonschen Dynamik war, lassen der Satz von der Erhaltung der Energie und die spätere statistische Auslegung des Carnotschen Prinzips oder der zweite Hauptsatz der Thermodynamik oder das Gesetz der Abnahme der Energie — jener Satz, der den maximalen Wirkungsgrad durch eine Dampfmaschine erreichbar macht, abhängig von der Arbeitstemperatur des Kessels und des Kondensators — die Thermodynamik und die Newtonsche Dynamik zu den statistischen und den nicht statistischen Aspekten der gleichen Wissenschaft verschmelzen.

Wenn das 17. und das frühe 18. Jahrhundert das Zeitalter der Uhren war und das späte 18. und das 19. Jahrhundert das Zeitalter der Dampfmaschinen, so ist die gegenwärtige Zeit das Zeitalter der Kommunikation und der Regelung. Es gibt in der Elektrotechnik eine Teilung, die in Deutschland als die Teilung in die Starkstromtechnik und Schwachstromtechnik bekannt ist und die wir als Unterscheidung zwischen Antriebs- und Nachrichtentechnik kennen. Diese Teilung trennt das gerade vergangene Zeitalter vollkommen von dem, in welchem wir jetzt leben. Augenscheinlich kann sich die Nachrichtentechnik mit Strömen jeder beliebigen Stromstärke und mit der Bewegung von Maschinen, die kräftig genug sind, massive Geschütztürme zu drehen, beschäftigen. Was sie von der Starkstromtechnik unterscheidet, ist, daß ihr Hauptinteresse nicht die Wirtschaftlichkeit von Energieproblemen, sondern die genaue Reproduktion eines Signals ist. Dieses Signal kann der Anschlag eines Handtasters sein, der als Anschlag eines Telegrafenempfängers am anderen Ende reproduziert werden soll; oder es kann ein Ton sein, der durch ein Telefon übertragen und empfangen wird; oder es kann die Umdrehung eines Schiffssteuerrades sein, die in die Winkelposition des Ruders umgesetzt wird. Diese Nachrichtentechnik begann mit Gauß, Wheatstone und den ersten Telegrafisten. Sie erhielt ihre erste vernünftige wissenschaftliche Behandlung durch Lord Kelvin, nach dem Fehlschlag des ersten Transatlantikkabels in der Mitte des letzten Jahrhunderts, und von den achtziger Jahren an war es vielleicht Heaviside, der das meiste tat, sie in eine moderne Form zu bringen. Die Erfindung des Radars und seine Verwendung im Zweiten Weltkrieg, zusammen mit den dringenden Problemen der Leitung des Flugabwehrfeuers, haben dem Gebiet eine große Anzahl gutgeschulter Mathematiker und Physiker zugeführt. Die Wunder der automatischen Rechenmaschinen gehören zum selben Gedankenbereich, der gewiß in der Vergangenheit nie so aktiv verfolgt wurde wie heutzutage.

In jedem Stadium der Technik seit Dädalus oder Hero von Alexandrien hat die Fähigkeit der Handwerker, ein arbeitendes Abbild eines lebenden Organismus anzufertigen, die Leute immer gefesselt. Dieser Wunsch, Automaten herzustellen und zu untersuchen, ist immer in Ausdrücken der lebendigen Technik des Zeitalters zum Ausdruck gekommen. In den Tagen der Magie haben wir den bizarren und dunklen Begriff des Golem, jener Figur aus Ton, in die der Rabbi von Prag als Blasphemie des unaussprechlichen Namens Gottes Leben hauchte. In der Zeit Newtons war der Automat die Spieluhr mit den kleinen Figuren, die sich steif obenauf drehten. Im 19. Jahrhundert ist der Automat eine glorifizierte Wärmemaschine, die irgendeinen brennbaren Stoff verbrauchte anstatt des Glykogens der menschlichen Muskeln. Schließlich öffnet der gegenwärtige Automat die Türen mittels Fotozellen oder richtet Geschütze auf die Stelle, an welcher ein Radarstrahl ein Flugzeug erfaßt, oder errechnet die Lösung einer Differentialgleichung.

Weder der griechische noch der magische Automat liegen auf den Hauptentwicklungslinien der modernen Maschine, noch scheinen sie viel Einfluß auf ernstes philosophisches Denken gehabt zu haben. Es ist ganz anders mit dem Uhrwerkautomaten. Dieser Gedanke hat eine sehr tiefe und bedeutende Rolle in der frühen Geschichte der modernen Philosophie gespielt, obgleich wir sie sehr gerne ignorieren.

Descartes, um mit ihm zu beginnen, betrachtete die niederen Tiere als Automaten. Dies tat er, um die Fragen der orthodoxen christlichen Haltung zu umgehen, daß Tiere keine Seele haben, die gerettet oder verdammt wird. Gerade das Funktionieren dieser lebenden Automaten hat, soweit ich weiß, Descartes nie erörtert. Jedoch die bedeutende und damit zusammenhängende Frage der Art der Kopplung zwischen der menschlichen Seele in Empfindung und im Willen und ihrer materiellen Umgebung ist eine, die Descartes erörtert, wenn auch in einer sehr unbefriedigenden Art. Er plaziert diese Kopplung in den einen, mittleren Teil des Gehirns, das er kennt, in die Zirbeldrüse. Die Art dieser Kopplung — ob sie ein direktes Einwirken des Geistes auf die Materie und der Materie auf den Geist darstellt oder nicht — ist von ihm nicht geklärt. Er betrachtet sie wahrscheinlich als die direkte Aktion in beiden Richtungen, aber er ordnet den Wert der menschlichen Erfahrung in ihrer Aktion auf die äußerliche Welt der Güte und Redlichkeit Gottes zu.

Die Rolle, die Gott in dieser Angelegenheit zugeschrieben wird, ist unsicher. Entweder ist Gott vollkommen passiv, in diesem Fall ist es schwer, einzusehen, wie Descartes' Erklärung überhaupt etwas erklärt, oder er ist ein aktiver Teilnehmer, in welchem Fall es schwer zu verstehen ist, wie die Garantie, die durch seine Güte gegeben wird, irgend etwas sein kann, wenn nicht eine aktive Teilnahme an der Sinneswahrnehmung. So hat die kausale Kette der materiellen Phänomene die Parallele in einer kausalen Kette, die mit dem Akt Gottes beginnt, durch den er in uns die Erfahrung, die einer gegebenen materiellen Situation entspricht, erzeugt. Dies einmal vorausgesetzt, ist es vollkommen natürlich, die Verbindung zwischen unserem Willen und den Wirkungen, die er in der äußerlichen Welt zu erzeugen scheint, einer ähnlichen göttlichen Vermittlung zuzuschreiben. Dies ist der Weg, den die Okkasionisten, Geulincx und Malebranche, befolgen. In Spinoza, der in vielen Richtungen diese Schule fortsetzt, übernimmt die Lehre des Okkasionalismus die mehr vernünftige Form der Behauptung, daß die Verbindung zwischen Geist und Materie die von zwei in sich abgeschlossenen Eigenschaften Gottes ist; aber Spinoza denkt nicht dynamisch und schenkt dem Mechanismus dieser Verbindung wenig oder gar keine Aufmerksamkeit.

Dies ist die Situation, von der Leibniz ausgeht, aber Leibniz denkt ebenso dynamisch, wie Spinoza geometrisch denkt. Zuerst ersetzt er das Paar der korrespondierenden Elemente, Geist und Materie, durch ein Kontinuum von korrespondierenden Elementen: die Monaden. Während sich diese nach dem Vorbild der Seele vorgestellt werden, schließen sie viele Beispiele ein, die sich nicht auf den Grad des Selbstbewußtseins der echten Seelen erheben und die einen Teil jener Welt formen, die Descartes der Materie zugeschrieben haben würde. Jede von ihnen lebt in ihrem eigenen, abgeschlossenen Universum, mit einer vollständigen kausalen Kette von der Schöpfung oder von minus unendlich in der Zeit in die unendlich fortgesetzte Zukunft; aber obgleich sie abgeschlossen sind, korrespondieren sie miteinander durch die prästabilisierte Harmonie Gottes. Leibniz vergleicht sie mit Uhren, die so aufgezogen sind, daß sie die Zeit von der Schöpfung an für alle Ewigkeit zusammenhalten. Ungleich von Menschen hergestellten Uhren werden sie nicht asynchron; aber dies ist der wunderbar vollkommenen Arbeit des Schöpfers zuzuschreiben.

So betrachtet Leibniz eine Welt von Automaten, die er, wie es bei einem Schüler von Huyghens natürlich ist, nach dem Vorbild des Uhrwerks konstruiert. Obgleich die Monaden sich beeinflussen, besteht die Beeinflussung nicht in einem Übertragen der kausalen Kette von einer zur anderen. Sie sind wirklich ebenso in sich abgeschlossen oder sogar mehr in sich abgeschlossen als die passiv tanzenden Figuren oben auf einer Spieluhr. Sie haben keinen wirklichen Einfluß auf die äußerliche Welt noch sind sie effektiv durch sie beeinflußt. Wie er sagt, haben sie keine Fenster. Die scheinbare Organisation der Welt, die wir sehen, ist irgend etwas zwischen einer Erdichtung und einem Wunder. Die Monade ist ein verkleinertes Newtonsches Sonnensystem.

Im 19. Jahrhundert werden die von Menschen konstruierten Automaten und jene anderen natürlichen Automaten des Materialisten, die Tiere und Pflanzen, von einem sehr unterschiedlichen Gesichtspunkt aus untersucht. Die Erhaltung und die Abnahme der Energie sind die herrschenden Grundsätze des Tages. Der lebende Organismus ist vor allem eine Wärmekraftmaschine, die Glukose, Glykogen oder Stärke, Fette und Proteine zu Kohlendioxyd, Wasser und Harnstoff verbrennt. Es ist das Stoffwechselgleichgewicht, das den Mittelpunkt der Aufmerksamkeit bildet, und wenn die niedrigen Arbeitstemperaturen des tierischen Muskels im Gegensatz zu den hohen Arbeitstemperaturen einer Wärmemaschine von ähnlicher Leistungsfähigkeit Aufmerksamkeit erregen, wird diese Tatsache beiseite geschoben und durch einen Unterschied zwischen der chemischen Energie des lebenden Organismus und der thermischen Energie der Wärmemaschine erklärt. Alle fundamentalen Begriffe sind mit dem Begriff der Energie assoziiert, und der hauptsächliche davon ist der des Potentials. Die Technik des Körpers ist ein Zweig der Energietechnik. Sogar heute noch ist dies der vorherrschende Gesichtspunkt der mehr klassisch denkenden, konservativen Physiologen; die ganze Richtung des Denkens solcher Biophysiker wie Raschewski und seiner Schule legt Zeugnis von seiner fortwährenden Macht ab.

Heute sind wir dabei, uns klarzumachen, daß der Körper weit von einem konservativen System entfernt ist und daß seine Komponenten in einer Umgebung arbeiten, in der die verfügbare Kraft viel weniger begrenzt ist, als wir angenommen haben. Die Elektronenröhre hat uns gezeigt, daß ein System mit einer äußeren Energiequelle, von der die meiste Energie überflüssig ist, eine sehr wirkungsvolle Tätigkeit ausüben kann, um gewünschte Operationen durchzuführen, besonders wenn bei einem niedrigen Energieverlust gearbeitet wird. Wir beginnen einzusehen, daß solche wichtigen Elemente wie die Neuronen, die Atome des Nervenkomplexes unseres Körpers, ihre Arbeit unter fast den gleichen Bedingungen wie Vakuumröhren verrichten, mit ihrer relativ kleinen Energie, die von außerhalb durch die Zirkulation ergänzt wird, und daß die Bilanz, die sehr wesentlich ist, ihre Funktionen zu beschreiben, keine Energiebilanz ist. Kurz, die neuere Untersuchung der Automaten, ob aus Metall oder aus Fleisch, ist ein Zweig der Nachrichtentechnik, und ihre Hauptbegriffe sind jene der Nachricht, Betrag der Störung oder »Rauschen« — ein Ausdruck, übernommen vom Telefoningenieur —, Größe der Information, Kodierverfahren und so fort.

In solch einer Theorie befassen wir uns mit Automaten, die tatsächlich mit der Welt außerhalb nicht nur durch ihren Energiefluß, ihren Stoffwechsel verbunden sind, sondern auch durch einen Strom von Eindrücken, von hereinkommenden Nachrichten und durch Aktionen hinausgehender Nachrichten. Die Organe, durch die Eindrücke empfangen werden, sind die Äquivalenzen der menschlichen und tierischen Sinnesorgane. Sie schließen fotoelektrische Zellen und andere Empfänger für Licht, Radarsysteme, die ihre eigenen kurzen Hertzschen Wellen empfangen, pH-Wertmesser, von denen man sagen kann, sie schmecken, Thermometer, Druckmesser verschiedener Arten, Mikrofone und so fort, ein. Die Geber können Elektromotore, Elektromagnete, Heizspiralen oder andere Instrumente von sehr verschiedener Art sein. Zwischen dem Empfänger oder dem Sinnesorgan und dem Geber steht ein Zwischensatz von Elementen, dessen Funktion es ist, die hereinkommenden Eindrücke so umzuformen, daß eine gewünschte Art von Antwort durch die Geber hervorgerufen wird. Die Information, die in dieses zentrale Regelsystem eingegeben wird, wird sehr oft Information enthalten, die das Funktionieren der Geber selbst betrifft. Diese korrespondieren u. a. mit den kinästhetischen Organen und anderen Aufnahmeorganen des menschlichen Systems, denn wir haben überdies Organe, die die Lage eines Gelenkes oder den Kontraktionszustand eines Muskels usw. aufzeichnen. Überdies muß die Information, die durch den Automaten empfangen wird, nicht sofort benutzt werden, sondern kann verzögert oder gespeichert werden, um zu irgendeiner künftigen Zeit verfügbar zu sein. Dies ist das Analogon zum Gedächtnis. Schließlich sind, solange der Automat in Gang ist, gerade seine Operationsregeln empfänglich für irgendeine Änderung an den Grunddaten, die durch die Empfänger in der Vergangenheit eingetreten sind; dies ist dem Prozeß des Lernens nicht unähnlich.

Die Maschinen, von denen wir jetzt sprechen, sind nicht der Traum des Sensationslüsternen noch die Hoffnung irgendeiner zukünftigen Zeit. Sie existieren bereits als Thermostate, automatische Gyrokompaß-Schiffssteuersysteme, Geschosse mit Eigenantrieb − besonders solche, die ihr Ziel suchen −, Luftabwehrfeuerleitsysteme, automatisch geregelte Ölraffinerien, ultraschnelle Rechenmaschinen und ähnliches. Es wurde lange vor dem Krieg begonnen, sie zu benutzen − tatsächlich gehört der sehr alte Dampfmaschinenfliehkraftregler zu ihnen −, aber die große Mechanisierung des Zweiten Weltkrieges brachte sie zu ihrer Geltung, und die Notwendigkeit, die extrem gefährliche Energie des Atoms zu handhaben, wird sie vielleicht auf einen noch höheren Entwicklungsstand bringen. Kaum ein Monat vergeht, in dem nicht ein neues Buch über diese sogenannte Regelmechanismen oder Servomechanismen erscheint; und das gegenwärtige Zeitalter ist wahrlich ebenso das Zeitalter der Servomechanismen, wie das 19. Jahrhundert das Zeitalter der Dampfmaschinen oder das 18. Jahrhundert das Zeitalter der Uhren war.

Um zusammenzufassen: Die vielen Automaten des gegenwärtigen Zeitalters sind mit der äußerlichen Welt durch den Empfang von Eindrücken und durch die Verrichtung von Handlungen verbunden. Sie enthalten Sinnesorgane, Geber und das Äquivalent eines Nervensystems, um das Übertragen der Information vom einen zum anderen zu gewährleisten. Sie lassen sich selbst sehr gut in physiologischen Ausdrücken beschreiben. Es ist kaum ein Wunder, daß sie mit den Mechanismen der Physiologie in einer Theorie zusammengefaßt werden können.

Die Beziehung dieser Mechanismen zur Zeit verlangt eine sorgfältige Untersuchung. Es ist natürlich klar, daß die Beziehung Eingang−Ausgang in der Zeit konsekutiv ist und eine Vergangenheits-Zukunfts-Ordnung einschließt. Vielleicht nicht so klar ist, daß die Theorie des sensitiven Automaten eine statistische ist.

Wir sind kaum an der Herstellung eines nachrichtentechnischen Gerätes für eine einzelne Eingabe interessiert. Um angemessen zu sein, muß es ein befriedigendes Gerät für ein ganze Klasse von Eingaben geben, und dies bedeutet ein statistisch befriedigendes Arbeiten für die Klasse von Eingaben, die statistisch erwartet werden. So gehört ihre Theorie eher zur Gibbsschen statistischen Mechanik als zur klassischen Newtonschen Mechanik; wir werden dies viel eingehender in dem Kapitel untersuchen, das der Theorie der Übertragung gewidmet ist.

So lebt der moderne Automat in der gleichen Bergsonschen Zeit wie der lebende Organismus, und daher gibt es keinen Grund in Bergsons Betrachtungen, warum das wesentliche Funktionieren des lebenden Organismus nicht das gleiche wie jenes des Automaten dieses Typs sein sollte. Der Vitalismus hat bis zu dem Ausmaß gewonnen, daß sogar Mechanismen mit der Zeitstruktur des Vitalismus korrespondieren, aber wie wir gesagt haben, ist dieser Sieg eine vollkommene Niederlage, denn von jedem Gesichtspunkt aus, der die entfernteste Beziehung zur Moral oder Religion hat, ist die neue Mechanik genauso vollkommen mechanistisch wie die alte. Ob wir den neuen Gesichtspunkt materialistisch nennen sollten, ist fast nur eine Frage der Worte: der Einfluß der Materie charakterisiert eine Phase der Physik des 19. Jahrhunderts weit mehr als das gegenwärtige Zeitalter, und »Materialismus« ist wenig mehr geworden als ein schwaches Synomym für »Mechanismus«. Tatsächlich wurde die ganze Kontroverse zwischen Mechanismus und Vitalismus in die Rumpelkammer schlecht gestellter Fragen verwiesen.

II

GRUPPEN UND STATISCHE MECHANIK

Ungefähr zu Beginn des jetzigen Jahrhunderts schlugen zwei Wissenschaftler, der eine in den Vereinigten Staaten und der andere in Frankreich, mit ihren Arbeiten Wege ein, die jedem von ihnen — wenn einer auch nur die entfernteste Ahnung von der Existenz des anderen gehabt hätte — doch vollkommen beziehungslos erschienen wären. In New Haven entwickelte Williard Gibbs seinen neuen Standpunkt in der statistischen Mechanik. In Paris erreichte Henri Lebesgue den Ruhm seines Lehrers Emile Borel durch die Entwicklung einer geänderten und leistungsfähigeren Theorie der Integration zum Zwecke der Untersuchung trigonometrischer Reihen. Die beiden Forscher waren sich darin gleich, daß jeder eher ein Mann des Studierzimmers als des Labors war, aber außer in diesem Punkt war ihre ganze Einstellung zur Wissenschaft diametral entgegengesetzt.

Gibbs betrachtete, obwohl er Mathematiker war, die Mathematik immer als Hilfsmittel der Physik. Lebesgue war ein Analytiker reinster Prägung, ein fähiger Exponent der außerordentlich exakten modernen Denkungsart mathematischer Untersuchungen und ein Verfasser, dessen Arbeiten, soweit ich unterrichtet bin, nicht ein einziges Beispiel eines Problems oder einer Methode enthalten, das direkt von der Physik herkommt. Nichtsdestoweniger bildet die Arbeit dieser beiden Männer ein einziges Ganzes, in dem die von Gibbs gestellten Fragen ihre Antworten finden, nicht in seiner eigenen, sondern in der Arbeit Lebesgues.

Die Grundgedanken von Gibbs sind diese: In der Newtonschen Dynamik, in ihrer ursprünglichen Form, befassen wir uns mit einem einzelnen System, mit gegebenen Anfangsgeschwindigkeiten und Momenten, das hinsichtlich eines gewissen Systems von Kräften nach den Newtonschen Gesetzen, die Kraft und Beschleunigung verbinden, Veränderungen unterworfen ist. In der überwiegenden Mehrzahl der praktischen Fälle jedoch sind wir weit davon entfernt, alle Anfangsgeschwindigkeiten und Momente zu kennen. Wenn wir eine bestimmte Anfangsverteilung der unvollständig bekannten Lagekoordinaten und Momente des Systems annehmen, wird diese auf vollkommen Newtonsche Art die Verteilung der Momente und Lagekoordinaten für jede zukünftige Zeit bestimmen. Es wird dann möglich sein, Voraussetzungen über diese Verteilungen zu machen, und einige von diesen werden den Charakter von Annahmen haben, daß das künftige System bestimmte Charakteristiken mit der Wahrscheinlichkeit Eins aufweisen wird oder bestimmte andere Charakteristiken mit der Wahrscheinlichkeit Null.

Die Wahrscheinlichkeiten Eins und Null sind Begriffe, die die vollkommene Sicherheit und die vollkommene Unmöglichkeit einschließen, aber außerdem noch mehr. Wenn ich auf eine Scheibe mit einer punktförmigen Kugel schieße, wird die Chance, daß ich einen bestimmten Punkt auf der Scheibe treffe, im allgemeinen Null sein, obgleich es nicht unmöglich ist, daß ich ihn treffe; und tatsächlich muß ich in jedem speziellen Fall wirklich einen einzigen Punkt treffen, was ein Ergebnis von der Wahrscheinlichkeit Null ist. So ist also ein Ergebnis von der Wahrscheinlichkeit Eins, nämlich das, irgendeinen Punkt zu treffen, eine Vereinigung von Fällen von der Wahrscheinlichkeit Null.

Nichtsdestoweniger ist einer der Prozesse, der in der Gibbsschen statistischen Mechanik gebraucht wird — obgleich er implizit vorkommt und Gibbs sich seiner offenbar nicht bewußt war —, die Auflösung einer komplexeren Struktur in eine unendliche Folge von spezielleren Strukturen — eine erste, eine zweite, eine dritte usw., von denen jede eine bekannte Wahrscheinlichkeit hat; und die Entwicklung der Wahrscheinlichkeit der umfassenden Struktur in die Summe der spezielleren Wahrscheinlichkeiten, die eine unendliche Reihe bilden. Zwar können wir nicht in allen denkbaren Fällen die Wahrscheinlichkeiten summieren, um die Wahrscheinlichkeit des zusammengesetzten Ereignisses zu erhalten — denn die Summe irgendeiner Anzahl von Nullen ist Null –, jedoch wir können sie summieren, wenn es ein erstes, ein zweites, ein drittes Glied usf. gibt, d. h., wenn die Wahrscheinlichkeiten eine Folge bilden, in der jedes Glied eine bestimmte Stellung hat, die durch eine positive ganze Zahl gegeben ist.

Die Unterscheidung zwischen diesen beiden Fällen enthält ziemlich scharfsinnige Betrachtungen über die Art von Mengen von Ereignissen, und Gibbs, obgleich ein sehr, sehr leistungsfähiger, war nie ein sehr subtiler Mathematiker. Ist es möglich, daß eine Klasse unendlich ist und trotzdem noch wesentlich verschieden in der Mächtigkeit gegenüber einer anderen unendlichen Klasse, wie z. B. jener der positiven ganzen Zahlen? Dies Problem wurde gegen Ende des letzten Jahrhunderts von Georg Cantor gelöst, und die Antwort ist: Ja. Wenn wir alle verschiedenen Dezimalbrüche betrachten, ob endlich oder unendlich, die zwischen 0 und 1 liegen, ist es bekannt, daß sie nicht in 1, 2, 3-Ordnung angeordnet werden können, obgleich seltsamerweise alle *endlichen* Dezimalbrüche so angeordnet werden können. So ist die Unterscheidung, die von der Gibbsschen statistischen Mechanik verlangt wird, nicht auf den ersten Blick unmöglich. Der Dienst Lebesgues für die Theorie Gibbs' ist, gezeigt zu haben, daß die impliziten Forderungen der statistischen Mechanik, die die Betrachtung von Ereignissen mit der Wahrscheinlichkeit Null und die Addition der Wahrscheinlichkeiten von Ereignissen betreffen, wirklich erfüllt werden können und daß die Gibbssche Theorie keine Widersprüche enthält.

Lebesgues Arbeit war jedoch nicht direkt auf die Forderungen der statistischen Mechanik ausgerichtet, sondern auf etwas, das wie eine ganz andere Theorie aussieht, die Theorie der trigonometrischen Reihen. Diese geht zurück auf die Physik der Wellen und Schwingungen im 18. Jahrhundert und zu der dann umstrittenen Frage nach der Allgemeinheit der Bewegungen eines linearen Systems, die aus den einfachen Schwingungen des Systems zusammengesetzt werden können – mit anderen Worten, aus jenen Schwingungen, für die der Ablauf der Zeit einfach die Multiplikation der Abweichungen des Systems vom Gleichgewicht mit einer positiven oder negativen, allein von der Zeit und nicht von der Lage abhängigen Größe bedeutet. Das heißt, eine einzelne Funktion wird als Summe einer Reihe ausgedrückt. In diesen Reihen werden die Koeffizienten als Mittelwerte des Produktes der Funktion, die dargestellt werden soll, und der gegebenen Gewichtsfunktion ausgedrückt. Die ganze Theorie hängt von den Eigenschaften des Mittelwertes einer Reihe ab, in Ausdrücken des Mittelwertes eines einzelnen Termes. Zu bemerken ist, daß der Mittelwert eines Betrages, der über einem Intervall von 0 bis A 1 ist, und von A bis 1 verschwindet, gleich A ist und als die Wahrscheinlichkeit angesehen werden kann, daß ein Punkt zufällig im Intervall von 0 bis A liegt, wenn es bekannt ist, daß er zwischen 0 und 1 liegt. Mit anderen Worten, die Theorie, die für den Mittelwert einer Reihe benötigt wird, ist sehr ähnlich der Theorie, die für eine adäquate Diskussion der Wahrscheinlichkeiten von aus einer unendlichen Folge von Fällen zusammengesetzten Ereignissen gebraucht wird. Dies ist der Grund, warum Lebesgue beim Lösen seines eigenen Problems auch das von Gibbs gelöst hatte.

Die speziellen Verteilungen, die von Gibbs diskutiert wurden, haben selbst eine dynamische Erklärung. Wenn wir eine bestimmte sehr allgemeine Art eines konservativen dynamischen Systems mit N Freiheitsgraden betrachten, finden wir, daß seine Orts- und Geschwindigkeitskoordinaten auf einen speziellen Satz von $2N$ Koordinaten zurückgeführt werden können, von denen N die verallgemeinerten Lagekoordinaten und N die verallgemeinerten Momente genannt werden. Diese bestimmen einen $2N$-dimensionalen Raum, der ein $2N$-dimensionales Volumen definiert, und wenn wir irgendeinen Bereich dieses Raumes nehmen und die Punkte sich mit dem Ablauf der Zeit bewegen lassen, so wird jeder Satz von $2N$ Koordinaten in einen neuen Satz verwandelt, der von der verstrichenen Zeit abhängt. Diese fortlaufende Veränderung der Begrenzung des Bereiches ändert aber nicht sein $2N$-dimensionales Volumen. Allgemein erzeugt der Begriff des Volumens für Mengen, die nicht so einfach definiert sind wie diese Bereiche, einen Begriff des Maßes wie den des Lebesgueschen. In diesem Begriff des Maßes und in den konservativen dynamischen Systemen, die auf solche Weise transformiert werden, daß sie dieses Maß konstant lassen, gibt es eine andere numerisch erfaßbare Größe, die ebenso konstant bleibt: die Energie. Wenn alle Körper im System sich nur untereinander beeinflussen und es keine Kräfte gibt, die mit festen Lagen und festen Richtungen im Raum verknüpft sind, dann gibt es zwei andere Ausdrücke, die ebenso konstant bleiben. Beide sind Vektoren: der Drehimpuls und der Gesamtimpuls des Systems. Sie sind nicht schwierig zu eliminieren, so daß das System durch ein System mit weniger Freiheitsgraden ersetzt wird.

In hoch spezialisierten Systemen kann es andere Größen geben, die nicht durch Energie, Impuls und Drehimpuls bestimmt sind und die unverändert bleiben, wenn sich das System ändert. Es ist jedoch bekannt, daß Systeme, in denen eine andere invariante Größe existiert, abhängig von den Anfangskoordinaten und -momenten des dynamischen Systems und hinreichend regulär, um einer auf dem Begriff des Lebesgueschen Maßes aufbauenden Integration unterworfen werden zu können, tatsächlich dem genauen Sinn nach sehr selten sind[24]. In Systemen ohne andere invariante Größen können wir die zur Energie, zum Impuls und zum Drehimpuls gehörenden Koordinaten festhalten, und im Raum der übrigen Koordinaten wird das Maß, das durch Lage und Impulskoordinaten bestimmt wird, selbst eine Art Untermaß bestimmen, genau wie das Maß im Raum das Maß eines Gebietes auf einer zweidimensionalen Oberfläche aus einer Familie von zweidimensionalen Oberflächen bestimmt. Wenn z. B. unsere Familie jene der konzentrischen Kugeln ist, dann wird das Volumen zwischen zwei eng benachbarten konzentrischen Kugeln als Grenzwert ein Flächenmaß der Oberfläche einer Kugel ergeben, wobei allerdings das gesamte Volumen des Bereiches zwischen den beiden Kugeln auf Eins normiert wird.

Wir wollen nun dieses neue Maß in einem Gebiet des Phasenraumes nehmen, für das die Energie, der Gesamtimpuls und der Drehimpuls bestimmt sind, und wir wollen annehmen, daß es keine anderen meßbaren invarianten Größen im System gibt. Das Maß dieses gesamten begrenzten Bereiches soll konstant — oder wie wir es durch eine Veränderung des Maßstabes erreichen können, gleich 1 — sein. Da unser Maß aus einem zeitlich invarianten Maß

[24] *Oxtoby, J. C.*, und *S. M. Ulam*, »Measure-Preserving Homeomorphisms and Metrical Transitivity«, Ann. of Math., Ser. 2, 42, 874—920 (1941).

erhalten wurde und auf eine Art, die selbst zeitlich invariant ist, wird es selbst invariant sein. Wir wollen dieses Maß *Phasenmaß*, und Mittelwerte, die im Hinblick darauf erhalten werden, *Phasenmittelwerte* nennen.

Nun kann jedoch irgendeine zeitlich veränderliche Größe auch einen *Zeitmittelwert* haben. Wenn z. B. $f(t)$ von t abhängt, so wird sein zeitlicher Mittelwert über die Vergangenheit

$$\lim_{T \to \infty} \frac{1}{T} \int_{-T}^{0} f(t)\,dt \qquad (2.01)$$

sein und sein zeitlicher Mittelwert über die Zukunft

$$\lim_{T \to \infty} \frac{1}{T} \int_{0}^{T} f(t)\,dt \qquad (2.02)$$

In der Gibbsschen statistischen Mechanik kommen beide, zeitliche und räumliche, Mittelwerte vor. Es war eine brillante Idee von Gibbs, den Beweis zu versuchen, daß diese zwei Typen von Mittelwerten im gewissen Sinne gleich sind. Mit der Bemerkung, daß diese zwei Typen von Mittelwerten miteinander verknüpft sind, hatte Gibbs vollkommen recht; bei der Methode, mit welcher er diese Beziehung zu zeigen versuchte, lag er gänzlich und hoffnungslos daneben. Dafür war er kaum zu tadeln. Erst zur Zeit seines Todes hatte der Ruhm des Lebesgueschen Integrales begonnen, nach Amerika einzudringen. Weitere 15 Jahre lang war es eine Museumskuriosität, nur nützlich, jungen Mathematikern die Notwendigkeit und Möglichkeit subtiler Methoden zu zeigen. Selbst ein so hervorragender Mathematiker wie W. F. Osgood[25] hatte bis zu seinem Tod nichts mit ihm zu tun. Es dauerte bis ungefähr 1930, daß eine Gruppe von Mathematikern: Koopman, von Neumann und Birkhoff[26] — schließlich die exakte Begründung der Gibbsschen statistischen Mechanik gaben. Später, bei der Untersuchung der Ergodentheorie, werden wir diese Begründung kennenlernen.

[25] Nichtsdestoweniger stellt einiges aus früheren Arbeiten Osgoods einen bedeutenden Schritt in Richtung des Lebesgue-Integrales dar.

[26] *Hopf, E.,* »Ergodentheorie«, Ergeb. Math. 5, No. 2, Springer, Berlin 1937.

Gibbs selbst glaubte, daß in einem System, aus dem alle Invarianten als besondere Koordinaten entfernt worden sind, fast alle Bahnen im Phasenraum durch alle Punkte eines solchen Raumes gingen. Diese Hypothese nannte er die *Ergoden-Hypothese* aus den griechischen Wörtern ἔργον und ὁδός = Arbeit und Pfad. Nun gibt es erstens, wie Plancherel und andere gezeigt haben, keinen wichtigen Fall, wo diese Hypothese stimmt. Kein differenzierbarer Weg kann ein ebenes Gebiet bedecken, auch wenn er von unendlicher Länge ist. Die Nachfolger von Gibbs, vielleicht schließlich Gibbs selbst eingeschlossen, erkannten dies auf eine vage Weise und ersetzten die Hypothese durch die *Quasi-Ergoden-Hypothese*, die lediglich behauptet, daß im Verlauf der Zeit ein System allgemein jedem Punkt im durch die bekannten Invarianten bestimmten Phasenraum mit seiner Phasenbahn beliebig nahe kommt. Es gibt keine logische Schwierigkeit, was die Wahrheit dieser Behauptung anlangt, sie ist nur völlig ungenügend für die Schlüsse, die Gibbs auf sie gründet. Sie sagt nichts aus über die relative Zeit, die das System in der Nachbarschaft jedes Punktes verbringt.

Neben den Begriffen von *Mittelwert* und *Maß* — der Mittelwert über den gesamten Wertevorrat einer Funktion, die 1 ist auf einer zu messenden Menge und 0 überall sonst —, die höchst notwendig gebraucht wurden, um Gibbs' Theorie Sinn zu geben, um die wirkliche Bedeutung der Ergodentheorie zu würdigen, brauchen wir eine präzisere Analyse des Begriffes der *Invarianten*, ebenso wie den Begriff der *Transformationsgruppe*. Diese Begriffe waren Gibbs bestimmt bekannt, wie seine Untersuchung über Vektoranalysis zeigt. Nichtsdestoweniger ist es möglich, zu behaupten, daß er sie nicht nach ihrem vollen philosophischen Wert einschätzte. Wie sein Zeitgenosse Heaviside ist Gibbs einer der Wissenschaftler, deren physikalisch-mathematisches Gefühl oft ihre Logik übertrifft und die im allgemeinen recht haben, während sie oft nicht in der Lage sind, zu erklären, warum und wieweit sie recht haben.

Für die Existenz jeder Wissenschaft ist es notwendig, daß Phänomene existieren, die nicht isoliert auftreten. In einer Welt, die von einer Reihenfolge von Wundern beherrscht ist — von einem irrationalen göttlichen Subjekt als plötzliche Launen vollbracht —, würden wir gezwungen sein, jede neue Katastrophe in bestürzter Passivität zu erwarten. Wir haben ein Bild solch einer Welt im Krocketspiel in *Alice im Wunderland*, wo die Schlaghölzer Flamingos sind, die Bälle Igel, die sich ruhig entrollen und ihrem eigenen Geschäft nachgehen, die Male kartenspielende Soldaten, die gleichfalls Gegenstand eigener ortsveränderlicher Initiative sind, und die Regeln schließlich die Anordnungen der eigensinnigen, unberechenbaren Queen of Hearts.

Das Wesen einer wirksamen Regel für ein Spiel oder eines brauchbaren Gesetzes der Physik ist, daß es im voraus erklärbar und für mehr als einen Fall brauchbar ist. Im Idealfall sollte es eine Eigenschaft des diskutierten Systems darstellen, die beim Ablauf bestimmter Veränderungen gleich bleibt. Im einfachsten Fall ist es eine Eigenschaft, die gegen eine Menge von *Transformationen*, denen das System unterworfen ist, *invariant* ist. Wir werden so zu den Begriffen der *Transformation, Transformationsgruppe* und der *Invarianten* geführt.

Eine Transformation eines Systems ist irgendeine Veränderung, bei der jedes Element in ein anderes übergeht. Die Veränderung des Sonnensystems, die beim Übergang von der Zeit t_1 zur Zeit t_2 vor sich geht, ist eine Transformation der Koordinatensätze der Planeten. Die ähnliche Änderung ihrer Koordinaten, wenn wir ihren Ursprung bewegen oder in bezug auf unsere geometrischen Achsen eine Rotation durchführen, ist eine Transformation. Die Veränderung im Maßstab, die eintritt, wenn wir ein Präparat mittels der Vergrößerungswirkung eines Mikroskopes messen, ist gleichfalls eine Transformation.

Das Resultat des Folgens einer Transformation B auf eine Transformation A ist eine andere Transformation, die als das *Produkt* oder die *Resultierende BA* bekannt ist. Es ist zu beachten, daß sie im allgemeinen von der Reihenfolge von A und B abhängt. Wenn so A die Transformation ist, die die Koordinate x in die Koordinate y und y in $-x$ verwandelt, während z nicht verändert wird, während B x in z, z in $-x$ umwandelt und y fest läßt, dann wird BA x in y umwandeln, y in $-z$ und z in $-x$, während AB x in z, y in $-x$ und z in $-y$ transformieren wird. Wenn AB und BA gleich sind, so werden wir sagen, daß A und B *vertauschbar* sind.

Manchmal, jedoch nicht immer, wird die Transformation A nicht nur jedes Element des Systems in ein Element übertragen, sondern wird die Eigenschaft haben, daß jedes Element das Resultat der Transformation eines Elementes ist. In diesem Fall gibt es eine eindeutige Transformation A^{-1}, so daß sowohl AA^{-1} wie auch $A^{-1}A$ die sehr spezielle Transformation sind, die wir mit I bezeichnen; die *Identität*, die nämlich jedes Element in sich überführt. In diesem Falle nennen wir A^{-1} das *Inverse* von A. Es ist klar, daß A das Inverse von A^{-1} ist, daß I sein eigenes Inverses ist und daß das Inverse von AB die Transformation $B^{-1}A^{-1}$ ist.

Es existieren gewisse Klassen von Transformationen, bei denen jede Transformation, die zu der Klasse gehört, ein Inverses besitzt, das gleichfalls zu der Klasse gehört, und bei denen das Resultat von zwei beliebigen Transformationen, die zu der Klasse gehören, wieder zur Klasse gehört. Diese Klassen sind bekannt als *Transformationsgruppen*. Die Klasse aller Translationen auf einer Linie oder auf einer Ebene oder im dreidimensionalen Raum ist eine Transformationsgruppe; und mehr noch, sie ist eine Transformationsgruppe der speziellen Art, die als *Abelsche* Gruppe bekannt ist, bei der zwei beliebige Transformationen der Gruppe vertauschbar sind. Die Klasse der Rotationen um einen Punkt und aller Bewegungen eines festen Körpers im Raum sind nichtabelsche Gruppen.

Wir wollen annehmen, daß wir eine allen Elementen, die durch eine Transformationsgruppe transformiert werden, zugeordnete Größe haben. Wenn sich diese Größe bei jeder beliebigen Transformation der Gruppe nicht ändert, wird sie eine *Invariante der Gruppe* genannt. Es gibt viele Arten solcher Gruppeninvarianten, von denen zwei für unsere Zwecke besonders wichtig sind.

Die ersten sind die sogenannten *linearen Invarianten*. Stellen x die Elemente dar, die durch eine Abelsche Gruppe transformiert werden und sei $f(x)$ eine komplexe Funktion dieser Elemente mit gewissen, angemessenen Stetigkeits- oder Integrabilitätseigenschaften. Bedeutet Tx das Element, das aus x durch die Transformation T hervorgeht und ist $f(x)$ eine Funktion vom Absolutbetrag 1, so daß

$$f(Tx) = \alpha(T)f(x) \qquad (2.03)$$

gilt, wobei $\alpha(T)$ eine Zahl vom absoluten Betrag 1 ist, die allein von T abhängt, so wollen wir sagen, daß $f(x)$ ein *Charakter* der Gruppe ist. Es ist in leicht verallgemeinertem Sinn eine Invariante der Gruppe. Wenn $f(x)$ und $g(x)$ Gruppencharaktere sind, so ist natürlich $f(x)\,g(x)$ ein solcher, wie es auch $[f(x)]^{-1}$ ist. Wenn wir jede Funktion $h(x)$, definiert auf der Gruppe, als eine lineare Kombination der Gruppencharaktere

$$h(x) = \sum A_k f_k(x) \qquad (2.04)$$

darstellen können, wobei $f_k(x)$ ein Gruppencharakter ist und $\alpha_k(T)$ die gleiche Beziehung zu $f_k(x)$ hat, wie $\alpha(T)$ zu $f(x)$ in (2.03), dann ist

$$h(Tx) = \sum A_k \alpha_k(T) f_k(x) \qquad (2.05)$$

Wenn wir also $h(x)$ nach einer Menge von Gruppencharakteren entwickeln können, können wir $h(Tx)$ für alle T nach den Charakteren entwickeln.

Wir haben gesehen, daß die Charaktere einer Gruppe andere Charaktere durch Multiplikation und Umkehrung erzeugen, und es kann in ähnlicher Weise gezeigt werden, daß die Konstante 1 ein Charakter ist. Die Multiplikation mit einem Gruppencharakter erzeugt so eine Transformationsgruppe der Gruppencharaktere selbst, die als die *Charaktergruppe* der Originalgruppe bekannt ist. Wenn die ursprüngliche Gruppe die Translationsgruppe auf der unendlichen Geraden ist, so daß der Operator $T\,x$ in $x+T$ verwandelt, wird (2.03) zu der Gleichung

$$f(x+T) = \alpha(T) f(x) \qquad (2.06)$$

die für $f(x) = e^{i\lambda x}$, $\alpha(T) = e^{i\lambda T}$ erfüllt ist. Die Charaktere sind die Funktionen $e^{i\lambda x}$, und die Charaktergruppe ist die Gruppe der Translationen, die λ in $\lambda + T$ transformiert und so die gleiche Struktur aufweist wie die Originalgruppe. Dies wird nicht der Fall sein, wenn die Originalgruppe aus den ebenen Drehungen um einen Punkt besteht. In diesem Fall verändert der Operator $T\,x$ in eine Zahl zwischen 0 und 2π, die sich von $x+T$ durch ein ganzzahliges Vielfaches von 2π unterscheidet, und während (2.06) erhalten bleibt, haben wir die besondere Bedingung

$$\alpha(T+2\pi) = \alpha(T). \qquad (2.07)$$

Wenn wir nun wie zuvor $f(x)=e^{i\lambda x}$ setzen, so werden wir

$$e^{i 2\pi \lambda}=1 \qquad (2.08)$$

erhalten, d. h., daß λ eine reelle, ganze Zahl sein muß, positiv, negativ oder 0.

Die Charaktergruppe entspricht so den Translationen der ganzen Zahlen. Wenn andererseits die Originalgruppe jene der Translationen der ganzen Zahlen ist, sind x und T in (2.05) auf ganzzahlige Werte beschränkt und $e^{i\lambda x}$ schließt nur die Zahl zwischen 0 und 2π ein, die von λ durch ein ganzzahliges Vielfaches von 2π abweicht. So ist die Charaktergruppe die Gruppe der Drehungen um einen Mittelpunkt.

In jeder Charaktergruppe sind — für einen gegebenen Charakter f — die Werte von $\alpha(T)$ so verteilt, daß sich die Verteilung nicht ändert, wenn sie alle mit $\alpha(S)$ multipliziert werden, für jedes Element S der Gruppe. Das heißt, wenn es irgendeine vernünftige Basis für das Ermitteln eines Mittelwertes dieser Werte gibt, der nicht fest ist gegen die Transformationen der Gruppe, die durch die Multiplikation jeder Transformation mit einer festen ihrer Transformationen erzeugt werden, so ist entweder $\alpha(T)$ immer 1, oder dieser Mittelwert ist invariant gegen die Multiplikation mit einer von 1 verschiedenen Zahl und muß daher Null sein. Hieraus kann geschlossen werden, daß der Mittelwert des Produktes irgendeines Charakters mit seinem konjugiert Komplexen (das ebenso ein Charakter ist) den Wert 1 haben wird und daß der Mittelwert des Produktes irgendeines Charakters mit dem konjugiert Komplexen eines anderen Charakters den Wert 0 hat. Mit anderen Worten: wenn wir $h(x)$ wie in Formel (2.04) ausdrücken, erhalten wir

$$A_k = \text{Mittelwert}\,[h(x)\overline{f_k(x)}] \qquad (2.09)$$

Im Falle der Gruppe der Drehungen um einen Mittelpunkt erhält man direkt, daß aus

$$f(x)=\sum a_n e^{inx} \qquad (2.10)$$

$$a_n=\frac{1}{2\pi}\int_0^{2\pi} f(x)e^{-inx}dx \qquad (2.11)$$

folgt, und das Resultat für die Translationen auf der Geraden ist eng verwandt mit der Tatsache, daß, wenn sinngemäß

$$f(x) = \int_{-\infty}^{\infty} a(\lambda) e^{i\lambda x} d\lambda \qquad (2.12)$$

gilt, entsprechend

$$a(\lambda) = \frac{1}{2\pi} \int_{-\infty}^{\infty} f(x) e^{-i\lambda x} dx \qquad (2.13)$$

ist.

Diese Resultate sind hier sehr grob dargestellt worden und ohne klare Feststellung ihres Gültigkeitsbereiches. Für genauere Aussagen der Theorie sei der Leser auf das untenstehende Zitat verwiesen[27].

Neben der Theorie der linearen Invarianten einer Gruppe gibt es auch die allgemeine Theorie ihrer metrischen Invarianten. Dieses sind Systeme Lebesguescher Maße, die sich nicht ändern, wenn die Objekte, die durch die Gruppe transformiert werden, durch die Operationen der Gruppe vertauscht werden. In diesem Zusammenhang sollten wir die interessante Theorie des Gruppenmaßes anführen, die von Haar[28] stammt. Wie wir gesehen haben, ist jede Gruppe selbst eine Menge von Elementen, die permutiert werden, indem sie mit den Operationen der Gruppe selbst multipliziert werden, also kann sie ein invariantes Maß haben. Haar hat bewiesen, daß eine ziemlich große Klasse von Gruppen ein eindeutig bestimmtes, invariantes Maß besitzt, das in Ausdrücken der Gruppenstruktur selbst zu definieren ist.

Die wichtigste Anwendung der Theorie der metrischen Invarianten einer Transformationsgruppe ist, die Vertauschbarkeit von Phasen-Mittelwerten und Zeitmittelwerten zu beweisen, was, wie wir bereits gesehen haben, Gibbs vergeblich versuchte. Die Grundlage, auf der dies zustande gebracht wurde, ist als die Ergodentheorie bekannt.

Die gewöhnlichen Ergodensätze beginnen mit einer Menge E, von der wir annehmen können, daß sie vom Maß 1 ist, und die

---

[27] *Wiener, N.*, The Fourier Integral and Certain of Its Applications, The University Press, Cambridge, England, 1933, Dover Publications, Inc., N.Y.
[28] *Haar, H.*, »Der Maßbegriff in der Theorie der kontinuierlichen Gruppen«, Ann. of Math., Ser. 2, 34, 147—169 (1933).

durch eine maßerhaltende Transformation T oder durch eine Gruppe von maßerhaltenden Transformationen T^λ, wobei $-\infty < \lambda < \infty$ und

$$T^\lambda \cdot T^\mu = T^{\lambda+\mu} \qquad (2.14)$$

ist, in sich transformiert wird.

Die Ergodentheorie befaßt sich mit komplexen Funktionen $f(x)$ der Elemente x von E. In allen Fällen ist $f(x)$ meßbar in x, und wenn wir uns mit einer kontinuierlichen Gruppe von Transformationen befassen, wird $f(T^\lambda x)$ als meßbar in x und gleichzeitig in λ betrachtet.

In dem Mittel-Ergodensatz von Koopmann und von Neumann wird $f(x)$ als zugehörig zur Klasse L^2 betrachtet, d. h., es soll

$$\int_E |f(x)|^2 \, dx < \infty \qquad (2.15)$$

gelten.

Der Satz sagt dann, daß

$$f_N(x) = \frac{1}{N+1} \sum_{n=0}^{N} f(T^n x) \qquad (2.16)$$

oder

$$f_A(x) = \frac{1}{A} \int_0^A f(T^\lambda x) \, d\lambda \qquad (2.17)$$

wie der Fall sein mag, für $N \to \infty$ oder $A \to \infty$ im Mittel gegen einen Grenzwert $f^*(x)$ konvergiert, in dem Sinne, daß bzw.

$$\lim_{N \to \infty} \int_E |f^*(x) - f_N(x)|^2 \, dx = 0 \qquad (2.18)$$

$$\lim_{A \to \infty} \int_E |f^*(x) - f_A(x)|^2 \, dx = 0 \qquad (2.19)$$

gilt. Im individuellen Ergodensatz von Birkhoff wird angenommen, daß $f(x)$ aus der Klasse L ist, d. h., daß

$$\int_E |f(x)| \, dx < \infty \qquad (2.20)$$

gilt. Die Funktionen $f_N(x)$ und $f_A(x)$ sind definiert wie in (2.16) und (2.17). Der Satz stellt dann fest, daß, ausgenommen auf einer Menge von x-Werten vom Maße 0,

$$f^*(x) = \lim_{N \to \infty} f_N(x) \qquad (2.21)$$

bzw.

$$f^*(x) = \lim_{A \to \infty} f_A(x) \qquad (2.22)$$

existiert.

Ein sehr interessanter Fall ist der sogenannte *ergodische* oder *metrisch transitive*, bei dem die Transformation T oder die Menge von Transformationen T^λ keine Menge von Punkten x invariant läßt, die ein anderes Maß hat als 1 oder 0. In diesem Fall ist die Menge von Werten (für jeden Ergodensatz), für die f^* Werte aus einem gewissen Bereich annimmt, fast immer vom Maße 1 oder 0. Dies ist unmöglich, wenn nicht $f^*(x)$ fast überall konstant ist. Der Wert, den $f^*(x)$ dann fast überall annimmt, ist

$$\int_0^1 f(x)\,dx \qquad (2.23)$$

Das bedeutet, daß wir im Koopmannschen Satz im Mittel den Grenzwert

$$\operatorname*{l.i.m.}_{N \to \infty} \frac{1}{N+1} \sum_{n=0}^{N} f(T^n x) = \int_0^1 f(x)\,dx \qquad (2.24)$$

erhalten und im Birkhoffschen Satz

$$\lim_{N \to \infty} \frac{1}{N+1} \sum_{n=0}^{N} f(T^n x) = \int_0^1 f(x)\,dx \qquad (2.25)$$

mit Ausnahme auf den Punkten x einer Menge vom Maße 0 oder von der Wahrscheinlichkeit 0. Ähnliche Resultate gelten im kontinuierlichen Fall. Dies ist eine ausreichende Rechtfertigung für die Gibbssche Vertauschung der Phasenmittelwerte und der Zeitmittelwerte.

Wenn die Transformation T oder die Transformationsgruppe T^λ nicht ergodisch ist, hat von Neumann unter sehr allgemeinen Bedingungen gezeigt, daß sie auf ergodische Komponenten zurückgeführt werden können. Das heißt, ausgenommen auf einer Menge von x-Werten vom Maße 0, daß E in eine endliche oder abzählbare Menge von Klassen E_n und ein Kontinuum von Klassen $E(y)$ zerlegt werden kann, so daß ein Maß auf jedem E_n und $E(y)$ eingeführt werden kann, das gegen T oder T^λ invariant ist. Diese Transformationen sind alle ergodisch, und wenn $S(y)$ der Durchschnitt von S mit $E(y)$ und S_n von S mit E_n ist, dann gilt

$$\text{Maß}(S) = \int_{E(y)} \text{Maß}[S(y)]\, dy + \sum_{E_n} \text{Maß}(S_n) \qquad (2.26)$$

Mit anderen Worten, die ganze Theorie der maßerhaltenden Transformationen kann auf die Theorie der ergodischen Transformationen reduziert werden.

Die ganze Ergodentheorie kann, wie wir beiläufig bemerken, auf Gruppen von Transformationen angewendet werden, die allgemeiner sind als jene, die isomorph zur Translationsgruppe auf der Geraden sind. Speziell kann sie auf die Translationsgruppe in n Dimensionen angewendet werden. Der dreidimensionale Fall ist physikalisch wichtig. Das räumliche Analogon des zeitlichen Gleichgewichtes ist räumliche Homogenität, und solche Theorien, wie jene des homogenen Gases, von Flüssigkeiten oder festen Stoffen, hängen von der Anwendung der dreidimensionalen Ergodentheorie ab. Gelegentlich erscheint eine nichtergodische Gruppe von Transformationen in drei Dimensionen als die Menge von Translationen eines Gemisches von bestimmten Zuständen, so daß der eine oder der andere zu einer gegebenen Zeit existiert, nicht jedoch ein Gemisch von beiden.

Einer der Grundbegriffe der statistischen Mechanik, der auch eine Anwendung in der klassischen Thermodynamik hat, ist jener der Entropie. Sie ist ursprünglich eine Eigenschaft von Bereichen im Phasenraum und enthält den Logarithmus des Wahrscheinlichkeitsmaßes dieser Bereiche. Wir wollen z. B. die Dynamik von n Partikeln in einer Flasche betrachten, die in zwei Teile A und B getrennt ist. Wenn m Partikel in A und $n-m$ in B sind, haben wir einen Bereich im Phasenraum charakterisiert; er wird ein gewisses Wahrscheinlichkeitsmaß haben. Der Logarithmus ist die Entropie der Verteilung: m Partikel in A, $n-m$ in B. Das System wird die meiste Zeit in einem Zustand nahe dem mit der größten Entropie verbringen, dergestalt, daß für die meiste Zeit ungefähr m_1 Partikel in A sein werden, ungefähr $n-m_1$ in B, wobei die Wahrscheinlichkeit der Kombination m_1 in A, $n-m_1$ in B ein Maximum ist. Für Systeme mit einer großen Anzahl von Partikeln und Zuständen innerhalb der Grenzen der praktischen Unterscheidung bedeutet dies, daß, wenn wir einen Zustand von anderer als maximaler Entropie nehmen und beobachten, was sich in ihm ereignet, die Entropie fast immer zunimmt.

Bei den gewöhnlichen thermodynamischen Problemen der Wärmemaschinen befassen wir uns mit Zuständen, bei denen wir ein grobes thermisches Gleichgewicht in großen Bereichen wie z. B. einem Maschinenzylinder haben. Die Zustände, für die wir die Entropie untersuchen, sind Zustände maximaler Entropie, bei gegebener Temperatur und Volumen, für eine kleine Zahl von Unterbereichen der gegebenen Volumen und von der gegebenen, angenommenen Temperatur. Sogar die verfeinerten Diskussionen der Wärmemaschinen, besonders der Turbine, bei der ein Gas in komplizierterer Art expandiert als in einem Zylinder, ändern diese Bedingungen nur wenig. Wir können noch in sehr guter Näherung von lokalen Temperaturen sprechen, obgleich außer in einem Gleichgewichtszustand, mit Hilfe von Methoden, die dieses Gleichgewicht voraussetzen, keine Temperatur definiert werden kann. Bei der lebenden Materie jedoch verlieren wir viel sogar von dieser groben Homogenität. Die Struktur eines Eiweißgewebes, wie es im Elektronenmikroskop gezeigt wird, hat eine außerordentliche Genauigkeit und Feinheit des Gefüges, und seine Physiologie ist sicher in ihrem Gefüge von einer korrespondierenden Feinheit. Diese Feinheit ist weit größer, als jene des Raum- und Zeitmaßstabes eines gewöhnlichen Thermometers, und so sind die Temperaturen, die von einem gewöhnlichen Thermometer im lebenden Gewebe abgelesen werden, grobe Mittelwerte und nicht die wirkliche Temperatur der Thermodynamik. Die Gibbssche statistische Mechanik mag sehr wohl ein gut angepaßtes Modell dessen sein, was sich im Körper abspielt; das Bild, das durch die gewöhnliche Wärmemaschine gegeben wird, ist es gewiß nicht. Die thermische Leistungsfähigkeit der Muskelbetätigung bedeutet nahezu nichts, und sicher bedeutet sie nicht das, was sie zu bedeuten vorgibt.

Ein sehr wichtiger Gedanke in der statistischen Mechanik ist der des Maxwellschen Dämons. Wir wollen uns ein Gas vorstellen, in dem sich die Partikel mit der Geschwindigkeitsverteilung des statistischen Gleichgewichts bei einer gegebenen Temperatur umherbewegen. Für ein vollkommenes Gas ist dies die Maxwellsche Verteilung. Dieses Gas soll in einem festen Behälter enthalten sein, umschlossen von einer Wand, die eine durch eine kleine Pforte verschlossene Öffnung enthält. Diese Pforte wird durch einen Türhüter, entweder einen menschenähnlichen Dämon oder einen sehr feinen Mechanismus, bedient. Wenn eine Partikel von höherer als der mittleren Geschwindigkeit sich der Pforte aus dem Abteil A nähert oder eine Partikel von niedrigerer als der mittleren Geschwindigkeit sich der Pforte vom Abteil B her nähert, öffnet der Torwächter die Pforte, und die Partikel geht durch; wenn aber eine Partikel von niedrigerer als der mittleren Geschwindigkeit sich vom Abteil A her nähert oder eine Partikel mit höherer als der mittleren Geschwindigkeit sich aus dem Abteil B nähert, bleibt die Pforte geschlossen.

Auf diese Weise nimmt die Konzentration von Partikeln mit hoher Geschwindigkeit in Abteil B zu und im Abteil A ab. Dieses bewirkt eine offensichtliche Abnahme der Entropie, so daß es scheint — wenn die zwei Abteile jetzt durch eine Wärmemaschine verbunden werden —, als ob wir ein Perpetuum mobile der zweiten Art erhalten hätten.

Es ist einfacher, die Frage zurückzuweisen, die durch den Maxwellschen Dämon gestellt wird, als sie zu beantworten. Nichts ist einfacher, als die Möglichkeit solcher Wesen oder Strukturen zu verneinen. Wir werden tatsächlich finden, daß ein Maxwellscher Dämon in einem Gleichgewichtssystem im strengen Sinne nicht existieren kann, aber wenn wir dies vom Anfang an annehmen und es nicht zu beweisen versuchen, werden wir eine beachtenswerte Gelegenheit versäumen, etwas über die Entropie und über mögliche physikalische, chemische und biologische Systeme zu lernen.

Wenn ein Maxwellscher Dämon handeln will, muß er eine Information von den sich nähernden Teilchen erhalten, die ihre Geschwindigkeit und den Aufprallpunkt auf die Wand betrifft. Ob nun diese Impulse eine Übertragung von Energie einschließen oder nicht, sie müssen eine Koppelung zwischen dem Dämon und dem Gas enthalten. Nun gilt das Gesetz von der Zunahme der Entropie für ein vollständig isoliertes System, jedoch nicht für einen nicht isolierten Teil eines solchen Systems. Demgemäß ist die einzige Entropie, die uns angeht, die des Systems Gas-Dämon und nicht jene des Gases allein. Die Entropie des Gases ist lediglich ein Term in der Gesamtentropie des größeren Systems. Können wir Ausdrücke finden, die entsprechend den Dämon enthalten und zu dieser Gesamtentropie beitragen?

Ganz sicher können wir es. Der Dämon kann nur auf empfangene Information handeln, und diese Information stellt, wie wir im nächsten Kapitel sehen werden, eine negative Entropie dar. Die Information muß durch irgendeinen physikalischen Prozeß, sagen wir irgendeine Form von Strahlung, übertragen werden. Es kann sehr gut sein, daß diese Information bei einem sehr niedrigen Energieniveau übertragen wird und daß die Übermittelung der Energie zwischen der Partikel und dem Dämon für eine beträchtliche Zeit wesentlich weniger kennzeichnend ist als die Übertragung der Information. Nach der Quantenmechanik ist es jedoch unmöglich, irgendeine Information zu erhalten, die die Lage oder den Impuls einer Partikel angibt — viel weniger die beiden zusammen —, ohne eine positive Wirkung auf die Energie des untersuchten Teilchens auszuüben, die ein Minimum überschreitet, das von der Frequenz des für die Untersuchung benutzten Lichtes abhängt. So ist diese ganze Kopplung strenggenommen eine Kopplung, die Energie enthält, und ein System in statistischem Gleichgewicht ist im Gleichgewicht, sowohl was die Entropie wie auch was die Energie betrifft. Auf die Dauer gesehen ist der Maxwellsche Dämon selbst Gegenstand einer zufälligen Bewegung, die der Temperatur seiner Umgebung entspricht, und wie Leibniz von einigen seiner Monaden sagt, erhält er eine große Zahl von kleinen Eindrücken, bis er »in einen gewissen Schwindelanfall« verfällt und unfähig ist, klare Wahrnehmungen zu machen. In der Tat hört er auf, als Maxwellscher Dämon zu handeln.

Nichtsdestoweniger mag es ein wahrnehmbares Zeitintervall geben, bevor der Dämon unfähig wird, und diese Zeit kann so verlängert werden, daß wir von der aktiven Phase des Dämons als metastabil sprechen können. Es gibt keinen Grund, anzunehmen, daß metastabile Dämonen in Wirklichkeit nicht existieren; es kann tatsächlich sein, daß Enzyme metastabile Maxwellsche Dämonen sind, die die Abnahme der Entropie verursachen, vielleicht nicht durch die Trennung zwischen schnellen und langsamen Teilchen, sondern durch irgendeinen äquivalenten Prozeß. Wir können in diesem Licht gut lebende Organismen betrachten, wie z. B. den Menschen selbst. Sicherlich sind die Enzyme und der lebende Organismus ähnlich metastabil: der stabile Zustand eines Enzyms ist, handlungsunfähig, und der stabile Zustand eines lebenden Organismus ist, tot zu sein. Alle Katalysatoren sind letztlich vergiftet: sie verändern Verhältnisse von Reaktionen, aber nicht das echte Gleichgewicht. Nichtsdestoweniger haben Katalysatoren und der Mensch in ähnlicher Weise hinreichend bestimmte Zustände der Metastabilität, um die Anerkennung dieser Zustände als relativ dauerhafte Bedingungen zu erlangen.

Ich möchte dieses Kapitel nicht schließen, ohne aufzuzeigen, daß die Ergodentheorie ein beträchtlich größeres Gebiet ist, als wir eben angedeutet haben. Es gibt gewisse moderne Entwicklungen der Ergodentheorie, in welchen das Maß, das gegen eine Menge von Transformationen invariant gehalten werden soll, direkt durch die Menge selbst definiert ist und nicht im voraus definiert wird. Ich führe besonders das Werk von Krylow und Bogoljubow sowie die Arbeiten von Hurewicz und der japanischen Schule an.

Das folgende Kapitel ist der statistischen Mechanik der Zufallsprozesse gewidmet. Dies ist noch ein Gebiet, in dem die Bedingungen sehr verschieden von jenen der statistischen Mechanik der Wärmemaschinen sind und das sehr gut geeignet ist, als Modell dessen zu dienen, was sich im lebenden Organismus ereignet.

III

ZUFALLSPROZESSE, INFORMATION UND KOMMUNIKATION

Es gibt eine große Klasse von Phänomenen, bei denen eine numerische Größe oder eine Folge von numerischen Größen betrachtet wird, die zeitlich verteilt ist. Die Temperatur, wie sie von einem kontinuierlich messenden Thermometer abgelesen wird, die täglich notierten Kurse einer Aktie an der Börse oder die vollständige Aufzeichnung meteorologischer Meßergebnisse, die durch das Wetteramt täglich veröffentlicht werden, sie alle sind zufällige, zeitliche Prozesse (time series), kontinuierlich oder diskret, einfach oder multipel. Diese zufälligen Prozesse ändern sich verhältnismäßig langsam, sie lassen sich ausreichend durch Verfahren untersuchen; die aus Handrechnungen oder Rechnungen mit gebräuchlichen Rechenhilfen wie Rechenschiebern und einfachen Rechenmaschinen bestehen. Ihre Untersuchung gehört zu den herkömmlichen Zweigen der Statistik.

Was man sich im allgemeinen nicht klarmacht, ist die Tatsache, daß die schnellen Spannungsänderungen in einer Telefonleitung, in einem Schwingungskreis eines Fernsehgerätes oder in einem bestimmten Teil eines Radargerätes ebenso in das Gebiet der Statistik und der Zufallsprozesse gehören, obgleich die Apparatur, in der sie kombiniert und modifiziert werden, im allgemeinen sehr schnell arbeiten und tatsächlich fähig sein muß, Resultate gleichlaufend mit den sehr schnellen Änderungen der Eingabe zu liefern. Diese Geräte, Telefonempfänger, Wellenfilter, automatische Sprachkodierungsanlagen wie der Vocoder der Bell Telephone Laboratories, frequenzmodulierende Netzwerke und ihre entsprechenden Empfänger, sie alle sind ihrem Wesen nach schnellarbeitende, arithmetische Geräte, die den ganzen Rechenanlagen, Tabellen und dem Stab des Rechenzentrums des statistischen Instituts entsprechen. Der Scharfsinn, der zu ihrer Benutzung nötig ist, wurde im voraus in sie hineingebaut, geradeso wie bei automatischen Entfernungsmessern, bei Zielgeräten eines Luftabwehr-Feuerleitsystems und bei ähnlichen Zwecken. Die Operationskette muß zu schnell arbeiten, um irgendwelche menschlichen Glieder zuzulassen.

Sie alle, die Zufallsprozesse und die Apparatur, die mit ihnen operiert, sei es im mathematischen Institut oder im Telefonnetz, beschäftigen sich mit der Aufzeichnung, Konservierung, Übertragung und Benutzung der Information. Was ist nun Information, und wie wird sie gemessen? Eine ihrer einfachsten, geläufigsten Formen ist die Registrierung einer Auswahl zwischen zwei gleichwahrscheinlichen, einfachen Alternativen, von denen die eine oder die andere eintreten muß, z. B. die Möglichkeit, mit einer Münze Wappen oder Zahl zu werfen. Eine Auswahl dieser Art wollen wir *Entscheidung* nennen.

Wenn wir dann nach dem Betrag der Information fragen, der in der vollkommen genauen Messung einer Größe liegt, die bekanntermaßen mit überall gleicher Wahrscheinlichkeit irgendwo im Bereich zwischen A und B liegt, so werden wir feststellen, daß, wenn wir $A=0$ und $B=1$ setzen und diese zu messende Größe im binären Zahlensystem durch die unendliche Binärzahl $0, a_1 a_2 a_3 \cdots a_n \cdots$ darstellen, wobei die a_1, a_2, $\cdots$ den Wert 0 oder 1 haben, die Zahl der gemachten Entscheidungen und der entsprechende Informationsgehalt unendlich sind. Hier ist

$$0, a_1 a_2 a_3 \cdots a_n \cdots = \frac{1}{2} a_1 + \frac{1}{2^2} a_2 + \cdots + \frac{1}{2^n} a_n + \cdots \quad (3.01)$$

Nun ist jedoch keine Messung, die wir tatsächlich vornehmen, mit vollkommener Genauigkeit durchgeführt. Weist die Messung einen gleichmäßig verteilten Fehler auf, der im Bereich der Länge $0, b_1 b_2 \cdots b_n \cdots$ liegt, wobei b_k die erste von Null verschiedene Ziffer ist, so stellen wir fest, daß alle Entscheidungen von a_1 bis a_{k+1} und möglicherweise bis a_k von Wert sind, alle späteren jedoch nicht. Die Zahl der getroffenen Entscheidungen ist sicher nahezu

$$-\log_2 0, b_1 b_2 \cdots b_n \cdots \quad (3.02)$$

und wir wollen diesen Ausdruck als präzise Formel und Definition für den Informationsgehalt ansehen.

Wir machen uns dies in folgender Weise klar: Wir wissen *a priori*, daß eine Variable zwischen 0 und 1 liegt, und wir wissen nach der Messung, daß sie im Intervall (a, b) innerhalb $(0, 1)$ liegt. Dann ergibt sich der Betrag der Information, den wir durch unsere gewonnene Kenntnis erhalten, zu

$$-\log_2 \frac{\text{Maß}(a, b)}{\text{Maß}(0, 1)} \tag{3.03}$$

Nun wollen wir einen Fall betrachten, bei dem wir *a priori* wissen, daß die Wahrscheinlichkeit dafür, daß ein bestimmter Wert zwischen x und $x+dx$ liegt, gleich $f_1(x)\,dx$ ist und daß die Wahrscheinlichkeit nach Kenntnis des Versuchsausgangs $f_2(x)\,dx$ ist. Wie groß ist die Information, die uns diese zweite Wahrscheinlichkeit liefert?

Dieses Problem ist im wesentlichen das, den Bereichen unter den Kurven $y=f_1(x)$ und $y=f_2(x)$ ein Maß zu geben. Es muß bemerkt werden, daß wir hier von der Variablen annehmen, daß sie eine fundamentale Gleichverteilung hat; das bedeutet, daß unsere Resultate im allgemeinen nicht gleich sein werden, wenn wir x durch x^3 oder irgendeine andere Funktion von x ersetzen. Da $f_1(x)$ eine Wahrscheinlichkeitsdichte ist, gilt

$$\int_{-\infty}^{\infty} f_1(x)\,dx = 1, \tag{3.04}$$

so daß der mittlere Logarithmus der Größe des Bereiches unter $f_1(x)$ als eine Art Mittelwert der Höhe des Logarithmus des Reziprokwertes von $f_1(x)$ betrachtet werden kann. So ist ein vernünftiges Maß[29] des Informationsgehaltes, verbunden mit der Kurve $f_1(x)$, gegeben durch

$$\int_{-\infty}^{\infty} [\log_2 f_1(x)]\,f_1(x)\,dx. \tag{3.05}$$

Die Größe, die wir hier als Informationsgehalt definieren, ist der Negativwert der Größe, die in ähnlichen Situationen üblicherweise als Entropie definiert wird. Die Definition, die hier gegeben wird, ist nicht die von R. A. Fisher für statistische Probleme gegebene, obgleich sie eine statistische Definition ist und benutzt werden kann, um die Fishersche Definition in der Statistik zu ersetzen.

[29] Hier benutzt der Autor eine persönliche Mitteilung von *J. v. Neumann*.

Im besonderen ist, wenn $f_1(x)$ über (a, b) konstant und sonst überall 0 ist,

$$\int_{-\infty}^{\infty} [\log_2 f_1(x)] f_1(x) \, dx = \frac{b-a}{b-a} \log_2 \frac{1}{b-a} = \log_2 \frac{1}{b-a}. \qquad (3.06)$$

Benutzen wir dies, um die Information, daß ein Punkt im Bereich (0, 1) liegt, mit der Information, daß er im Bereich (a, b) liegt, zu vergleichen, so erhalten wir als Maß der Differenz

$$\log_2 \frac{1}{b-a} - \log_2 1 = \log_2 \frac{1}{b-a}. \qquad (3.07)$$

Die Definition, die wir für den Informationsgehalt gegeben haben, ist auch anwendbar, wenn die Variable x durch eine zwei- oder mehrdimensionale Variable ersetzt wird. Im zweidimensionalen Fall ist $f(x, y)$ eine solche Funktion, daß

$$\int_{-\infty}^{\infty} dx \int_{-\infty}^{\infty} dy f_1(x, y) = 1 \qquad (3.08)$$

gilt und der Informationsgehalt ist

$$\int_{-\infty}^{\infty} dx \int_{-\infty}^{\infty} dy \, f_1(x, y) \log_2 f_1(x, y). \qquad (3.081)$$

Es muß bemerkt werden, daß, wenn $f_1(x, y)$ von der Form $\varphi(x) \psi(y)$ ist und

$$\int_{-\infty}^{\infty} \varphi(x) \, dx = \int_{-\infty}^{\infty} \psi(y) \, dy = 1 \qquad (3.082)$$

gilt,

$$\int_{-\infty}^{\infty} dx \int_{-\infty}^{\infty} dy \, \varphi(x) \psi(y) = 1 \qquad (3.083)$$

und

$$\int_{-\infty}^{\infty} dx \int_{-\infty}^{\infty} dy \, f_1(x, y) \log_2 f_1(x, y)$$
$$= \int_{-\infty}^{\infty} dx \, \varphi(x) \log_2 \varphi(x) + \int_{-\infty}^{\infty} dy \, \psi(y) \log_2 \psi(y) \qquad (3.084)$$

folgt, d. h., der Informationsgehalt aus voneinander unabhängigen Quellen ist additiv.

Ein interessantes Problem ist das der Bestimmung der Information, die durch das Festhalten einer oder mehrerer Variablen in einem Problem gewonnen wird. Zum Beispiel wollen wir annehmen, daß eine Variable u mit der Wahrscheinlichkeit $\exp(-x^2/2a)\,dx/\sqrt{2\pi a}$ zwischen x und $x+dx$ und eine Variable v mit der Wahrscheinlichkeit $\exp(-x^2/2b)\,dx/\sqrt{2\pi b}$ zwischen den gleichen zwei Grenzen liegt. Wieviel Information erhalten wir bezüglich u, wenn wir wissen, daß $u+v=w$ ist? In diesem Fall ist es klar, daß $u=w-v$ gilt, wobei w fest ist. Wir nehmen an, daß die *a-priori*-Verteilungen von u und v voneinander unabhängig sind. Dann ist die resultierende Verteilung von u proportional zu

$$\exp\left(-\frac{x^2}{2a}\right)\exp\left[-\frac{(w-x)^2}{2b}\right] = c_1 \exp\left[-(x-c_2)^2\left(\frac{a+b}{2ab}\right)\right], \quad (3.09)$$

wobei c_1 und c_2 Konstante sind. Sie verschwinden beide in der Formel für den Informationsgewinn, der durch das Festhalten von w gegeben ist. Der Zuwachs an Information bezüglich u — wenn wir wissen, daß w so groß ist, wie wir im voraus angenommen haben — ist

$$\frac{1}{\sqrt{2\pi[ab/(a+b)]}}\int_{-\infty}^{\infty}\left\{\exp\left[-(x-c_2)^2\left(\frac{a+b}{2ab}\right)\right]\right.$$
$$\left.\times\left[-\frac{1}{2}\log_2 2\pi\left(\frac{ab}{a+b}\right)\right]-(x-c_2)^2\left[\left(\frac{a+b}{2ab}\right)\right]\log_2 e\right\}dx$$
$$-\frac{1}{\sqrt{2\pi a}}\int_{-\infty}^{\infty}\left[\exp\left(-\frac{x^2}{2a}\right)\right]\left(-\frac{1}{2}\log_2 2\pi a - \frac{x^2}{2a}\log_2 e\right)dx$$
$$= \frac{1}{2}\log_2\left(\frac{a+b}{b}\right). \quad (3.091)$$

Man sieht, daß dieser Ausdruck (3.091) positiv ist, und daß er nicht von w abhängt. Er ist die Hälfte des Logarithmus des Verhältnisses der Summe der quadratischen Mittelwerte von u und v zum quadratischen Mittelwert von v. Wenn v nur einen kleinen Variationsbereich hat, so ist der Informationsgehalt bezüglich u durch eine Kenntnis von $u+v$ groß und wird unendlich, wenn b gegen 0 geht.

Wir können dieses Resultat im folgenden Licht betrachten: Wir wollen u als Nachricht behandeln und v als Rauschen. Dann ist die Information, die durch eine genaue Nachricht bei Fehlen eines

Rauschens übertragen wird, unendlich. In Gegenwart einer Störung jedoch ist dieser Informationsgehalt endlich, und er erreicht sehr schnell den Wert 0, wenn die Störung an Intensität zunimmt. Wir haben gesagt, daß der Informationsgehalt, der aus dem negativen Logarithmus einer Größe besteht, die wir als Wahrscheinlichkeit betrachten, im wesentlichen eine negative Entropie ist. Es ist interessant, zu zeigen, daß sein Erwartungswert genau die Eigenschaften hat, die wir der Entropie zuschreiben. $\varphi(x)$ und $\psi(x)$ sollen zwei Wahrscheinlichkeitsdichten sein; dann ist $[\varphi(x)+\psi(x)]/2$ ebenso eine Wahrscheinlichkeitsdichte. Man erhält dann

$$\int_{-\infty}^{\infty} \frac{\varphi(x)+\psi(x)}{2} \log \frac{\varphi(x)+\psi(x)}{2} dx$$
$$\leq \int_{-\infty}^{\infty} \frac{\varphi(x)}{2} \log \varphi(x) dx + \int_{-\infty}^{\infty} \frac{\psi(x)}{2} \log \psi(x) dx . \quad (3.10)$$

Dies folgt aus der Tatsache, daß

$$\frac{a+b}{2} \log \frac{a+b}{2} \leq \frac{1}{2}(a \log a + b \log b) \quad (3.11)$$

gilt. Mit anderen Worten, das Überdecken der Bereiche unter $\varphi(x)$ und $\psi(x)$ vermindert die maximale Information, die zu $\varphi(x)+\psi(x)$ gehört. Andererseits ist, wenn $\varphi(x)$ eine Wahrscheinlichkeitsdichte ist, die außerhalb (a, b) verschwindet,

$$\int_{-\infty}^{\infty} \varphi(x) \log \varphi(x) dx \quad (3.12)$$

ein Minimum, wenn $\varphi(x)=1/(b-a)$ über (a, b) und sonst überall 0 ist. Dies folgt aus der Tatsache, daß der Logarithmus konvex ist. Es wird gezeigt werden, daß Prozesse, die Information abgeben — wie zu erwarten ist —, ganz den Prozessen analog sind, die Entropie gewinnen. Sie bedeuten eine Vereinigung der Wahrscheinlichkeitsbereiche, die ursprünglich getrennt waren. Wenn wir z. B. die Verteilung einer bestimmten Variablen durch die Verteilung einer Funktion dieser Variablen ersetzen, die den gleichen Wert für verschiedene Argumente annimmt, oder wenn wir in einer Funktion von mehreren Variablen einigen von ihnen erlauben, ungehindert alle Werte aus ihrem natürlichen Variabilitätsbereich anzunehmen, so verlieren wir Information. Keine Operation auf einer Nachricht kann im Mittel Information gewinnen. Hier haben wir eine präzise Anwendung des 2. Hauptsatzes der Thermodynamik auf die Nachrichtentechnik. Umgekehrt wird im Mittel, wie wir gesehen haben, die Spezifizierung einer unbestimmten Situation im allgemeinen Information gewinnen und nie verlieren.

Ein interessanter Fall liegt vor, wenn wir eine Wahrscheinlichkeitsverteilung der Variablen $(x_1, \cdots, x_n)$ mit der n-dimensionalen Dichte $f(x_1, \cdots, x_n)$ und m abhängige Variable $y_1, \cdots, y_m$ haben. Wieviel Information erhalten wir, wenn wir diese m Variablen festhalten? Zuerst seien sie in den Grenzen $y_1^*, y_1^* + dy_1^*, \cdots, y_m^*, y_m^* + dy_m^*$ festgehalten. Als neue Menge von Variablen wollen wir $x_1, x_2, \cdots, x_{n-m}, y_1, y_2, \cdots, y_m$ nehmen. Dann wird für die neuen Variablen unsere Verteilungsfunktion über dem Bereich R, gegeben durch $y_1^* \leq y_1 \leq y_1^* + dy_1^*, \cdots, y_m^* \leq y_m \leq y_m^* + dy_m^*$, proportional zu $f(x_1, \cdots, x_n)$ und außerhalb 0 sein. Also ist der Betrag an Information, der durch die Spezifizierung der y erhalten wird,

$$\frac{\underbrace{\int dx_1 \cdots \int dx_n}_{R} f(x_1, \cdots, x_n) \log_2 f(x_1, \cdots, x_n)}{\underbrace{\int dx_1 \cdots \int dx_n}_{R} f(x_1, \cdots, x_n)}$$

$$= \left\{ \frac{-\int_{-\infty}^{\infty} dx_1 \cdots \int_{-\infty}^{\infty} dx_n f(x_1, \cdots, x_n) \log_2 f(x_1, \cdots, x_n)}{\int_{-\infty}^{\infty} dx_1 \cdots \int_{-\infty}^{\infty} dx_{n-m} \left| J\begin{pmatrix} y_1^*, \cdots, y_m^* \\ x_{n-m+1}, \cdots, x_n \end{pmatrix} \right|^{-1} f(x_1, \cdots, x_n)} \right.$$

$$\left. \begin{array}{c} \int_{-\infty}^{\infty} dx_1 \cdots \int_{-\infty}^{\infty} dx_{n-m} \left| J\begin{pmatrix} y_1^*, \cdots, y_m^* \\ x_{n-m+1}, \cdots, x_n \end{pmatrix} \right|^{-1} \\ \times f(x_1, \cdots, x_n) \log_2 f(x_1, \cdots, x_n) \\ \\ -\int_{-\infty}^{\infty} dx_1 \cdots \int_{-\infty}^{\infty} dx_n f(x_1, \cdots, x_n) \log_2 f(x_1, \cdots, x_n) \end{array} \right\}$$

(3.13)

Eng verwandt mit diesem Problem ist die Verallgemeinerung dessen, was wir in Gleichung (3.13) untersucht hatten. Wie groß ist die Information in dem eben erörterten Fall, wenn wir die Variablen $x_1, \cdots, x_{n-m}$ allein betrachten? Hier ist die ursprüngliche Wahrscheinlichkeitsdichte dieser Variablen

$$\int_{-\infty}^{\infty} dx_{n-m+1} \cdots \int_{-\infty}^{\infty} dx_n f(x_1, \cdots, x_n), \qquad (3.14)$$

und die nicht normierte Wahrscheinlichkeitsdichte nach Festhalten der y^* lautet

$$\sum \left| J\begin{pmatrix} y_1^*, \cdots, y_m^* \\ x_{n-m+1}, \cdots, x_n \end{pmatrix} \right|^{-1} f(x_1, \cdots, x_n), \qquad (3.141)$$

wobei die Summe über alle Mengen von Punkten $(x_{n-m+1}, \cdots, x_n)$ entsprechend einer gegebenen Menge von y^* genommen wird. Auf dieser Basis können wir leicht die Lösung unseres Problems niederschreiben, obgleich sie ein bißchen lang sein wird. Wenn wir die Menge $(x_1, \cdots, x_{n-m})$ als verallgemeinerte Nachricht, die Menge $(x_{n-m+1}, \cdots, x_m)$ als verallgemeinerte Störung und die y^* als verallgemeinerte gestörte Nachricht auffassen, sehen wir, daß wir die Lösung einer Verallgemeinerung des Problems der Gleichung (3.141) gegeben haben. Wir erhalten so zuletzt eine formale Lösung einer Verallgemeinerung des Nachrichten-Rausch-Problems, das wir schon aufgeworfen haben. Eine Menge von Beobachtungen hängt auf willkürliche Weise von einer Menge von Nachrichten und Störungen mit bekannter gemeinsamer Verteilung ab. Wir wollen ermitteln, wieviel über die Nachrichten allein diese Beobachtungen ergeben. Dies ist ein Zentralproblem der Nachrichtentechnik. Es läßt uns verschiedene Systeme auswerten, wie z. B. Amplitudenmodulation, Frequenzmodulation oder Phasenmodulation, soweit ihre Leistungsfähigkeit bei der Übertragung von Information betrachtet wird. Dies ist ein technisches Problem und hier nicht für eine detailliei te Diskussion geeignet. Gewisse Bemerkungen jedoch sind angebracht. Zunächst kann gezeigt werden, daß mit der hier gegebenen Definition der Information, mit einem »stationären« Rauschen im Äther — gleichverteilt in der Frequenz wie in der Leistung —, und mit einer Nachricht, die auf einen endlichen Frequenzbereich und einen endlichen Energiebetrag für diesen Bereich beschränkt ist, kein Übertragungsmittel für Information besser ist als die Amplitudenmodulation, obgleich andere Mittel genauso gut sein können. Andererseits ist die Information, die durch diese Mittel übertragen wird, nicht notwendigerweise in einer zum Empfang durch das Ohr oder irgendeinen anderen vorhandenen Empfänger sehr geeigneten Form. Hier muß die spezifische Charakteristik des Ohres und anderer Empfänger mit Hilfe einer Theorie betrachtet werden, die der oben entwickelten sehr ähnlich ist. Im allgemeinen muß der wirksame Gebrauch der Amplitudenmodulation oder irgendeiner anderen Modulationsart durch den Gebrauch von Decodiergeräten, die geeignet sind, die empfangene Information in eine für den Empfang durch menschliche Empfänger oder mechanische Empfänger geeignete Form zu transformieren, ergänzt werden. Ähnlich muß die Originalnachricht für die größte Komprimierung in der Übertragung kodiert werden. Dieses Problem ist wenigstens teilweise bei der Konstruktion des »Vocoder«-Systems durch die Bell Telephone Laboratories angegangen worden, und die allgemein wichtige Theorie wurde in einer sehr befriedigenden Form von Dr. C. Shannon aus diesen Laboratorien dargestellt.

Soviel zur Definition und Technik des Messens der Information. Wir werden nun den Weg diskutieren, auf dem die Information in einer zeitlich homogenen Form dargestellt werden kann. Es soll bemerkt werden, daß die meisten der Telefon- und anderer Nachrichtengeräte wirklich nicht an einen besonderen zeitlichen Ursprung gebunden sind. Es gibt tatsächlich eine Operation, die diesem zu widersprechen scheint, die dies jedoch in Wirklichkeit nicht tut. Dies ist die Operation der Modulation. Diese verwandelt in ihrer einfachsten Form eine Nachricht $f(t)$ in eine von der Form $f(t) \sin(at+b)$. Wenn wir jedoch den Faktor $\sin(at+b)$ als eine besondere Nachricht betrachten, die in den Apparat eingegeben wird, so ist zu sehen, daß die Situation unter unsere allgemeinen Betrachtungen fällt. Die zusätzliche Nachricht, die wir den *Träger* nennen, fügt nichts zu dem Betrag hinzu, zu dem das System Information überträgt. Die ganze Information, die er enthält, wird in einem beliebig kurzen Zeitintervall übertragen, und hernach wird nichts Neues gesagt.

Eine in der Zeit homogene Nachricht oder, wie die Statistiker sie nennen, ein *Zufallsprozeß* im statistischen Gleichgewicht ist also eine einzelne Funktion oder eine Menge von Zeitfunktionen; eine aus einer ganzen Familie von solchen Mengen mit einer wohldefinierten Wahrscheinlichkeitsverteilung, die nirgends durch die Änderung von t in $t+\tau$ geändert wird. Das heißt, die Transformationsgruppe, die aus den Operatoren T^λ besteht, die $f(t)$ in $f(t+\lambda)$ verwandeln, läßt die Wahrscheinlichkeitsverteilung der Familie invariant. Die Gruppe erfüllt die Eigenschaften, daß

$$T^\lambda[T^\mu f(t)] = T^{\mu+\lambda} f(t) \quad \begin{cases}(-\infty<\lambda<\infty)\\(-\infty<\mu<\infty)\end{cases} \quad (3.15)$$

gilt. Hieraus folgt, daß, wenn $\Phi[f(t)]$ ein »Funktional« von $f(t)$ ist — d. h. eine Zahl, die von der gesamten Vergangenheit von $f(t)$ abhängt — und wenn der Erwartungswert von $f(t)$ über die ganze Familie endlich ist, wir in der Lage sind, den Birkhoffschen Ergodensatz zu benutzen, der im vorigen Kapitel angeführt wurde, und zu dem Schluß zu kommen, daß, ausgenommen auf einer Menge von Werten von $f(t)$ mit der Wahrscheinlichkeit 0, der zeitliche Mittelwert von $\Phi[f(t)]$ oder in Symbolen

$$\lim_{A\to\infty} \frac{1}{A} \int_0^A \Phi[f(t+\tau)]\,d\tau = \lim_{A\to\infty} \frac{1}{A} \int_{-A}^0 \Phi[f(t+\tau)]\,d\tau \quad (3.16)$$

existiert.

Es gibt hier sogar noch mehr als dies. Wir haben im vorigen Kapitel einen anderen Satz von ergodischem Charakter behandelt, der von von Neumann stammt und der aussagt, daß mit Ausnahme einer Menge von Elementen mit der Wahrscheinlichkeit 0 jedes Element, das zu einem System gehört, das unter einer Gruppe von maßerhaltenden Transformationen, wie z. B. nach der Gleichung (3.15), in sich selbst übergeht, zu einer Untermenge gehört, die die ganze Gruppe sein kann. Diese Untergruppe geht unter den gleichen Transformationen in sich selbst über, hat ein Maß, das auf ihr selbst definiert und ebenso gegen die Transformation invariant ist, und hat die weitere Eigenschaft, daß jeder Teil dieser

Untermenge, dessen Maß gegen die Menge von Transformationen schon invariant ist, entweder das maximale Maß der Untermenge selbst hat oder vom Maß 0 ist. Wenn wir alle Elemente bis auf die dieser Untermenge vernachlässigen und ihr entsprechendes Maß benutzen, so werden wir finden, daß der zeitliche Mittelwert (3.16) in fast allen Fällen der Mittelwert von $\Phi[f(t)]$ über den gesamten Raum der Funktionen $f(t)$ ist, der sogenannte Erwartungswert oder Phasenmittelwert. Deshalb können wir im Fall solch einer Familie von Funktionen $f(t)$ — ausgenommen in einer Menge von Fällen mit der Wahrscheinlichkeit 0 — den Erwartungswert jedes statistischen Parameters der Familie ableiten — tatsächlich können wir gleichzeitig jede abzählbare Menge solcher Parameter der Familie ableiten —, und zwar aus der Beobachtung irgendeines der zur Familie gehörigen Zufallsprozesse, indem wir den zeitlichen Mittelwert an Stelle des Phasenmittelwertes benutzen. Überdies brauchen wir nur die Vergangenheit fast aller Zufallsprozesse der Klasse zu kennen. Mit anderen Worten, wenn der gesamte Verlauf bis zur Gegenwart eines Zufallsprozesses gegeben ist, von dem man weiß, daß er zu einer Familie im statistischen Gleichgewicht gehört, so kann man mit dem wahrscheinlichen Fehler 0 die gesamte Menge der statistischen Parameter der Familie im statistischen Gleichgewicht berechnen, zu der jene zeitliche Zahlenfolge gehört. Bis hierher haben wir dies füı einzelne Zufallsprozesse formuliert; es trifft jedoch gleichermaßen für multiple Zufallsprozesse zu, in denen wir an Stelle einer einzelnen variierenden Größe mehrere Größen haben, die sich gleichzeitig verändern.

Wir sind jetzt in der Lage, verschiedene Probleme der Zufallsprozesse zu diskutieren. Wir werden unsere Ausmerksamkeit auf jene Fälle beschränken, wo die ganze Vergangenheit eines Zufallsprozesses in Termen einer abzählbaren Menge von Größen angegeben werden kann. Für eine ganz große Klasse von Funktionen $f(t)$ ($-\infty < t < \infty$) z. B. haben wir f vollständig bestimmt, wenn wir die Menge der Koeffizienten

$$a_n = \int_{-\infty}^{0} e^t t^n f(t)\, dt \quad (n=0,1,2,\cdots) \qquad (3.17)$$

kennen. Nun soll A irgendeine Funktion der zukünftigen Werte von t sein, d. h. von Argumenten, die größer als 0 sind. Dann können wir die gemeinsame Verteilung von $(a_0, a_1, \cdots, a_n, A)$ aus der Vergangenheit fast jedes einzelnen Zufallsprozesses bestimmen, wenn die Menge der f in ihrem engsten Sinne genommen wird. Wenn speziell die $a_0, \cdots, a_n$ alle gegeben sind, können wir die Verteilung von A bestimmen. Hier beziehen wir uns auf den bekannten Satz von Nikodym über die bedingten Wahrscheinlichkeiten. Der gleiche Satz sichert uns, daß diese Verteilung unter sehr allgemeinen Bedingungen für $n \to \infty$ gegen eine Grenze strebt und daß dieser Grenzwert uns alle Kenntnis über die Verteilung jeder zukünftigen Größe gibt. Wir können in ähnlicher Weise die gemeinsame Verteilung der Werte jeder Anzahl zukünftiger Größen oder jeder Anzahl von Größen bestimmen, die von der Vergangenheit und von der Zukunft abhängen, wenn die Vergangenheit bekannt ist. Wenn wir dann irgendeine geeignete Auslegung des *Bestwertes* eines jeden dieser statistischen Parameter oder Mengen von statistischen Parametern gegeben haben — vielleicht im Sinne eines Mittelwertes oder eines Medianwertes oder eines Modalwertes —, können wir ihn aus der bekannten Verteilung berechnen und erhalten eine Vorhersage, die irgendeine gewünschte Bedingung über die Qualität der Vorhersage erfüllt. Wir können die Güte der Vorhersage berechnen, indem wir irgendeine gewünschte statistische Grundlage dieser Güte — mittleres Fehlerquadrat oder maximaler Fehler oder mittlerer absoluter Fehler usw. — benutzen. Wir können den Informationsgehalt jedes statistischen Parameters oder jeder Menge von statistischen Parametern berechnen, den das Festhalten der Vergangenheit uns gibt. Wir können sogar den gesamten Betrag der Information berechnen, den eine Kenntnis der Vergangenheit uns für die gesamte Zukunft über einen bestimmten Punkt hinaus geben wird, obgleich, wenn dieser Punkt die Gegenwart ist, wir ihn im allgemeinen aus der Vergangenheit kennen und unsere Kenntnis der Gegenwart einen unendlichen Betrag an Information enthalten wird.

Eine andere interessante Situation ist jene der multiplen Zufallsprozesse, bei denen wir nur die Vergangenheiten einiger der Komponenten genau kennen. Die Verteilung jeder Größe, die mehr als diese Vergangenheiten enthält, kann mit Hilfsmitteln untersucht werden, die den bereits aufgeführten sehr ähnlich sind. Speziell wünschen wir, die Verteilung der Werte einer anderen Komponente zu kennen, oder einer Menge von Werten anderer Komponenten, und zwar zu irgendeinem Zeitpunkt der Vergangenheit, Gegenwart oder Zukunft. Das allgemeine Problem des Filters gehört zu dieser Kategorie. Wir haben eine Nachricht und ein Rauschen, in irgendeiner Weise zu einer gestörten Nachricht kombiniert, von der wir die Vergangenheit kennen. Wir kennen ebenfalls die gemeinsame statistische Verteilung der Nachricht und des Rauschens als Zufallsprozeß. Wir fragen nun nach der Verteilung der Werte der Nachricht zu irgendeiner gegebenen Zeit in der Vergangenheit, der Gegenwart und der Zukunft. Wir fragen damit nach einem Operator auf der Vergangenheit der verfälschten Nachricht, der uns die wirkliche Nachricht in irgendeinem bestimmten statistischen Sinn am besten geben wird. Wir können nach einer statistischen Schätzung irgendeines Fehlermaßes unserer Kenntnis der Nachricht fragen. Endlich können wir nach dem Informationsgehalt fragen, den wir bezüglich der Nachricht besitzen. Es gibt eine Familie von Zufallsprozessen, die besonders einfach und von zentraler Bedeutung ist. Dies ist die mit der Brownschen Bewegung zusammenhängende Familie. Die Brownsche Bewegung ist die Bewegung eines Teilchens, das in einem Gas durch die zufälligen Stöße der anderen Teilchen in einen Zustand der thermischen Bewegung versetzt wird. Die Theorie ist von vielen Verfassern entwickelt worden, unter ihnen Einstein, Smoluchowski, Perrin und der Autor[30]. Wenn wir in der Zeitskala nicht zu Intervallen, die so klein sind, daß die einzelnen Stöße der Teilchen aufeinander unterscheidbar sind, hinuntergehen, zeigt die Bewegung eine seltsame Art von Undifferenzierbarkeit. Die mittlere quadratische Bewegung in einer gegebenen Richtung innerhalb einer gegebenen Zeit ist proportional zur Länge dieser Zeit, und die Bewegungen innerhalb aufeinanderfolgender Zeiten sind vollständig unkorreliert. Dies deckt sich

---

[30] *Paley*, R. E. A., und *N. Wiener*, „Fourier Transforms in the Complex Domain", Colloquium Publications, Vol. 19, American Mathematical Society, New York 1934, Chapter 10.

weitgehend mit den physikalischen Beobachtungen. Wenn wir den Maßstab der Brownschen Bewegung normieren, um den Zeitmaßstab anzupassen, und nur eine Koordinate x der Bewegung betrachten, und wenn wir $x(t)=0$ sein lassen für $t=0$, dann ist die Wahrscheinlichkeit, daß mit $0 \le t_1 \le t_2 \le \cdots \le t_n$ die Teilchen zur Zeit $t_1 \cdots$ zwischen x_1 und x_1+dx_1 und zur Zeit t_n zwischen x_n und x_n+dx_n liegen:

$$\frac{\exp\left[-\frac{x_1^2}{2t_1}-\frac{(x_2-x_1)^2}{2(t_2-t_1)}-\cdots-\frac{(x_n-x_{n-1})^2}{2(t_n-t_{n-1})}\right]}{\sqrt{|(2\pi)^n t_1(t_2-t_1)\cdots(t_n-t_{n-1})|}} dx_1 \cdots dx_n \quad (3.18)$$

Auf der Basis des diesem eindeutig entsprechenden Wahrscheinlichkeitssystems können wir die Menge der Bahnen, die den möglichen Brownschen Bewegungen entsprechen, von einem Parameter abhängig machen, der zwischen 0 und 1 liegt; und zwar so, daß jede Bahn eine Funktion $x(t, \alpha)$ ist, d. h. x von der Zeit t und dem Parameter der Verteilung α abhängt und wobei die Wahrscheinlichkeit, daß eine Bahn in einer bestimmten Menge S liegt, dieselbe ist wie das Maß der Menge von Werten α, die den Bahnen in S entsprechen. Auf dieser Basis werden fast alle Bahnen stetig und nicht differenzierbar sein.

Eine sehr interessante Frage ist jene nach der Bestimmung des Mittelwertes von $x(t_1, \alpha) \cdots x(t_n, \alpha)$ in bezug auf α. Dieser lautet

$$\int_0^1 d\alpha\, x(t_1,\alpha) x(t_2,\alpha) \cdots x(t_n,\alpha)$$
$$= (2\pi)^{-n/2} [t_1(t_2-t_1)\cdots(t_n-t_{n-1})]^{-\frac{1}{2}}$$
$$\times \int_{-\infty}^{\infty} d\xi_1 \cdots \int_{-\infty}^{\infty} d\xi_n \xi_1 \xi_2 \cdots \xi_n \exp\left[-\frac{\xi_1^2}{2t_1}-\frac{(\xi_2-\xi_1)^2}{2(t_2-t_1)}-\cdots\right.$$
$$\left.-\frac{(\xi_n-\xi_{n-1})^2}{2(t_n-t_{n-1})}\right] \quad (3.19)$$

unter der Annahme, daß $0 \le t_1 \le \cdots \le t_n$ ist. Wir wollen

$$\xi_1 \cdots \xi_n = \sum A_k \xi_1^{\lambda_{k,1}} (\xi_2-\xi_1)^{\lambda_{k,2}} \cdots (\xi_n-\xi_{n-1})^{\lambda_{k,n}} \quad (3.20)$$

setzen, wobei $\lambda_{k,1}+\lambda_{k,2}+\cdots+\lambda_{k,n}=n$ ist. Der Ausdruck in Gleichung (3.19) wird zu

$$\sum A_k (2\pi)^{-n/2} [t_1^{\lambda_{k,1}} (t_2-t_1)^{\lambda_{k,2}} \cdots (t_n-t_{n-1})^{\lambda_{k,n}}]^{-\frac{1}{2}}$$

$$\times \prod_j \int_{-\infty}^{\infty} d\xi \, \xi^{\lambda_{k,j}} \exp\left[-\frac{\xi^2}{2(t_j-t_{j-1})}\right]$$

$$= \sum A_k \prod_j \frac{1}{\sqrt{2\pi}} \int_{-\infty}^{\infty} \xi^{\lambda_{k,j}} \exp\left(-\frac{\xi^2}{2}\right) d\xi \, (t_j-t_{j-1})^{-\frac{1}{2}}$$

$$= \begin{cases} 0 \text{ wenn irgendein } \lambda_{k,j} \text{ ungerade ist} \\ \sum_k A_k \prod_j (\lambda_{k,j}-1)(\lambda_{k,j}-3)\cdots 5\cdot 3 \cdot (t_j-t_{j-1})^{-\frac{1}{2}} \\ \text{wenn irgendein } \lambda_{k,j} \text{ gerade ist,} \end{cases} \quad (3.21)$$

$= \sum_k A_k \prod_j$ (Anzahl der Arten von Aufteilungen der $\lambda_{k,j}$ in Paare) $\times (t_j-t_{j-1})^{\frac{1}{2}}$

$= \sum_k A_k$ (Anzahl der Arten von Aufteilungen von n Termen in Paare, deren Elemente beide zur selben Gruppe der $\lambda_{k,j}$ gehören, in die λ aufgeteilt wurde) $\times (t_j-t_{j-1})^{\frac{1}{2}}$

$$= \sum_j A_j \sum \prod \int_0^1 d\alpha \, [x(t_k,\alpha)-x(t_{k-1},\alpha)][x(t_q,\alpha)-x(t_{q-1},\alpha)]$$

Hier wird die erste Summe über j erstreckt; die zweite über alle Arten der Aufteilung von n Ausdrücken in Blöcke bzw. der Zahlen $\lambda_{k,1} \cdots \lambda_{k,n}$ in Paare; und das Produkt über jene Paare k und q gebildet, bei denen die $\lambda_{k,1}$ aus den Elementen, die aus t_k und t_q ausgewählt werden müssen, t_1 sind, die $\lambda_{k,2}$ gleich t_2 sind und so fort. Es folgt unmittelbar, daß

$$\int_0^1 d\alpha \, x(t_1,\alpha) x(t_2,\alpha) \cdots x(t_n,\alpha) = \sum \prod \int_0^1 d\alpha \, x(t_j,\alpha) x(t_k,\alpha) \quad (3.22)$$

gilt, wobei die Summe über alle Aufteilungen der $t_1 \cdots t_n$ in verschiedene Paare und das Produkt über alle Paare in jeder Aufteilung zu bilden ist. Anders ausgedrückt, wenn wir die Erwartungswerte der paarweisen Produkte von $x(t_j,\alpha)$ kennen, so kennen wir die Erwartungswerte aller Polynome in diesen Größen und damit ihre gesamte statistische Verteilung.

Bis hierher haben wir Brownsche Bewegungen $x(t, \alpha)$ mit positivem t betrachtet. Wenn wir

$$\xi(t, \alpha, \beta) = x(t, \alpha) \quad (t \geq 0)$$
$$\xi(t, \alpha, \beta) = x(-t, \beta) \quad (t < 0) \tag{3.23}$$

setzen, wobei α und β unabhängige Gleichverteilungen über $(0, 1)$ besitzen, werden wir eine Verteilung von $\xi(t, \alpha, \beta)$ bekommen, in der t über die ganze unendliche Achse läuft. Es gibt ein bekanntes mathematisches Gerät, um ein Quadrat auf ein Liniensegment auf solche Weise abzubilden, daß Fläche in Länge übergeht. Alles, was wir machen müssen, ist, unsere Koordinaten in dem Quadrat in dezimaler Form zu schreiben

und
$$\left.\begin{array}{l}\alpha = 0, \alpha_1 \alpha_2 \cdots \alpha_n \cdots \\ \beta = 0, \beta_1 \beta_2 \cdots \beta_n \cdots\end{array}\right\} \tag{3.24}$$

$$\gamma = 0, \alpha_1 \beta_1 \alpha_2 \beta_2 \cdots \alpha_n \beta_n \cdots$$

zu setzen, und wir erhalten eine Abbildung dieser Art, die eineindeutig für fast alle Punkte sowohl auf dem Liniensegment wie im Quadrat ist. Indem wir diese Substitution benutzen, bestimmen wir

$$\xi(t, \gamma) = \xi(t, \alpha, \beta). \tag{3.25}$$

Wir wollen nun

$$\int_{-\infty}^{\infty} K(t)\, d\xi(t, \gamma) \tag{3.26}$$

bestimmen. Es wäre naheliegend, dieses als ein Stieltjessches [31] Integral zu definieren, jedoch ist ξ eine sehr irreguläre Funktion von t und macht eine solche Definition unmöglich. Wenn K im Unendlichen hinreichend schnell gegen 0 geht und eine hinreichend glatte Funktion ist, ist es vernünftig,

$$\int_{-\infty}^{\infty} K(t)\, d\xi(t, \gamma) = -\int_{-\infty}^{\infty} K'(t)\, \xi(t, \gamma)\, dt \tag{3.27}$$

zu setzen. Unter diesen Umständen haben wir formal

---

[31] *Stieltjes, T. J.*, Annales de la Fac. des Sc. de Toulouse 1894, p. 165; *Lebesgue, H.*, Leçons sur l'Intégration, Gauthier-Villars et Cie., Paris 1928.

$$\int_0^1 d\gamma \int_{-\infty}^{\infty} K_1(t)\, d\xi(t,\gamma) \int_{-\infty}^{\infty} K_2(t)\, d\xi(t,\gamma)$$
$$= \int_0^1 d\gamma \int_{-\infty}^{\infty} K_1'(t)\, \xi(t,\gamma)\, dt \int_{-\infty}^{\infty} K_2'(t)\, \xi(t,\gamma)\, dt$$
$$= \int_{-\infty}^{\infty} K_1'(s)\, ds \int_{-\infty}^{\infty} K_2'(t)\, dt \int_0^1 \xi(s,\gamma)\, \xi(t,\gamma)\, d\gamma. \qquad (3.28)$$

Wenn nun s und t entgegengesetzte Vorzeichen haben, gilt

$$\int_0^1 \xi(s,\gamma)\, \xi(t,\gamma)\, d\gamma = 0, \qquad (3.29)$$

während, wenn sie gleiche Vorzeichen haben und $|s|<|t|$ ist,

$$\int_0^1 \xi(s,\gamma)\, \xi(t,\gamma)\, d\gamma = \int_0^1 x(|s|,\alpha)\, x(|t|,\alpha)\, d\alpha$$
$$= \frac{1}{2\pi\sqrt{|s|(|t|-|s|)}} \int_{-\infty}^{\infty} du \int_{-\infty}^{\infty} dv\, uv \exp\left[-\frac{u^2}{2|s|} - \frac{(v-u)^2}{2(|t|-|s|)}\right]$$
$$= \frac{1}{\sqrt{2\pi|s|}} \int_{-\infty}^{\infty} u^2 \exp\left(-\frac{u^2}{2|s|}\right) du$$
$$= |s|\frac{1}{\sqrt{2\pi}} \int_{-\infty}^{\infty} u^2 \exp\left(-\frac{u^2}{2}\right) du = |s| \qquad (3.30)$$

gilt. Man hat also

$$\int_0^1 d\gamma \int_{-\infty}^{\infty} K_1(t)\, d\xi(t,\gamma) \int_{-\infty}^{\infty} K_2(t)\, d\xi(t,\gamma)$$
$$= -\int_0^{\infty} K_1'(s)\, ds \int_0^s t K_2'(t)\, dt - \int_0^{\infty} K_2'(s)\, ds \int_0^s t K_1'(t)\, dt$$
$$+ \int_{-\infty}^0 K_1'(s)\, ds \int_s^0 t K_2'(t)\, dt + \int_{-\infty}^0 K_2'(s)\, ds \int_s^0 t K_1'(t)\, dt$$
$$= -\int_0^{\infty} K_1'(s)\, ds \left[s K_2(s) - \int_0^s K_2(t)\, dt\right]$$
$$- \int_0^{\infty} K_2'(s)\, ds \left[s K_1(s) - \int_0^s K_1(t)\, dt\right]$$
$$+ \int_{-\infty}^0 K_1'(s)\, ds \left[-s K_2(s) - \int_s^0 K_2(t)\, dt\right]$$
$$+ \int_{-\infty}^0 K_2'(s)\, ds \left[-s K_1(s) - \int_s^0 K_1(t)\, dt\right]$$
$$= -\int_{-\infty}^{\infty} s\, d[K_1(s)K_2(s)] = \int_{-\infty}^{\infty} K_1(s) K_2(s)\, ds \qquad (3.31)$$

und speziell

$$\int_0^1 d\gamma \int_{-\infty}^{\infty} K(t+\tau_1) d\xi(t,\gamma) \int_{-\infty}^{\infty} K(t+\tau_2) d\xi(t,\gamma)$$
$$= \int_{-\infty}^{\infty} K(s) K(s+\tau_2-\tau_1) ds. \qquad (3.32)$$

Außerdem ist

$$\int_0^1 d\gamma \prod_{k=1}^{n} \int_{-\infty}^{\infty} K(t+\tau_k) d\xi(t,\gamma)$$
$$= \sum \prod \int_{-\infty}^{\infty} K(s) K(s+\tau_j-\tau_k) ds, \qquad (3.33)$$

wobei die Summe über alle Aufteilungen von $\tau_1 \cdots \tau_n$ in Paare und das Produkt über die Paare in jeder Aufteilung zu erstrecken ist.
Der Ausdruck

$$\int_{-\infty}^{\infty} K(t+\tau) d\xi(\tau,\gamma) = f(t,\gamma) \qquad (3.34)$$

stellt eine sehr wichtige Familie von Zufallsprozessen in der Variablen t dar, die von einem Parameter γ der Verteilung abhängt. Wir haben gerade die Feststellung bewiesen, daß alle Momente und daher alle statistischen Parameter dieser Verteilung von der Funktion

$$\Phi(\tau) = \int_{-\infty}^{\infty} K(s) K(s+\tau) ds$$
$$= \int_{-\infty}^{\infty} K(s+t) K(s+t+\tau) ds \qquad (3.35)$$

abhängen, die die Autokorrelationsfunktion mit der Nacheilung τ ist. So ist die Statistik der Verteilung von $f(t, \gamma)$ die gleiche wie die Statistik von $f(t+t_1, \gamma)$, und es kann tatsächlich gezeigt werden, daß, wenn

$$f(t+t_1, \gamma) = f(t, \Gamma) \qquad (3.36)$$

gilt, die Transformation von γ in Γ maßerhaltend ist. Mit anderen Worten, unsere Zufallsfolge $f(t, \gamma)$ ist im statistischen Gleichgewicht.
Wenn wir darüber hinaus den Erwartungswert von

$$\left[\int_{-\infty}^{\infty} K(t-\tau)\,d\xi(t,\gamma)\right]^m \left[\int_{-\infty}^{\infty} K(t+\sigma-\tau)\,d\xi(t,\gamma)\right]^n \quad (3.37)$$

betrachten, wird er genau aus den Ausdrücken in

$$\int_0^1 d\gamma \left[\int_{-\infty}^{\infty} K(t-\tau)\,d\xi(t,\gamma)\right]^m \int_0^1 d\gamma \left[\int_{-\infty}^{\infty} K(t+\sigma-\tau)\,d\xi(t,\gamma)\right]^n \quad (3.38)$$

bestehen, zusammen mit einer endlichen Zahl von Ausdrücken, die als Faktoren Potenzen von

$$\int_{-\infty}^{\infty} K(\sigma+\tau) K(\tau)\,d\tau \quad (3.39)$$

enthalten. Nähert sich dieser dem Wert 0, wenn $\sigma \to \infty$ geht, so wird der Ausdruck (3.38) unter diesen Umständen der Grenzwert von (3.37) sein. Mit anderen Worten, $f(t, \gamma)$ und $f(t+\sigma, \gamma)$ sind in ihren Verteilungen für $\sigma \to \infty$ asymptotisch unabhängig. Durch ein mehr allgemein formuliertes, jedoch völlig gleiches Argument kann gezeigt werden, daß die gemeinsame Verteilung von $f(t_1, \gamma)$, $\cdots, f(t_n, \gamma)$ und von $f(\sigma+s_1, \gamma), \cdots, f(\sigma+s_m, \gamma)$ für $\sigma \to \infty$ gegen die gemeinsame Verteilung der ersten und der zweiten Menge strebt. Anders ausgedrückt, jedes beschränkte, meßbare Funktional oder jede solche Größe, die von der gesamten Verteilung der Funktion $f(t, \gamma)$ als Funktion von t abhängt und die wir in der Form $\mathscr{F}[f(t, \gamma)]$ schreiben können, muß die Eigenschaft

$$\lim_{\sigma \to \infty} \int_0^1 \mathscr{F}[f(t,\gamma)]\mathscr{F}[f(t+\sigma,\gamma)]\,d\gamma = \left\{\int_0^1 \mathscr{F}[f(t,\gamma)]\,d\gamma\right\}^2 \quad (3.40)$$

haben. Wenn jetzt $\mathscr{F}[f(t,\gamma)]$ gegen eine Translation von t invariant ist und nur den Wert 0 oder 1 annimmt, so erhalten wir

$$\int_0^1 \mathscr{F}[f(t,\gamma)]\,d\gamma = \int_0^1 \left\{\mathscr{F}[f(t,\gamma)]\,d\gamma\right\}^2, \quad (3.41)$$

so daß die Transformationsgruppe von $f(t, \gamma)$ in $f(t+\sigma, \gamma)$ *metrisch transitiv* ist. Es folgt, wenn $\mathscr{F}[f(t, \gamma)]$ irgendein integrables Funktional von f als Funktion von t ist, nach dem Ergodensatz

$$\int_0^1 \mathscr{F}[f(t,\gamma)]\,d\gamma = \lim_{T\to\infty}\frac{1}{T}\int_0^T \mathscr{F}[f(t,\gamma)]\,dt$$
$$= \lim_{T\to\infty}\frac{1}{T}\int_{-T}^0 \mathscr{F}[f(t,\gamma)]\,dt \quad (3.42)$$

für alle Werte γ mit Ausnahme einer Menge vom Maße 0. Das heißt, wir können fast immer jeden statistischen Parameter eines solchen Zufallsprozesses und tatsächlich sogar irgendeine abzählbare Menge statistischer Parameter aus der Vergangenheit eines einzelnen Beispiels ablesen. Tatsächlich kennen wir bei einem solchen Zufallsprozeß, wenn uns

$$\lim_{T\to\infty}\frac{1}{T}\int_{-T}^0 f(t,\gamma)f(t-\tau,\gamma)\,dt \quad (3.43)$$

bekannt ist, $\Phi(t)$ fast immer, und wir haben eine vollständige statistische Kenntnis über den Zufallsprozeß.

Es gibt gewisse, von Zufallsprozessen dieser Art abhängige Größen, die sehr interessante Eigenschaften haben. Speziell ist es interessant, den Erwartungswert von

$$\exp\left[i\int_{-\infty}^{\infty} K(t)\,d\xi(t,\gamma)\right] \quad (3.44)$$

zu kennen. Formal kann dieser geschrieben werden als

$$\int_0^1 d\gamma \sum_{n=0}^{\infty}\frac{i^n}{n!}\left[\int_{-\infty}^{\infty} K(t)\,d\xi(t,\gamma)\right]^n$$
$$= \sum_m \frac{(-1)^m}{(2m)!}\left\{\int_{-\infty}^{\infty}[K(t)]^2\,dt\right\}^m (2m-1)(2m-3)\cdots 5\cdot 3\cdot 1$$
$$= \sum_m^{\infty}\frac{(-1)^m}{2^m m!}\left\{\int_{-\infty}^{\infty}[K(t)]^2\,dt\right\}^m$$
$$= \exp\left\{-\frac{1}{2}\int_{-\infty}^{\infty}[K(t)]^2\,dt\right\}. \quad (3.45)$$

Es ist ein sehr interessantes Problem, zu versuchen, einen möglichst allgemeinen Zufallsprozeß aus den einfachen Brownschen Bewegungsprozessen aufzubauen. In solchen Konstruktionen suggeriert das Beispiel der Fourier-Entwicklung, daß Entwicklungen wie der Ausdruck (3.44) vernünftige Bausteine für diesen

Zweck sind. Wir wollen Zufallsprozesse von der speziellen Form

$$\int_a^b d\lambda \exp\left[i \int_{-\infty}^{\infty} K(t+\tau, \lambda) \, d\xi(\tau, \gamma)\right] \qquad (3.46)$$

untersuchen und annehmen, daß wir sowohl $\xi(\tau, \gamma)$ wie den Ausdruck (3.46) kennen. Dann gilt wie in Gleichung (3.45) für $t_1 > t_2$

$$\int_0^1 d\gamma \exp\{is[\xi(t_1, \gamma) - \xi(t_2, \gamma)]\}$$

$$\times \int_a^b d\lambda \exp\left[i \int_{-\infty}^{\infty} K(t+\tau, \lambda) \, d\xi(t, \gamma)\right]$$

$$= \int_a^b d\lambda \exp\left\{-\frac{1}{2} \int_{-\infty}^{\infty} [K(t+\tau, \lambda)]^2 \, dt\right.$$

$$\left. -\frac{s^2}{2}(t_2 - t_1) - s \int_{t_2}^{t_1} K(t, \lambda) \, dt\right\}. \qquad (3.47)$$

Wenn wir jetzt mit $\exp[s^2(t_2 - t_1)/2]$ multiplizieren, $s(t_2 - t_1) = i\sigma$ setzen und $t_2 \to t_1$ gehen lassen, erhalten wir

$$\int_a^b d\lambda \exp\left\{-\frac{1}{2} \int_{-\infty}^{\infty} [K(t+\tau, \lambda)]^2 \, dt - i\sigma K(t_1, \lambda)\right\}. \quad (3.48)$$

Wir wollen $K(t_1, \lambda)$ und eine neue unabhängige Variable μ einführen und nach λ auflösen. Wir erhalten so

$$\lambda = Q(t_1, \mu). \qquad (3.49)$$

Dann wird der Ausdruck (3.48) zu

$$\int_{K(t_1, a)}^{K(t_1, b)} e^{i\mu\sigma} \, d\mu \frac{\partial Q(t_1, \mu)}{\partial \mu} \exp\left(-\frac{1}{2} \int_{-\infty}^{\infty} \{K[t+\tau, Q(t_1, \mu)]\}^2 \, dt\right) \qquad (3.50)$$

Aus diesem können wir durch Fourier-Transformation

$$\frac{\partial Q(t_1, \mu)}{\partial \mu} \exp\left(-\frac{1}{2} \int_{-\infty}^{\infty} \{K[t+\tau, Q(t_1, \mu)]\}^2 \, dt\right) \qquad (3.51)$$

als Funktion von μ bestimmen, wenn μ zwischen $K(t_1, a)$ und $K(t_1, b)$ liegt. Wenn wir diese Funktion nach μ integrieren, bestimmen wir

$$\int_a^\lambda d\lambda \exp\left\{-\frac{1}{2}\int_{-\infty}^\infty [K(t+\tau,\lambda)]^2 dt\right\} \qquad (3.52)$$

als Funktion von $K(t_1, \lambda)$ und t_1. Das heißt, es gibt eine bekannte Funktion $F(u, v)$, so daß

$$\int_a^\lambda d\lambda \exp\left\{-\frac{1}{2}\int_{-\infty}^\infty [K(t+\tau,\lambda)]^2 dt\right\} = F[K(t_1,\lambda),t_1] \qquad (3.53)$$

gilt. Da die linke Seite dieser Gleichung nicht von t_1 abhängt, können wir dafür $G(\lambda)$ schreiben und

$$F[K(t_1,\lambda),t_1] = G(\lambda) \qquad (3.54)$$

setzen. Hier ist F eine bekannte Funktion, und wir können sie in bezug auf das erste Argument umkehren:

$$K(t_1,\lambda) = H[G(\lambda),t_1]. \qquad (3.55)$$

Das ist auch eine bekannte Funktion. Es ist

$$G(\lambda) = \int_a^\lambda d\lambda \exp\left(-\frac{1}{2}\int_{-\infty}^\infty \{H[G(\lambda),t+\tau]\}^2 dt\right) \qquad (3.56)$$

und die Funktion

$$\exp\left\{-\frac{1}{2}\int_{-\infty}^\infty [H(u,t)]^2 dt\right\} = R(u) \qquad (3.57)$$

ist ebenfalls bekannt. Ferner gilt

$$\frac{dG}{d\lambda} = R(G), \qquad (3.58)$$

d. h.

$$\frac{dG}{R(G)} = d\lambda \qquad (3.59)$$

oder

$$\lambda = \int \frac{dG}{R(G)} + \text{const} = S(G) + \text{const}. \qquad (3.60)$$

Die Konstante wird bestimmt durch

$$G(a) = 0 \qquad (3.61)$$

oder

$$a = S(0) + \text{const}. \qquad (3.62)$$

Es ist leicht zu sehen, daß, wenn a endlich ist, es ohne Bedeutung ist, welchen Wert wir ihm geben, da unser Operator durch die Addition einer Konstanten zu allen Werten von λ nicht geändert wird. Wir können also $a=0$ setzen. Wir haben so λ als Funktion von G bestimmt, und daher G als Funktion von λ. Damit haben wir nach der Formel (3.55) $K(t, \lambda)$ festgelegt. Um die Bestimmung des Ausdrucks (3.46) zu beenden, brauchen wir nur noch b zu kennen. Dieses kann jedoch durch einen Vergleich von

mit
$$\int_a^b d\lambda \exp\left\{-\frac{1}{2}\int_{-\infty}^{\infty} [K(t,\lambda)]^2 \, dt\right\} \quad (3.63)$$

$$\int_0^1 d\gamma \int_a^b d\lambda \exp\left[i \int_{-\infty}^{\infty} K(t,\lambda) \, d\xi(t,\gamma)\right] \quad (3.64)$$

festgelegt werden. Unter gewissen Umständen, die noch definitiv formuliert werden müssen, und wenn ein Zufallsprozeß in der Form des Ausdruckes (3.46) geschrieben werden kann und wir $\xi(t, \gamma)$ kennen, können wir die Funktion $K(t, \lambda)$ im Ausdruck (3.46) und die Zahlen a und b bestimmen; mit Ausnahme einer unbestimmten Konstante, die zu a, λ und b addiert wird. Es gibt keine besonderen Schwierigkeiten, wenn $b = +\infty$ ist, und es ist nicht schwer, die Beweisführung auf den Fall $a = -\infty$ auszudehnen. Natürlich bleibt ein großer Teil Arbeit zu tun, um einmal das Problem der Umkehrung der invertierten Funktionen zu diskutieren, wenn die Resultate nicht eindeutig sind, und anderseits was die allgemeinen Gültigkeitsbereiche der Entwicklungen betrifft. Doch haben wir wenigstens einen ersten Schritt zur Lösung des Problems der Zurückführung einer großen Klasse von Zufallsprozessen auf eine kanonische Form gemacht, und dieser ist überaus wichtig für die konkrete, formale Anwendung der Theorie der Vorhersage und des Messens der Information, wie wir sie zuvor in diesem Kapitel entworfen haben.

Es gibt noch eine offensichtliche Einschränkung, die wir von diesem Weg zur Theorie der Zufallsprozesse entfernen sollten: die Notwendigkeit, daß wir sowohl $\xi(t, \gamma)$ wie auch die Zufallsprozesse, die wir auf die Form des Ausdruckes (3.46) bringen, kennen müssen. Die Frage ist, unter welchen Umständen wir einen Zufallsprozeß mit bekannten statistischen Parametern als durch eine Brownsche Bewegung bestimmt darstellen können, oder wenigstens in irgendeinem Sinne als Grenzwert von durch Brownsche Bewegungen bestimmten Zufallsprozessen. Wir werden uns auf Zufallsprozesse mit der Eigenschaft der metrischen Transitivität und mit der noch stärkeren Eigenschaft beschränken, daß, wenn wir zeitlich getrennte Intervalle fester Längen nehmen, sich die Verteilungen jedes Funktionals der Segmente der Zeitfolgen in diesen Intervallen so der Unabhängigkeit nähern, wie die Intervalle sich voneinander trennen[32]. Die Theorie, die hier entwickelt werden soll, ist bereits durch den Autor skizziert worden.

Wenn $K(t)$ eine hinreichend stetige Funktion ist, ist es möglich, zu zeigen, daß die Nullstellen von

$$\int_{-\infty}^{\infty} K(t+\tau)\,d\xi(\tau,\gamma) \qquad (3.65)$$

nach einem Satz von M. Kac fast immer eine bestimmte Dichte haben und daß diese Dichte durch eine geeignete Wahl von K beliebig groß gemacht werden kann. K_D sei so gewählt, daß diese Dichte D ist. Dann kann die Folge der Nullstellen von
$\int_{-\infty}^{\infty} K_D(t+\tau)\,d\xi(\tau,\gamma)$ von $-\infty$ bis ∞ mit $Z_n(D,\gamma)$, $-\infty < n < \infty$
bezeichnet werden. In der Abzählung dieser Nullstellen ist n natürlich nur bis auf eine additive konstante Zahl bestimmt.

Nun sei $T(t,\mu)$ irgendein Zufallsprozeß mit der kontinuierlichen Variablen t, während μ ein Parameter der Verteilung des Zufallsprozesses ist, der gleichmäßig über $(0,1)$ variiert. Dann sei

$$T_D(t,\mu,\gamma) = T[t - Z_n(D,\gamma),\mu], \qquad (3.66)$$

wobei Z_n jenes ist, das t gerade vorausgeht. Man wird sehen, daß für jede endliche Menge von Werten $t_1, t_2, \cdots, t_v$ von x die gemeinsame Verteilung von $T_D(t_\varkappa,\mu,\gamma)$ ($\varkappa = 1, 2, \cdots, v$) sich für $D \to \infty$ der gemeinsamen Verteilung von $T(t_k,\mu)$ für dieselben t_k und für fast alle μ nähert. Jedoch ist $T_D(t,\mu,\gamma)$ vollständig bestimmt durch

---

[32] Dies ist die Mischungseigenschaft von Koopman, die die notwendige und hinreichende ergodische Voraussetzung ist, um die statistische Mechanik zu rechtfertigen.

t, μ, D und $\xi(\tau, \gamma)$). Es ist deshalb angebracht, zu versuchen, $T_D(t, \mu, \gamma)$ für gegebene D und μ entweder direkt in der Form des Ausdruckes (3.46) oder in irgendeiner anderen Art als Zufallsprozeß mit einer Verteilung, die ein Grenzwert (im weiteren, gerade eben gegebenen Sinn) von Verteilungen dieser Form ist, auszudrücken.

Es muß zugegeben werden, daß dies ein Programm ist, das in der Zukunft durchgeführt werden soll, und keines, das wir als beinahe abgeschlossen betrachten können. Nichtsdestoweniger ist es das Programm, das der Meinung des Autors nach die größten Aussichten auf eine vernünftige, konsequente Behandlung der vielen Probleme bietet, die mit der nichtlinearen Vorhersage, der nichtlinearen Filterung, der Auswertung der Übertragung von Information in nichtlinearen Situationen und der Theorie des dichten Gases und der Turbulenz verknüpft sind. Unter diesen Problemen sind vielleicht diejenigen am dringendsten, die die Nachrichtentechnik angehen.

Wir wollen nun zu dem Vorhersageproblem für Zufallsprozesse der Art der Gleichung (3.34) kommen. Wir sehen, daß der einzige unabhängige statistische Parameter des Zufallsprozesses $\Phi(t)$ ist, gegeben durch Gleichung (3.35), d. h., daß die einzige bezeichnende, mit $K(t)$ verbundene Größe

$$\int_{-\infty}^{\infty} K(s) K(s+t) \, ds \qquad (3.67)$$

ist. Hier ist natürlich K reell.
Wir wollen die Fourier-Transformation

$$K(s) = \int_{-\infty}^{\infty} k(\omega) e^{i\omega s} \, d\omega \qquad (3.68)$$

ansetzen. Um $K(s)$ zu kennen, muß $k(\omega)$ bekannt sein, und umgekehrt. Dann gilt

$$\frac{1}{2\pi} \int_{-\infty}^{\infty} K(s) K(s+\tau) \, ds = \int_{-\infty}^{\infty} k(\omega) k(-\omega) e^{i\omega \tau} \, d\omega. \qquad (3.69)$$

Also ist eine Kenntnis von $\Phi(\tau)$ gleichbedeutend mit einer Kenntnis von $k(\omega) k(-\omega)$. Da jedoch $K(s)$ reell ist, gilt

$$K(s) = \int_{-\infty}^{\infty} \overline{k(\omega)} e^{-i\omega s} d\omega, \tag{3.70}$$

woraus $k(\omega) = k(-\omega)$ folgt. Damit ist $|k(\omega)|^2$ eine bekannte Funktion, was bedeutet, daß der Realteil von $\log |k(\omega)|$ bekannt ist. Wenn wir

$$F(\omega) = \text{Re}\{\log[k(\omega)]\} \tag{3.71}$$

schreiben, ist die Bestimmung von $K(s)$ äquivalent zur Bestimmung des Imaginärteiles von $\log k(\omega)$. Dieses Problem ist nicht eindeutig, wenn wir keine weitere Einschränkung von $k(\omega)$ verlangen. Die Einschränkung, die wir machen wollen, ist, daß $\log k(\omega)$ analytisch und von hinreichend kleinem Wachstum in ω in der oberen Halbebene sein soll. Um diese Einschränkung zu machen, wird angenommen, daß $k(\omega)$ und $[k(\omega)]^{-1}$ auf der reellen Achse algebraisch zunehmen. Dann ist $[F(\omega)]^2$ gerade und höchstens logarithmisch unendlich, und der Cauchysche Hauptwert

$$G(\omega) = \frac{1}{\pi} \int_{-\infty}^{\infty} \frac{F(u)}{u - \omega} du \tag{3.72}$$

existiert. Die Transformation in Gleichung (3.72) ist als die Hilbert-Transformation bekannt. Sie verwandelt $\cos \lambda\omega$ in $\sin \lambda\omega$ und $\sin \lambda\omega$ in $-\cos \lambda\omega$. Also ist $F(\omega) + iG(\omega)$ eine Funktion der Form

$$\int_0^{\infty} e^{i\lambda\omega} d[M(\lambda)] \tag{3.73}$$

und erfüllt die gestellten Bedingungen für $\log |k(\omega)|$ in der unteren Halbebene. Wenn wir jetzt

$$k(\omega) = \exp[F(\omega) + iG(\omega)] \tag{3.74}$$

setzen, kann gezeigt werden, daß $k(\omega)$ eine Funktion ist, die unter sehr allgemeinen Bedingungen $K(s)$ nach Gleichung (3.68) für alle negativen Argumente verschwinden läßt. Also gilt

$$f(t, \gamma) = \int_{-t}^{\infty} K(t + \tau) d\xi(\tau, \gamma). \tag{3.75}$$

Andererseits kann gezeigt werden, daß wir $1/k(\omega)$ in der Form

$$\lim_{n\to\infty} \int_0^\infty e^{i\lambda\omega}\,dN_n(\lambda) \tag{3.76}$$

schreiben können, wobei die N_n genau definiert sind; und daß dies so geschehen kann, daß

$$\xi(\tau,\gamma) = \lim_{n\to\infty} \int_0^\tau dt \int_{-t}^\infty Q_n(t+\sigma)f(\sigma,\gamma)\,d\sigma \tag{3.77}$$

gilt. Hier müssen die Q_n die formale Eigenschaft

$$f(t,\gamma) = \lim_{n\to\infty} \int_{-t}^\infty K(t+\tau)\,d\tau \int_{-\tau}^\infty Q_n(\tau+\sigma)f(\sigma,\gamma)\,d\sigma \tag{3.78}$$

haben. Im allgemeinen erhalten wir

$$\psi(t) = \lim_{n\to\infty} \int_{-t}^\infty K(t+\tau)\,d\tau \int_{-\tau}^\infty Q_n(\tau+\sigma)\psi(\sigma)\,d\sigma \tag{3.79}$$

oder, wenn wir (wie in Gleichung (3.68))

$$K(s) = \int_{-\infty}^\infty k(\omega)e^{i\omega s}\,d\omega$$

$$Q_n(s) = \int_{-\infty}^\infty q_n(\omega)e^{i\omega s}\,d\omega$$

$$\psi(s) = \int_{-\infty}^\infty \Psi(\omega)e^{i\omega s}\,d\omega \tag{3.80}$$

schreiben:

$$\Psi(\omega) = \lim (2\pi)^{3/2}\,\Psi(\omega)\,q_n(-\omega)\,k(\omega). \tag{3.81}$$

Also ist

$$\lim_{n\to\infty} q_n(-\omega) = \frac{1}{(2\pi)^{3/2}\,k(\omega)}. \tag{3.82}$$

Wir werden dieses Resultat nützlich finden, um den Vorhersageoperator in eine Form zu bringen, die die Frequenz und nicht die Zeit enthält.

So bestimmen Vergangenheit und Gegenwart von $\xi(t, \gamma)$ oder richtiger gesagt, des Differentials $d\xi(t, \gamma)$ die Vergangenheit und die Gegenwart von $f(t, \gamma)$ und umgekehrt.

Wenn nun $A>0$ ist, gilt

$$f(t+A,\gamma) = \int_{-t-A}^{\infty} K(t+A+\tau)\,d\xi(\tau,\gamma)$$

$$= \int_{-t-A}^{-t} K(t+A+\tau)\,d\xi(\tau,\gamma)$$

$$+ \int_{-t}^{\infty} K(t+A+\tau)\,d\xi(\tau,\gamma). \qquad (3.83)$$

Hier hängt der erste Term des letzten Ausdruckes von einem Bereich von $d\xi(\tau, \gamma)$ ab, für den uns eine Kenntnis von $f(\sigma, \gamma)$ für $\sigma \leq t$ nichts aussagt und vollkommen unabhängig ist vom zweiten Term. Sein quadratischer Mittelwert ist

$$\int_{-t-A}^{-t} [K(t+A+\tau)]^2 \,d\tau = \int_0^A [K(\tau)]^2 \,d\tau, \qquad (3.84)$$

und dieser sagt uns alles, was man statistisch gesehen über ihn wissen muß. Es kann gezeigt werden, daß diese Größe eine Gaußsche Verteilung mit diesem quadratischen Mittelwert hat. Es ist der Fehler der bestmöglichen Vorhersage von $f(t+A, \gamma)$.

Die bestmögliche Vorhersage selbst ist der letzte Term der Gleichung (3.83):

$$\int_{-t}^{\infty} K(t+A+\tau)\,d\xi(\tau,\gamma)$$

$$= \lim_{n \to \infty} \int_{-t}^{\infty} K(t+A+\tau)\,d\tau \int_{-\tau}^{\infty} Q_n(\tau+\sigma) f(\sigma,\gamma)\,d\sigma. \qquad (3.85)$$

Wenn wir nun

$$k_A(\omega) = \frac{1}{2\pi} \int_0^{\infty} K(t+A)\,e^{-i\omega t}\,dt \qquad (3.86)$$

setzen und den Operator von Gleichung (3.85) auf $e^{i\omega t}$ anwenden, erhalten wir

$$\lim_{n\to\infty}\int_{-t}^{\infty}K(t+A+\tau)\,d\tau\int_{-\tau}^{\infty}Q_n(\tau+\sigma)e^{i\omega\sigma}\,d\sigma=A(\omega)e^{i\omega t}. \qquad (3.87)$$

Wir werden finden, daß (ähnlich wie in Gleichung (3.81))

$$A(\omega)=\lim_{n\to\infty}(2\pi)^{3/2}\,q_n(-\omega)\,k_A(\omega)$$

$$=k_A(\omega)/k(\omega)$$

$$=\frac{1}{2\pi k(\omega)}\int_A^{\infty}e^{-i\omega(t-A)}\,dt\int_{-\infty}^{\infty}k(u)e^{iut}\,du \qquad (3.88)$$

gilt. Dies ist dann der Frequenzausdruck des besten Vorhersageoperators.

Das Filterproblem im Falle der Zufallsprozesse wie in Gleichung (3.34) ist sehr eng mit dem Vorhersageproblem verknüpft. Unsere Nachricht plus Rauschen sei von der Form

$$m(t)+n(t)=\int_0^{\infty}K(\tau)\,d\xi(t-\tau,\gamma) \qquad (3.89)$$

und die Nachricht allein von der Form

$$m(t)=\int_{-\infty}^{\infty}Q(\tau)\,d\xi(t-\tau,\gamma)+\int_{-\infty}^{\infty}R(\tau)\,d\xi(t-\tau,\delta), \qquad (3.90)$$

wobei γ und δ voneinander unabhängig über $(0, 1)$ verteilt sind. Dann ist der vorherbestimmbare Teil von $m(t+a)$ natürlich

$$\int_0^{\infty}Q(\tau+a)\,d\xi(t-\tau,\gamma), \qquad (3.901)$$

und das mittlere Fehlerquadrat der Vorhersage ist

$$\int_{-\infty}^{a}[Q(\tau)]^2\,d\tau+\int_{-\infty}^{\infty}[R(\tau)]^2\,d\tau. \qquad (3.902)$$

Weiterhin wollen wir annehmen, daß wir die folgenden Größen kennen:

$$\varphi_{22}(t) = \int_0^1 d\gamma \int_0^1 d\delta\, n(t+\tau)\, n(\tau)$$

$$= \int_{-\infty}^{\infty} [K(|t|+\tau) - Q(|t|+\tau)][K(\tau) - Q(\tau)]\, d\tau$$

$$= \int_0^{\infty} [K(|t|+\tau) - Q(|t|+\tau)][K(\tau) - Q(\tau)]\, d\tau$$

$$+ \int_{-|t|}^{0} [K(|t|+\tau) - Q(|t|+\tau)][-Q(\tau)]\, d\tau$$

$$+ \int_{-\infty}^{-|t|} Q(|t|+\tau) Q(\tau)\, d\tau + \int_{-\infty}^{\infty} R(|t|+\tau) R(\tau)\, d\tau$$

$$= \int_0^{\infty} K(|t|+\tau) K(\tau)\, d\tau - \int_{-|t|}^{\infty} K(|t|+\tau) Q(\tau)\, d\tau$$

$$+ \int_{-\infty}^{\infty} Q(|t|+\tau) Q(\tau)\, d\tau + \int_{-\infty}^{\infty} R(|t|+\tau) R(\tau)\, d\tau,$$
(3.903)

$$\varphi_{11}(\tau) = \int_0^1 d\gamma \int_0^1 d\delta\, m(|t|+\tau)\, m(\tau)$$

$$= \int_{-\infty}^{\infty} Q(|t|+\tau) Q(\tau)\, d\tau + \int_{-\infty}^{\infty} R(|t|+\tau) R(\tau)\, d\tau, \quad (3.904)$$

$$\varphi_{12}(\tau) = \int_0^1 d\gamma \int_0^1 d\delta\, m(t+\tau)\, n(\tau)$$

$$= \int_0^1 d\gamma \int_0^1 d\delta\, m(t+\tau)[m(\tau) + n(\tau)] - \varphi_{11}(\tau)$$

$$= \int_0^1 d\gamma \int_{-t}^{\infty} K(\sigma+t)\, d\xi(\tau-\sigma,\gamma) \int_{-t}^{\infty} Q(\tau)\, d\xi(\tau-\sigma,\gamma) - \varphi_{11}(\tau)$$

$$= \int_{-t}^{\infty} K(t+\tau) Q(\tau)\, d\tau - \varphi_{11}(\tau). \quad (3.905)$$

Die Fourier-Transformierten dieser drei Größen sind nacheinander

$$\left.\begin{aligned}\Phi_{22}(\omega) &= |k(\omega)|^2 + |q(\omega)|^2 - q(\omega)\overline{k(\omega)} - k(\omega)\overline{q(\omega)} + |r(\omega)|^2 \\ \Phi_{11}(\omega) &= |q(\omega)|^2 + |r(\omega)|^2 \\ \Phi_{12}(\omega) &= k(\omega)\overline{q(\omega)} - |q(\omega)|^2 - |r(\omega)|^2,\end{aligned}\right\}$$
(3.906)

wobei

$$\left.\begin{aligned}k(\omega) &= \frac{1}{2\pi}\int_0^\infty K(s)e^{-i\omega s}ds \\ q(\omega) &= \frac{1}{2\pi}\int_{-\infty}^\infty \overline{Q(s)}e^{-i\omega s}ds \\ r(\omega) &= \frac{1}{2\pi}\int_{-\infty}^\infty R(s)e^{-i\omega s}ds\end{aligned}\right\}$$
(3.907)

gilt. Also hat man

$$\Phi_{11}(\omega) + \Phi_{12}(\omega) + \overline{\Phi_{12}(\omega)} + \overline{\Phi_{22}(\omega)} = |k(\omega)|^2 \quad (3.908)$$

und

$$q(\omega)\overline{k(\omega)} = \Phi_{11}(\omega) + \Phi_{21}(\omega), \quad (3.909)$$

wobei wir wegen der Symmetrie $\Phi_{21}(\omega) = \overline{\Phi_{12}(\omega)}$ schreiben. Wir können jetzt $k(\omega)$ aus der Gleichung (3.908) bestimmen, da wir $k(\omega)$ zuvor nach der Gleichung (3.74) definiert haben. Hier setzen wir $\Phi(t)$ für $\Phi_{11}(t) + \Phi_{22}(t) + 2Re[\Phi_{12}(t)]$ und erhalten

$$q(\omega) = \frac{\Phi_{11}(\omega) + \Phi_{21}(\omega)}{\overline{k(\omega)}}. \quad (3.910)$$

Daher gilt

$$Q(t) = \int_{-\infty}^\infty \frac{\Phi_{11}(\omega) + \Phi_{21}(\omega)}{\overline{k(\omega)}} e^{i\omega t}d\omega, \quad (3.911)$$

und so ist die beste Bestimmung von $m(t)$ — mit dem geringsten mittleren Fehlerquadrat —

$$\int_0^\infty d\xi(t-\tau,\gamma)\int_{-\infty}^\infty \frac{\Phi_{11}(\omega) + \Phi_{21}(\omega)}{\overline{k(\omega)}} e^{i\omega(t+a)}d\omega. \quad (3.912)$$

Indem wir dies mit Gleichung (3.89) kombinieren und eine Argumentation ähnlich der, die uns Gleichung (3.88) lieferte, benutzen, sehen wir, daß der Operator auf $m(t)+n(t)$, der uns die »beste« Darstellung von $m(t+a)$ gibt, im Frequenzbereich durch

$$\frac{1}{2\pi k(\omega)}\int_a^\infty e^{-i\omega(t-a)}dt \int_{-\infty}^\infty \frac{\Phi_{11}(u)+\Phi_{21}(u)}{k(u)} e^{iut}du \quad (3.913)$$

gegeben ist. Dieser Operator stellt einen charakteristischen Operator dar, den die Elektroingenieure als *Wellenfilter* kennen. Die Größe a ist die *Phasenverschiebung* des Filters. Sie kann entweder positiv oder negativ sein. Wenn sie negativ ist, dann ist $-a$ bekannt als *Nacheilung*. Die Schaltung, die dem Ausdruck (3.913) entspricht, kann immer mit beliebig großer Genauigkeit realisiert werden. Die Einzelheiten ihres Entwurfs sind mehr für den Spezialisten der Nachrichtentechnik als für den Leser dieses Buches interessant, sie können an anderer Stelle gefunden werden[33].

Das mittlere Fehlerquadrat des Filters (Ausdruck (3.902)) kann dargestellt werden als die Summe des mittleren Fehlerquadrats der Filterung mit unendlich großer Verzögerung

$$\int_{-\infty}^\infty [R(\tau)]^2 d\tau = \Phi_{11}(0) - \int_{-\infty}^\infty [Q(\tau)]^2 d\tau$$

$$= \frac{1}{2\pi}\int_{-\infty}^\infty \Phi_{11}(\omega)d\omega - \frac{1}{2\pi}\int_{-\infty}^\infty \left|\frac{\Phi_{11}(\omega)+\Phi_{21}(\omega)}{k(\omega)}\right|^2 d\omega$$

$$= \frac{1}{2\pi}\int_{-\infty}^\infty \left[\Phi_{11}(\omega) - \frac{|\Phi_{11}(\omega)+\Phi_{21}(\omega)|^2}{\Phi_{11}(\omega)+\Phi_{12}(\omega)+\Phi_{21}(\omega)+\Phi_{22}(\omega)}\right]d\omega$$

$$= \frac{1}{2\pi}\int_{-\infty}^\infty \frac{\begin{vmatrix}\Phi_{11}(\omega) & \Phi_{12}(\omega)\\ \Phi_{21}(\omega) & \Phi_{22}(\omega)\end{vmatrix}}{\Phi_{11}(\omega)+\Phi_{12}(\omega)+\Phi_{21}(\omega)+\Phi_{22}(\omega)} d\omega \quad (3.914)$$

und eines Teils, der von der Verzögerung abhängt:

$$\int_{-\infty}^a [Q(\tau)]^2 dt = \int_{-\infty}^a dt \left|\int_{-\infty}^\infty \frac{\Phi_{11}(\omega)+\Phi_{21}(\omega)}{k(\omega)} e^{i\omega t}d\omega\right|^2 \quad (3.915)$$

Man wird sehen, daß das mittlere Fehlerquadrat des Filterns eine monoton abnehmende Funktion der Verzögerung ist.

[33] Wir beziehen uns besonders auf neuere Aufsätze von Dr. *Y. W. Lee*.

Eine andere Frage, die für aus der Brownschen Bewegung abgeleitete Nachrichten und Störungen interessant ist, ist das Problem des Informationsflusses. Wir wollen der Einfachheit halber den Fall betrachten, bei dem die Nachricht und die Störung inkohärent sind, was der Fall ist, wenn

gilt. In diesem Fall wollen wir

$$\Phi_{12}(\omega) \equiv \Phi_{21}(\omega) \equiv 0 \qquad (3.916)$$

$$\left.\begin{array}{l} m(t) = \displaystyle\int_{-\infty}^{\infty} M(\tau)\, d\xi(t-\tau, \gamma) \\[2mm] n(t) = \displaystyle\int_{-\infty}^{\infty} N(\tau)\, d\xi(t-\tau, \delta) \end{array}\right\} \qquad (3.917)$$

betrachten, wobei γ und δ unabhängig voneinander verteilt sind. Wir wollen ferner annehmen, daß wir $m(t) + n(t)$ über $(-A, A)$ kennen. Wieviel Information haben wir über $m(t)$? Es sei bemerkt, daß wir heuristisch erwarten, daß sie nicht viel von der Informationsrate von

$$\int_{-A}^{A} M(\tau)\, d\xi(t-\tau, \gamma) \qquad (3.918)$$

verschieden sein wird, die wir haben, wenn wir alle Werte von

$$\int_{-A}^{A} M(\tau)\, d\xi(t-\tau, \gamma) + \int_{-A}^{A} N(\tau)\, d\xi(t-\tau, \delta) \qquad (3.919)$$

kennen, wobei γ und δ unabhängig verteilt sind. Es kann jedoch gezeigt werden, daß der n-te Fourier-Koeffizient des Ausdruckes (3.918) eine Gaußsche Verteilung hat, unabhängig von all den anderen Fourier-Koeffizienten, und daß sein quadratischer Mittelwert proportional zu

$$\left| \int_{-A}^{A} M(\tau) \exp\left(i\frac{\pi n \tau}{A} \right) d\tau \right|^2 \qquad (3.920)$$

ist. Daher ist der verfügbare Gesamtbetrag der Information bezüglich M nach der Gleichung (3.09)

$$\sum_{n=-\infty}^{\infty} \frac{1}{2} \log_2 \frac{\left|\int_{-A}^{A} M(\tau)\exp\left(i\frac{\pi n\tau}{A}\right)d\tau\right|^2 + \left|\int_{-A}^{A} N(\tau)\exp\left(i\frac{\pi n\tau}{A}\right)d\tau\right|^2}{\left|\int_{-A}^{A} N(\tau)\exp\left(i\frac{\pi n\tau}{A}\right)d\tau\right|^2}$$

(3.921)

und die Zeitdichte der Kommunikation von Energie ist diese Größe geteilt durch $2A$. Wenn wir jetzt $A \to \infty$ gehen lassen, so nähert sich der Ausdruck (3.921)

$$\frac{1}{2\pi}\int_{-\infty}^{\infty} du \log_2 \frac{\left|\int_{-\infty}^{\infty} M(\tau)\exp iu\tau\, d\tau\right|^2 + \left|\int_{-\infty}^{\infty} N(\tau)\exp iu\tau\, d\tau\right|^2}{\left|\int_{-\infty}^{\infty} N(\tau)\exp iu\tau\, d\tau\right|^2}.$$

(3.922)

Dies ist genau das Resultat, das der Autor und Shannon für den Informationsfluß in diesem Falle bereits erhalten haben. Wie man sieht, hängt er nicht allein von der Breite des Frequenzbandes ab, das für die Übertragung dieser Nachricht verfügbar ist, sondern auch von der Größe des Rauschens. Tatsächlich hat er eine enge Beziehung zu den Audiogrammen, die benutzt werden, um die Hörfähigkeit und den Verlust der Hörfähigkeit bei einem bestimmten Individuum zu messen. Hier ist die Abszisse die Frequenz, die Ordinate der unteren Grenze ist der Logarithmus der Intensität der Hörschwelle — die wir als Logarithmus der Intensität der *inneren Störung* des Empfangsystems bezeichnen können —, und die obere Grenze ist der Logarithmus der Intensität der größten Nachricht, die das System noch verarbeiten kann. Die Fläche zwischen ihnen, die eine Größe von der Dimension des Ausdrucks (3.922) ist, wird dann als Maß des Informationsflusses betrachtet, den das Ohr zu verarbeiten vermag.

Die Theorie der Nachrichten, die linear von der Brownschen Bewegung abhängen, hat viele wichtige Varianten. Die Hauptformeln sind die Gleichungen (3.88), (3.914) sowie (3.922), selbstverständlich zusammen mit den notwendigen Definitionen, diese auszulegen. Es gibt eine Anzahl von Spielarten dieser Theorie. Zunächst gibt uns die Theorie den bestmöglichen Entwurf von

Prädiktoren und Filtern in dem Falle, in dem die Nachrichten und die Rauschprozesse die Antwort linearer Resonatoren auf Brownsche Bewegungsprozesse darstellen; ja sogar in viel allgemeineren Fällen stellen diese Vorschriften mögliche Entwürfe für Prädiktoren und Filter dar. Dies wird zwar kein absolut bestmöglicher Entwurf sein, aber er wird das mittlere Fehlerquadrat der Vorhersage und des Filterns so weit verkleinern, wie dies durch Apparate erreicht werden kann, die lineare Operationen durchführen. Im allgemeinen jedoch wird es irgendeinen nichtlinearen Apparat geben, der ein noch besseres Verfahren liefert als das jeder linearen Apparatur.

Als nächstes waren die Zufallsprozesse hier einfache Prozesse, bei denen eine einzige numerische Variable von der Zeit abhing. Es gibt auch multiple Zufallsprozesse, in denen eine Anzahl solcher Variablen gleichzeitig von der Zeit abhängt. Und diese sind es, die von größter Bedeutung in der Wirtschaft, der Meteorologie und ähnlichem sind. Die vollständige Wetterkarte der Vereinigten Staaten, Tag für Tag aufgenommen, besteht aus solch einem Zufallsprozeß. In diesem Falle müssen wir eine Anzahl von Funktionen gleichzeitig in Frequenzausdrücke entwickeln, und die quadratischen Größen, wie z. B. Gleichung (3.35) und die Größe $|k(\omega)|^2$ der Ableitungen, die aus Gleichung (3.70) folgen, werden durch Paaranordnungen von Größen ersetzt, d. h. durch Matrizen. Das Problem der Entwicklung von $k(\omega)$ in Terme von $|k(\omega)|^2$ — auf solche Weise, daß gewisse Hilfsbedingungen in der komplexen Ebene erfüllt sind — wird sehr viel schwieriger, besonders weil die Multiplikation der Matrizen keine kommutative Operation ist. Die Probleme dieser multidimensionalen Theorie wurden jedoch — wenigstens teilweise — durch Krein und den Autor gelöst.

Die multidimensionale Theorie ist eine Komplikation der bereits angeführten. Es gibt eine andere, engverwandte Theorie, die eine Vereinfachung ist. Das ist die Theorie der Vorhersage, der Filterung und des Informationsgehaltes von diskreten Zufallsprozessen oder Zufallsfolgen. Eine solche Zufallsfolge ist eine Folge von Funktionen $f_n(\alpha)$ eines Parameters α, wobei n über alle ganzen Zahlen von $-\infty$ bis $+\infty$ läuft. Die Größe α ist wie vorhin der Parameter der Verteilung und kann so gewählt werden, daß er gleichmäßig über (0, 1) variiert. Die Zufallsfolge heißt im statistischen Gleichgewicht, wenn die Änderung von n in $n+\nu$ (ν eine ganze Zahl) äquivalent ist einer maßerhaltenden Transformation des Intervalles (0, 1), in dem α läuft, in sich selbst.

Die Theorie der Zufallsfolgen ist in vieler Hinsicht einfacher als die Theorie der kontinuierlichen Prozesse. Es ist z. B. viel leichter, sie von einer Folge unabhängiger Versuche abhängig zu machen. Jeder Ausdruck (im Mischungsfalle) wird als eine Kombination der vorhergegangenen Terme mit einer Größe darstellbar sein, die unabhängig von allen vorhergegangenen Ausdrücken und gleichmäßig in (0, 1) verteilt ist, und die Folge dieser unabhängigen Faktoren kann herangezogen werden, um die Brownsche Bewegung, die im kontinuierlichen Falle so wichtig ist, zu ersetzen.

Wenn $f_n(\alpha)$ eine Zufallsfolge im statistischen Gleichgewicht und metrisch transitiv ist, so wird ihr Autokorrelationskoeffizient

$$\varphi_m = \int_0^1 f_m(\alpha) f_0(\alpha)\, d\alpha \qquad (3.923)$$

sein, und wir haben

$$\varphi_m = \lim_{N\to\infty} \frac{1}{N+1} \sum_0^N f_{k+m}(\alpha) f_k(\alpha)$$

$$= \lim_{N\to\infty} \frac{1}{N+1} \sum_0^N f_{-k+m}(\alpha) f_{-k}(\alpha) \qquad (3.924)$$

für fast alle α. Wir wollen

$$\varphi_n = \frac{1}{2\pi} \int_{-\pi}^{\pi} \Phi(\omega) e^{in\omega}\, d\omega \qquad (3.925)$$

oder

$$\Phi(\omega) = \sum_{-\infty}^{\infty} \varphi_n e^{-in\omega} \qquad (3.926)$$

setzen, und es sei

$$\frac{1}{2} \log \Phi(\omega) = \sum_{-\infty}^{\infty} p_n \cos n\omega \qquad (3.927)$$

und ferner

$$G(\omega) = \frac{p_0}{2} + \sum_1^{\infty} p_n e^{in\omega} \qquad (3.928)$$

sowie
$$e^{G(\omega)} = k(\omega).\qquad(3.929$$

Dann wird unter sehr allgemeinen Bedingungen $k(\omega)$, wenn ω ein Winkel ist, der Randwert auf dem Einheitskreis einer Funktion ohne Nullstellen oder Singularitäten innerhalb des Einheitskreises sein. Wir haben

$$|k(\omega)|^2 = \Phi(\omega).\qquad(3.930)$$

Wenn wir jetzt für die beste lineare Vorhersage von $f_n(\alpha)$ mit einer Nacheilung ν

$$\sum_0^\infty f_{n-\nu}(\alpha) W_\nu \qquad(3.931)$$

ansetzen, werden wir finden, daß

$$\sum_0^\infty W_\mu e^{i\mu\omega} = \frac{1}{2\pi k(\omega)} \sum_{\mu=\nu}^\infty e^{i\omega(\mu-\nu)} \int_{-\pi}^{\pi} k(u) e^{-i\mu u} du \qquad(3.932)$$

gilt.

Dies ist das Analogon zu Gleichung (3.88). Wir wollen bemerken, daß, wenn wir

$$k_\mu = \frac{1}{2\pi} \int_{-\pi}^{\pi} k(u) e^{-i\mu u} du \qquad(3.933)$$

setzen,

$$\sum_0^\infty W_\mu e^{i\mu\omega} = e^{-i\nu\omega} \frac{\sum_\nu^\infty k_\mu e^{i\mu\omega}}{\sum_0^\infty k_\mu e^{i\mu\omega}}$$

$$= e^{-i\nu\omega} \left(1 - \frac{\sum_0^{\nu-1} k_\mu e^{i\mu\omega}}{\sum_0^\infty k_\mu e^{i\mu\omega}}\right) \qquad(3.934)$$

gilt. Natürlich ist es das Ergebnis der Art, in der wir $k(\omega)$ dargestellt haben, so daß wir in einer sehr allgemeinen Menge von Fällen

$$\frac{1}{k(\omega)} = \sum_0^\infty q_\mu e^{i\mu\omega} \qquad (3.935)$$

setzen können. Dann wird die Gleichung (3.934) zu

$$\sum_0^\infty W_\mu e^{i\mu\omega} = e^{-i\nu\omega}\left(1 - \sum_0^{\nu-1} k_\mu e^{i\mu\omega} \sum_0^\infty q_\lambda e^{i\lambda\omega}\right) \qquad (3.936)$$

und speziell, wenn $\nu = 1$ ist

$$\sum_0^\infty W_\mu e^{i\mu\omega} = e^{-i\omega}\left(1 - k_0 \sum_0^\infty q_\lambda e^{i\lambda\omega}\right) \qquad (3.937)$$

oder

$$W_\mu = -q_{\lambda+1} k_0. \qquad (3.938)$$

Also ist für eine Vorhersage um einen Schritt voraus

$$-k_0 \sum_0^\infty q_{\lambda+1} f_{n-\lambda}(\alpha) \qquad (3.939)$$

der beste Wert für $f_{n+1}(\alpha)$, und durch schrittweise Vorhersage können wir das gesamte Problem der linearen Vorhersage für diskrete Zufallsprozesse lösen. Wie im kontinuierlichen Fall ist dies die bestmögliche Vorhersage, wenn

$$f_n(\alpha) = \int_{-\infty}^\infty K(n-\tau)\, d\xi(\tau, \alpha) \qquad (3.940)$$

gilt. Die Übertragung des Filterproblems vom kontinuierlichen auf den diskreten Fall folgt fast den gleichen Schlußfolgerungen. Die Formel (3.913) für die Frequenzcharakteristik des besten Filters nimmt die Form

$$\frac{1}{2\pi k(\omega)} \sum_{\nu=a}^\infty e^{-i\omega(\nu-a)} \int_{-\pi}^\pi \frac{[\Phi_{11}(u) + \Phi_{21}(u)] e^{i u \nu}\, du}{k(u)} \qquad (3.941)$$

an, wobei alle Terme die gleichen Definitionen erhalten wie im kontinuierlichen Fall, ausgenommen, daß alle Integrale über ω oder u von $-\pi$ bis $+\pi$ laufen, statt von $-\infty$ bis $+\infty$, und alle Summen über ν diskrete Summen an Stelle von Integralen über t sind. Die Filter für Zufallsfolgen sind gewöhnlich nicht mehr physikalisch konstruierbare Geräte aus elektrischen Schaltungen, sondern mathematische Verfahren, die benutzt werden können, damit die Statistiker die besten Resultate aus statistisch verfälschten Daten erhalten.

Schließlich wird der Informationsfluß einer Zufallsfolge der Form

$$\int_{-\infty}^{\infty} M(n-\tau)\,d\xi(t,\gamma) \tag{3.942}$$

bei Anwesenheit eines Rauschens

$$\int_{-\infty}^{\infty} N(n-\tau)\,d\xi(t,\delta), \tag{3.943}$$

wenn γ und δ voneinander unabhängig sind, das genaue Analogon zu Ausdruck (3.922) sein, nämlich

$$\frac{1}{2\pi}\int_{-\pi}^{\pi} du \log_2 \frac{\left|\int_{-\infty}^{\infty} M(\tau)e^{iu\tau}\,d\tau\right|^2 + \left|\int_{-\infty}^{\infty} N(\tau)e^{iu\tau}\,d\tau\right|^2}{\left|\int_{-\infty}^{\infty} N(\tau)e^{iu\tau}\,d\tau\right|^2}, \tag{3.944}$$

wobei in $(-\pi, \pi)$

$$\left|\int_{-\infty}^{\infty} M(\tau)e^{iu\tau}\,d\tau\right|^2 \tag{3.945}$$

die Leistungsverteilung der Nachricht über der Frequenz und

$$\left|\int_{-\infty}^{\infty} N(\tau)e^{iu\tau}\,d\tau\right|^2 \tag{3.946}$$

die der Störung darstellt.

Die statistischen Theorien, die wir hier entwickelt haben, erfordern die vollständige Kenntnis der Vergangenheiten der Zufallsprozesse, die wir beobachten. In jedem Falle müssen wir mit weniger zufrieden sein, da unsere Beobachtung nicht unendlich weit in die Vergangenheit zurückreicht. Die Entwicklung unserer Theorie über diesen Punkt hinaus, als eine praktische statistische Theorie, schließt eine Erweiterung der existierenden Verfahren der Stichproben ein. Der Autor und andere haben in dieser Richtung einen Anfang gemacht. Er schließt alle Vielfältigkeiten ein, wie des Gebrauches entweder des Bayesschen Satzes einerseits oder solcher therminologischer Kunstgriffe in der Likelihood-Theorie[34] auf der anderen Seite, die die Notwendigkeit der Anwendung des Bayesschen Satzes aufzuheben scheinen, die jedoch in Wirklichkeit die Verantwortung für ihre Verwendung dem arbeitenden Statistiker aufladen oder der Person, die letztlich seine Resultate verwertet. Mittlerweile kann der theoretische Statistiker ganz ehrlich sagen, daß er nichts gesagt hat, was nicht vollkommen genau und unanfechtbar ist.

Schließlich soll dieses Kapitel mit einer Diskussion der modernen Quantenmechanik schließen. Diese stellt den höchsten Punkt des Eindringens der Theorie der Zufallsprozesse in die moderne Physik dar. In der Newtonschen Physik ist die Folge von physikalischen Phänomenen vollkommen durch ihre Vergangenheit und speziell durch die Angabe aller Lagekoordinaten und Momente zu irgendeinem Zeitpunkt bestimmt. In der vollständigen Gibbsschen Theorie stimmt es noch, daß nach einer perfekten Bestimmung der multiplen Zufallsprozesse des gesamten Universums und der Kenntnis aller Lagekoordinaten und Momente zu irgendeinem Zeitpunkt die gesamte Zukunft bekannt ist. Nur weil dieses unbekannte, nicht beobachtete Koordinaten und Momente sind, haben die Zufallsprozesse, mit denen wir wirklich arbeiten, die Mischungseigenschaft, die wir in diesem Kapitel im Falle der aus der Brownschen Bewegung abgeleiteten Zufallsprozesse kennengelernt haben. Der große Beitrag Heisenbergs zur Physik war der Ersatz dieser noch Quasi-Newtonschen Welt von Gibbs durch eine, in der Zufallsprozesse in keiner Weise auf eine Vereinigung determinierter Zeitabläufe zurückgeführt werden können. In der Quantenmechanik bestimmt die gesamte Vergangenheit eines individuellen Systems nicht die Zukunft dieses Systems in irgendeinem absoluten Sinne, sondern lediglich die Verteilung der möglichen zukünftigen Zustände des Systems. Die Größen, die die klassische Physik für eine Kenntnis des gesamten Verlaufes eines Systems verlangt, sind nicht gleichzeitig beobachtbar, außer auf eine grobe und angenäherte Art, die nichtsdestoweniger für die Anforderungen der klassischen Physik *in dem Bereich, in dem sie experimentell als anwendbar erwiesen wurde, hinreichend genau ist.* Die Bedingungen

[34] Vgl. die Aufsätze von *R. A. Fisher* und *J. von Neumann.*

für die genaue Beobachtung eines Impulses und der korrespondierenden Lagekoordinaten sind unvereinbar miteinander. Um die Ortskoordinaten eines Systemes so genau wie möglich zu beobachten, müssen wir es mit Licht- oder Elektronenwellen oder ähnlichen Mitteln von hohem Auflösungsvermögen oder kurzen Wellenlängen beobachten. Licht besitzt jedoch eine Teilchenwirkung, die nur von seiner Frequenz abhängt, und einen Körper mit hochfrequentem Licht beleuchten bedeutet, ihn einer Änderung seines Impulses auszusetzen, die mit der Frequenz zunimmt. Andererseits ist es das niederfrequente Licht, das die minimale Veränderung der Impulse der Teilchen ergibt, welche es beleuchtet, aber dieses hat nicht genügendes Auflösungsvermögen, um eine genaue Angabe der Lagekoordinaten zu liefern. Mittlere Lichtfrequenzen ergeben eine Verwischung sowohl der Lagekoordinaten wie der Impulse. Im allgemeinen gibt es keine denkbaren Beobachtungen, die uns genug Information über die Vergangenheit eines Systems geben könnten, um vollständige Information über seine Zukunft zu erhalten.

Nichtsdestoweniger ist, wie im Falle aller Familien von Zufallsprozessen, die Theorie des Informationsgehaltes, die wir hier entwickelt haben, anwendbar und folglich auch die Theorie von der Entropie. Seitdem wir jedoch Zufallsprozesse mit der Mischungseigenschaft behandeln, finden wir — selbst wenn unsere Daten so vollständig sind, wie sie sein können —, daß unser System keine absoluten Potentialwälle hat und daß im Verlauf der Zeit jeder Zustand des Systems sich selbst in einen anderen Zustand verwandeln kann und wird. Die Wahrscheinlichkeit dafür hängt jedoch auf die Dauer gesehen von der relativen Wahrscheinlichkeit oder dem Maß der zwei Zustände ab. Diese erweist sich als besonders groß für Zustände, die durch eine große Anzahl von Transformationen in sich selbst übergeführt werden können, für Zustände, die, in der Sprache des Quantentheoretikers ausgedrückt, eine große innere Resonanz oder eine hohe Quantenentartung haben. Der Benzolring ist ein Beispiel dafür, da die beiden Zustände äquivalent sind. Dies läßt vermuten, daß in einem System von der Art

in dem verschiedene Bausteine sich selbst auf verschiedene Arten innig kombinieren können, als wenn eine Mischung von Aminosäuren sich selbst zu Proteinketten organisiert, eine Situation, bei der viele dieser Ketten gleich sind und einen Zustand enger Assoziation miteinander durchlaufen, stabiler sein wird als eine, in der sie verschieden sind. Es wurde von Haldane gefühlsmäßig angedeutet, daß dies der Weg sein kann, auf dem Gene und Viren sich selbst reproduzieren; und obgleich er diesen seinen Vorschlag nicht als endgültig bezeichnet hat, sehe ich keine Ursache, ihn nicht als eine Versuchshypothese beizubehalten. Wie Haldane selbst herausgestellt hat, ist es in einem solchen Falle nicht möglich, mit mehr als fragmentarischer Genauigkeit zu sagen, welche der beiden Formen eines Genes, das sich auf diese Weise reproduziert hat, das Modell ist und welche die Kopie, da kein einzelnes Partikel in der Quantentheorie eine vollkommen scharfumrissene Individualität besitzt.

Es ist bekannt, daß dieses gleiche Phänomen der Resonanz sehr häufig bei lebender Materie auftritt. Szent-Györgyi hat seine Bedeutung für die Muskelbildung angedeutet. Substanzen mit hoher Resonanz haben allgemein eine abnorme Kapazität für das Speichern sowohl von Energie wie von Information, und eine solche Speicherung geht bestimmt bei der Muskelkontraktion vor sich.

Die gleichen Phänomene wieder, die bei der Reproduktion auftreten, haben möglicherweise irgend etwas mit der außerordentlichen Verschiedenheit der chemischen Substanzen zu tun, die in einem lebenden Organismus zu finden sind, nicht nur von Art zu Art, sondern sogar innerhalb der Individuen einer Art. Solche Betrachtungen können für das Gebiet der Immunisierung sehr wichtig sein.

IV

RÜCKKOPPLUNG
UND SCHWINGUNG

Ein Patient kommt in eine neurologische Klinik. Er ist nicht gelähmt und er kann seine Beine bewegen, wenn er den Befehl dazu erhält. Er leidet jedoch unter einer schweren Krankheit. Er geht in einer eigentümlich unsicheren Gangart, mit auf den Boden, auf seine Beine gerichteten Augen. Er beginnt jeden Schritt mit einem Stoß und wirft jedes Bein nacheinander vorwärts. Wenn er die Augen verbunden hat, kann er nicht aufstehen und strauchelt. Was fehlt ihm?

Ein anderer Patient kommt herein. Während er ruhig in seinem Stuhl sitzt, scheint ihm nichts zu fehlen. Bieten Sie ihm jedoch eine Zigarette an, dann wird er beim Versuch, sie zu ergreifen, mit seiner Hand dahinter greifen. Dem folgt ein gleichfalls wirkungsloses Schwingen in die andere Richtung und diesem noch ein drittes Zurückschwingen, bis seine Bewegung zu nichts als einem wirkungslosen und heftigen Zittern wird. Geben Sie ihm ein Glas Wasser, und er wird es bei diesem Schwingen ausschütten, bevor er fähig ist, es zum Munde zu führen. Was ist mit ihm los?

Diese beiden Patienten leiden an irgendeiner Form der sogenannten *Ataxie*. Ihre Muskeln sind ausreichend stark und gesund, sie sind jedoch nicht in der Lage, ihre Wirkungen zu organisieren. Der erste Patient leidet an *Tabes dorsalis* oder, volkstümlich, Rückenmarkschwindsucht. Der Teil des spinalen Stranges, der gewöhnlich die Eindrücke empfängt, ist durch die Spätfolgeerscheinungen der Syphilis beschädigt oder zerstört worden. Die hereinkommenden Nachrichten sind abgestumpft, wenn sie nicht vollständig verschwunden sind. Die Empfänger in den Gliedern, Sehnen und Muskeln und den Sohlen seiner Füße, die ihm normalerweise die

Position und den Bewegungszustand seiner Füße mitteilen, senden keine Nachrichten, die sein zentrales Nervensystem auffangen und übertragen kann, und bei der Information, die seine Haltung betrifft, ist er gezwungen, sich auf seine Augen und die Gleichgewichtsorgane im inneren Ohr zu verlassen. In der Ausdrucksweise des Physiologen hat er einen bedeutenden Teil seines proprioceptiven oder kinästhetischen Sinnes verloren.

Der zweite Patient hat nichts von seinem proprioceptiven Sinn verloren. Seine Störung befindet sich an anderer Stelle, nämlich im Kleinhirn, und er leidet an dem, was als Cerebellartremor oder Absichtstremor bekannt ist. Es scheint irgendwie, als ob das Kleinhirn irgendeine Funktion hat, die muskuläre Antwort dem proprioceptiven Eingang anzupassen; wenn diese Anpassung gestört wird, kann ein Tremor eines der Resultate sein.

So sehen wir, daß für effektive Wirkung auf die äußere Umgebung es nicht nur wesentlich ist, daß wir gute Effektoren besitzen, sondern daß die Aktion dieser Effektoren exakt zum zentralen Nervensystem zurückgeführt wird, und daß die Ablesungen dieser Kontrollvorrichtungen genau mit anderen Informationen kombiniert werden, die von den Sinnesorganen hereinkommen, um einen sauber proportionierten Ausgang zu den Effektoren hervorzubringen. Sehr ähnlich liegt der Fall im mechanischen System. Wir wollen eine Blockstelle an einer Bahnlinie betrachten. Der Blockwärter bedient eine Anzahl von Hebeln, die das Mastsignal öffnen oder schließen und die die Stellung der Weichen regulieren. Er kann jedoch ganz und gar nicht blindlings annehmen, daß die Signale und Weichen seinen Befehlen gefolgt sind. Es kann sein, daß die Weichen festgefroren sind oder daß das Gewicht einer Ladung Schnee die Signalarme verbogen hat und daß, was er als den tatsächlichen Zustand der Weichen und Signale angenommen hat — seiner Effektoren —, nicht mit den Befehlen, die er gegeben hat, übereinstimmt. Um diesen Gefahren, die dieser Zufälligkeit anhaften, zu begegnen, ist jeder Effektor, Weiche oder Signal, mit einer Rückleitung in die Blockstelle verbunden, die dem Blockwärter ihren wirklichen Zustand und ihr Arbeiten meldet. Dies ist das mechanische Äquivalent zu der Wiederholung von Befehlen bei der Flotte gemäß einem Kode, bei dem jeder Untergeordnete nach Empfang eines Befehles ihn seinem Vorgesetzten wiederholen muß, um zu zeigen, daß er ihn gehört und verstanden hat. Nach der Art solcher wiederholter Befehle muß der Blockwärter handeln. Man beachte, daß es in diesem System ein menschliches Glied in der Kette der Übertragung und Rückkehr der Information gibt, die wir von jetzt ab die Rückkopplungskette nennen werden. Es stimmt, daß der Blockwärter nicht immer frei handelt, daß seine Weichen und Signale entweder mechanisch oder elektrisch miteinander gekoppelt sind und daß er nicht irgendeine der gefährlicheren Kombinationen frei wählen kann. Es gibt jedoch Rückkopplungsketten, bei denen kein menschliches Element eingeschaltet ist. Der gewöhnliche Thermostat, mit dem wir die Heizung eines Hauses regulieren, ist eine davon. Dort ist eine Einstellvorrichtung für die gewünschte Raumtemperatur vorhanden; wenn die wirkliche Temperatur des Hauses unter dieser liegt, wird ein Apparat in Gang gebracht, der die Drosselklappe öffnet oder den Zufluß des Heizöls verstärkt und die Temperatur des Hauses bis zur gewünschten Höhe bringt. Andererseits werden die Drosselklappen zugedreht oder der Zufluß des Heizöles verringert oder unterbrochen, wenn die Temperatur des Hauses über die gewünschte Höhe ansteigt. Auf diese Weise wird die Temperatur des Hauses auf einem konstanten Wert gehalten. Es ist zu bemerken, daß die Konstanz dieses Wertes von der guten Konstruktion des Thermostaten abhängt und daß ein schlecht konstruierter Thermostat die Haustemperatur in heftige Schwingungen versetzen kann, die den Bewegungen des Menschen, der unter einem Cerebellartremor leidet, nicht unähnlich sind.

Ein anderes Beispiel eines rein mechanischen Rückkopplungssystems — das einzige von Clark Maxwell ursprünglich behandelte — ist das des Fliehkraftreglers einer Dampfmaschine, der dazu dient, ihre Geschwindigkeit unter variierenden Belastungsbedingungen zu regulieren. In der ursprünglichen von Watt konstruierten Form besteht er aus zwei an Pendelstangen befestigten Kugeln, die auf entgegengesetzten Seiten einer rotierenden Welle pendeln. Sie werden durch ihr Eigengewicht oder durch eine Feder niedergehalten und durch die von der Winkelgeschwindigkeit der Welle abhängige Zentrifugalkraft aufwärts bewegt. Sie nehmen so eine

Zwischenstellung an, die in gleicher Weise von der Winkelgeschwindigkeit abhängt. Diese Stellung wird durch andere Gestänge auf einen Bundring auf der Welle übertragen, der Gestänge in Gang setzt, die die Einlaßventile des Zylinders öffnen, wenn die Maschine langsamer wird und die Kugeln fallen, und sie schließt, wenn die Maschine schneller wird und die Kugeln nach oben wandern. Man beachte, daß die Rückkopplung dahin gerichtet ist, sich der Tätigkeit des Systems zu widersetzen, sie ist also negativ.

Wir haben also Beispiele negativer Rückkopplungen, um die Temperatur stabil zu halten, und negative Rückkopplungen, um die Geschwindigkeit konstant zu halten. Es gibt auch negative Rückkopplungen, um eine Stellung festzuhalten, wie im Falle der Steuermaschine eines Schiffes, die durch die Winkeldifferenz zwischen der Lage des Steuerrades und der Ruderlage in Gang gesetzt werden und immer so wirken, daß sie die Ruderlage mit der des Steuerrades in Einklang bringen. Die Rückkopplung der Willenshandlungen gehört zu dieser Art. Wir wollen nicht die Bewegungen gewisser Muskeln, und tatsächlich wissen wir auch im allgemeinen nicht, welche Muskeln bewegt werden müssen, um eine gestellte Aufgabe zu erfüllen; z. B. wenn wir eine Zigarette aufheben wollen. Unsere Bewegung wird durch irgendein Maß des Betrages reguliert, bis zu welchem die Handlung noch nicht ausgeführt ist.

Die zum Regelzentrum zurückgeleitete Information zielt dahin, sich der Abweichung der Regelgröße vom Sollwert zu widersetzen, aber sie kann auf sehr verschiedene Arten von dieser Abweichung abhängen. Die einfachsten Regelsysteme sind linear: Der Ausgang des Effektors ist ein linearer Ausdruck des Eingangs, und wenn wir Eingänge addieren, so addieren sich auch die Ausgänge. Der Ausgang wird durch irgendeinen Apparat gleichermaßen linear abgelesen. Diese Ablesung wird einfach vom Eingang subtrahiert. Wir wollen eine genaue Theorie der Tätigkeit eines solchen Apparates aufstellen und speziell seines mangelhaften Verhaltens und seines Aufschwingens, wenn er falsch behandelt oder übersteuert wird.

In diesem Buch haben wir mathematische Symbole und Rechnungen soweit wie möglich vermieden, obgleich wir an verschiedenen Stellen gezwungen waren, mit ihnen einen Kompromiß zu schließen, besonders im vorhergehenden Kapitel. Auch hier, im Rest dieses Kapitels, behandeln wir wieder Dinge, für die die Symbolik der Mathematik die angebrachte Sprache ist. Wir könnten sie nur durch lange Umschreibungen vermeiden, die dem Laien kaum verständlich sind und die von dem mit mathematischen Symbolen vertrauten Leser nur verstanden werden, wenn er sie dank seiner Fähigkeit in diese Symbolik zurückübersetzt. Den besten Kompromiß, den wir schließen können, ist, die Symbolik durch eine weitläufige wörtliche Erklärung zu ergänzen.

Es soll $f(t)$ eine Funktion der Zeit t sein, wobei t von $-\infty$ bis $+\infty$ läuft, d. h., es soll $f(t)$ eine Größe sein, die zu jeder Zeit einen numerischen Wert annimmt. Zu jeder Zeit t sind uns die Werte $f(s)$ zugänglich, wenn s kleiner als oder gleich t ist, jedoch nicht, wenn s größer als t ist. Es gibt Apparaturen, elektrische und mechanische, welche ihren Eingang für eine feste Zeit verzögern, und diese liefern uns zu einem Eingang $f(t)$ einen Ausgang $f(t-\tau)$, wobei τ die feste Verzögerung ist.

Wir können verschiedene Geräte dieser Art kombinieren, die uns die Ausgänge $f(t-\tau_1), f(t-\tau_2), \cdots, f(t-\tau_n)$ liefern. Jeden dieser Ausgänge können wir mit einer festen, positiven oder negativen Zahl multiplizieren, z. B. können wir mit einem Potentiometer eine Spannung mit einer konstanten positiven Zahl, die kleiner als 1 ist, multiplizieren, und es ist nicht allzu schwierig, automatisch geregelte Geräte und Verstärker zu entwickeln, um eine Spannung mit Größen zu multiplizieren, die negativ oder größer als 1 sind. Es ist ebenfalls nicht schwierig, einfache Schaltpläne aus Kreisen zu konstruieren, die Spannungen kontinuierlich addieren und mit deren Hilfe wir einen Ausgang der Form

$$\sum_1^n a_k f(t-\tau_k) \qquad (4.01)$$

erzeugen können. Durch Erhöhung der Anzahl der Verzögerungen τ_k und entsprechende Wahlen der Koeffizienten a_k können wir einen Ausgang der Form

$$\int_0^\infty a(\tau) f(t-\tau) d\tau \qquad (4.02)$$

so gut wie wir wollen approximieren.

Bei diesem Ausdruck ist es wichtig, sich klarzumachen, daß die Tatsache, daß wir von 0 bis ∞ integrieren und nicht von −∞ bis +∞, wesentlich ist. Andererseits könnten wir nämlich verschiedene praktische Geräte benutzen, die dieses Ergebnis verarbeiten und $f(t+\sigma)$ liefern, wobei σ positiv ist. Dies schließt jedoch die Kenntnis der Zukunft von $f(t)$ ein, und $f(t)$ kann eine Größe wie der augenblickliche Ort einer Straßenbahn sein, die an jeder Weiche den einen oder anderen Weg befahren kann, und der also nicht durch die Vergangenheit bestimmt wird. Wenn ein physikalischer Prozeß uns einen Operator zu liefern *scheint*, der $f(t)$ in

$$\int_{-\infty}^{\infty} a(\tau) f(t-\tau) \, d\tau \qquad (4.03)$$

verwandelt, wobei $a(\tau)$ nicht für negative Werte von τ verschwindet, so heißt das, daß wir nicht länger einen echten Operator auf $f(t)$ haben, der eindeutig durch seine Vergangenheit bestimmt ist. Es gibt physikalische Fälle, wo dies vorkommen kann, z. B. kann ein dynamisches System ohne äußere Einwirkung in dauernde Schwingungen übergehen oder wenigstens beliebig lange Schwingungen mit unbestimmter Amplitude aufbauen. In solchem Falle wird die Zukunft des Systems nicht durch die Vergangenheit bestimmt, und wir können dem Anschein nach einen Formalismus finden, der einen von der Zukunft abhängigen Operator vorschlägt.

Die Operation, durch die wir aus $f(t)$ den Ausdruck (4.02) erhalten, hat zwei weitere wichtige Eigenschaften: Erstens ist sie unabhängig von einer Verschiebung des zeitlichen Ursprungs, und zweitens ist sie linear. Die erste Eigenschaft wird durch die Feststellung ausgedrückt, daß aus

$$g(t) = \int_0^{\infty} \alpha(\tau) f(t-\tau) \, d\tau \qquad (4.04)$$

$$g(t+\sigma) = \int_0^{\infty} \alpha(\tau) f(t+\sigma-\tau) \, d\tau \qquad (4.05)$$

folgt. Die zweite Eigenschaft bedeutet, daß sich aus

$$g(t) = A f_1(t) + B f_2(t) \tag{4.06}$$

$$\int_0^\infty a(\tau) g(t-\tau)\, d\tau = A \int_0^\infty a(\tau) f_1(t-\tau)\, d\tau + B \int_0^\infty a(\tau) f_2(t-\tau)\, d\tau \tag{4.07}$$

ergibt.

Es kann gezeigt werden, daß in gewissem Sinne *jeder Operator auf der Vergangenheit von $f(t)$, der linear und invariant gegen eine Verschiebung des zeitlichen Ursprunges ist,* entweder von der Form des Ausdruckes (4.02) oder ein Grenzwert einer Folge von Operatoren dieser Art ist. Zum Beispiel ist $f'(t)$ das Resultat eines Operators auf $f(t)$ mit diesen Eigenschaften, und es ist

$$f'(t) = \lim_{\varepsilon \to 0} \int_0^\infty \frac{1}{\varepsilon^2} a\left(\frac{\tau}{\varepsilon}\right) f(t-\tau)\, d\tau, \tag{4.08}$$

wobei

$$a(x) = \begin{cases} 1 & 0 \le x < 1 \\ -1 & 1 \le x < 2 \\ 0 & 2 \le x \end{cases} \tag{4.09}$$

gilt.

Wie wir schon früher gesehen haben, sind die Funktionen e^{zt} eine Funktionenfamilie $f(t)$, die besonders vom Gesichtspunkt des Operators (4.02) her wichtig ist, weil nämlich

$$e^{z(t-\tau)} = e^{zt} \cdot e^{-z\tau} \tag{4.10}$$

gilt, und der Verzögerungsoperator lediglich ein von z abhängiger Multiplikator wird. Hier wird der Operator (4.02) zu

$$e^{zt} \int_0^\infty a(\tau) e^{-z\tau}\, d\tau \tag{4.11}$$

und ist auch ein Multiplikationsoperator, der nur von z abhängt. Den Ausdruck

$$\int_0^\infty a(\tau) e^{-z\tau}\, d\tau = A(z) \tag{4.12}$$

nennt man die *Frequenzdarstellung* des Operators (4.02). Wenn z als komplexe Größe $x + iy$ angenommen wird, wobei x und y reell sind, wird diese zu

$$\int_0^\infty a(\tau)e^{-x\tau}e^{-iy\tau}\,d\tau, \qquad (4.13)$$

so daß nach der allgemein bekannten Schwarzschen Ungleichung für Integrale und $y > 0$ sowie

$$\int_0^\infty |a(\tau)|^2\,d\tau < \infty \qquad (4.14)$$

schließlich

$$|A(x+iy)| \leq \left[\int_0^\infty |a(\tau)|^2\,d\tau \int_0^\infty e^{-2x\tau}\,d\tau\right]^{\frac{1}{2}} = \left[\frac{1}{2x}\int_0^\infty |a(\tau)|^2\,d\tau\right]^{\frac{1}{2}} \qquad (4.15)$$

folgt.

Dies bedeutet, daß $A(x+iy)$ eine beschränkte holomorphe Funktion einer komplexen Variablen in jeder Halbebene $x \geq \varepsilon > 0$ ist und daß die Funktion $A(iy)$ in einem gewissen, sehr bestimmten Sinn den Grenzwert einer solchen Funktion darstellt.

Wir wollen

$$u + iv = A(x+iy) \qquad (4.16)$$

setzen, wobei u und v reell sind. Die Werte $x+iy$ werden als (nicht notwendige eindeutige) Funktion von $u+iv$ bestimmt. Diese Funktion wird analytisch sein, wenn auch meromorph, ausgenommen an den Punkten $u+iv$, die zu Punkten $z=x+iy$ mit $\partial A(z)/\partial z = 0$ gehören. Der Rand $x=0$ wird in die Kurve mit der Parametergleichung

$$u + iv = A(iy) \quad (y \text{ reell}) \qquad (4.17)$$

übergehen. Diese neue Kurve wird sich selbst eine Anzahl von Malen schneiden, sie wird jedoch im allgemeinen die Ebene in zwei Bereiche unterteilen. Wir wollen die Kurve nach Gleichung (4.17) betrachten, aufgezeichnet in der Richtung, bei der y von $-\infty$ nach $+\infty$ läuft. Wenn wir dann von der Kurve (4.17) nach rechts gehen und einem stetigen Weg folgen, der die Kurve (4.17) nicht wieder schneidet, kommen wir zu gewissen Punkten. Die Punkte, die weder in dieser Menge liegen noch auf der Kurve (4.17), werden wir *äußere Punkte* nennen. Den Teil der Kurve (Gleichung (4.17)), der Grenzpunkte der äußeren Punkte enthält, werden wir den *effektiven Rand* nennen. Alle anderen Punkte werden *innere Punkte* genannt. So sind in der Abb. 1 — mit im Pfeilsinn gezeichnetem Rand — die inneren Punkte schraffiert und der effektive Rand stärker eingezeichnet.

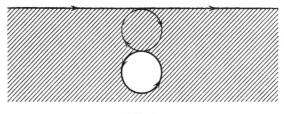

Abb. 1.

Die Bedingungen, daß A in der rechten Halbebene beschränkt ist, zeigt uns dann, *daß der Punkt im Unendlichen kein innerer Punkt sein kann.* Er kann ein Grenzpunkt sein, obgleich es gewisse, sehr bestimmte Einschränkungen bezüglich des Charakters des Grenzpunktes, der er sein kann, gibt. Dies betrifft die »Dichte« der Menge innerer Punkte, die bis ins Unendliche hinausreicht.

Nun kommen wir zur mathematischen Formulierung des Problems der linearen Rückkopplung. Wir wollen das Flußdiagramm — nicht das Leitungsschema — solch eines Systems in Abb. 2 zeigen.

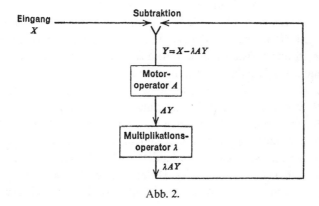

Abb. 2.

Hier ist der Eingang des Motors Y, d. h. die Differenz zwischen dem ursprünglichen Eingang X und dem Ausgang des Multiplikators, der den Energieausgang AY des Motors mit dem Faktor λ multipliziert. Also ist

$$Y = X - \lambda A Y \qquad (4.18)$$

und

$$Y = \frac{X}{1+\lambda A}, \qquad (4.19)$$

so daß der Motorausgang

$$AY = X \frac{A}{1+\lambda A} \qquad (4.20)$$

lautet. Der Operator, der durch den gesamten Rückkopplungsmechanismus erzeugt wird, ist also $A/(1+\lambda A)$. Dieser wird dann und nur dann unendlich, wenn $A = -1/\lambda$ ist. Das Diagramm (Gleichung (4.17)) dieses neuen Operators ist

$$u + iv = \frac{A(iy)}{1+\lambda A(iy)}, \qquad (4.21)$$

und der Punkt ∞ ist dann und nur dann hierfür ein innerer Punkt, wenn $-1/\lambda$ ein innerer Punkt von Gleichung (4.17) *ist.*
In diesem Falle wird eine Rückkopplung mit einem Multiplikator λ gewiß irgend etwas Katastrophales liefern, und tatsächlich wird die Katastrophe die sein, daß das System in ungehemmte und zunehmende Schwingungen gerät. Wenn andererseits der Punkt $-1/\lambda$ ein äußerer Punkt ist, kann gezeigt werden, daß es keine Schwierigkeiten gibt und die Rückkopplung stabil ist. Wenn $-1/\lambda$ auf dem effektiven Rand liegt, ist eine sorgfältigere Diskussion nötig. In den meisten Fällen wird das System in eine Schwingung mit nicht wachsender Amplitude übergehen.

Es ist vielleicht wertvoll, mehrere Operatoren A und Bereiche der Rückkopplung, die bei ihnen zulässig sind, zu betrachten. Wir werden nicht nur die Operationen nach Ausdruck (4.02) betrachten, sondern auch ihre Grenzwerte, indem wir annehmen, daß die gleichen Schlüsse auf sie angewendet werden dürfen.

Wenn der Operator A der Differentiationsoperator ist, wird $A(z) = z$; wenn y von $-\infty$ bis $+\infty$ läuft, verhält sich $A(y)$ genauso, und die inneren Punkte sind die inneren Punkte der rechten Halbebene. Der Punkt $-1/\lambda$ ist immer ein äußerer Punkt, und jeder Grad der Rückkopplung ist möglich. Wenn

$$A(z) = \frac{1}{1+kz} \qquad (4.22)$$

ist, wird die Kurve (4.17) zu

$$u+iv = \frac{1}{1+kiy} \qquad (4.23)$$

oder

$$u = \frac{1}{1+k^2y^2}, \quad v = \frac{-ky}{1+k^2y^2}, \qquad (4.24)$$

was wir als

$$u^2 + v^2 = u \qquad (4.25)$$

schreiben können.
Dies ist ein Kreis mit dem Radius 1/2 und dem Mittelpunkt in (1/2, 0). Er wird im Uhrzeigersinn durchlaufen, und die inneren Punkte sind die gewöhnlichen inneren Punkte des Kreises. Auch in diesem Fall ist die zulässige Rückkopplung unbegrenzt, da $-1/\lambda$ immer außerhalb des Kreises liegt. Das zu diesem Operator gehörende $a(t)$ ist

$$a(t) = e^{-t/k}/k. \qquad (4.26)$$

Wieder sei

$$A(z) = \left(\frac{1}{1+kz}\right)^2, \qquad (4.27)$$

dann lautet die Gleichung (4.17)

$$u+iv = \left(\frac{1}{1+kiy}\right)^2 = \frac{(1-kiy)^2}{(1+k^2y^2)^2} \qquad (4.28)$$

und

$$u = \frac{1-k^2y^2}{(1+k^2y^2)^2}, \quad v = \frac{-2ky}{(1+k^2y^2)^2}. \qquad (4.29)$$

Dies ergibt

$$u^2 + v^2 = \frac{1}{(1+k^2y^2)^2} \qquad (4.30)$$

oder
$$y = \frac{-v}{(u^2+v^2)2k}. \tag{4.31}$$
Dann gilt
$$u = (u^2+v^2)\left[1 - \frac{k^2 v^2}{4k^2(u^2+v^2)^2}\right] = (u^2+v^2) - \frac{v^2}{4(u^2+v^2)}. \tag{4.32}$$

In Polarkoordinaten $u = \varrho \cos\varphi$, $v = \varrho \sin\varphi$ folgt hieraus

$$\varrho \cos\varphi = \varrho^2 - \frac{\sin^2\varphi}{4} = \varrho^2 - \frac{1}{4} + \frac{\cos^2\varphi}{4} \tag{4.33}$$

oder

$$\varrho - \frac{\cos\varphi}{2} = \pm \frac{1}{2}, \tag{4.34}$$

d. h. schließlich

$$\varrho^{\frac{1}{2}} = -\sin\frac{\varphi}{2}, \qquad \varrho^{\frac{1}{2}} = \cos\frac{\varphi}{2}. \tag{4.35}$$

Man kann zeigen, daß diese zwei Gleichungen eine Kurve darstellen, eine Kardioide mit dem unteren Scheitelpunkt im Ursprung des Koordinatensystems und der Spitze nach der rechten Seite zeigend. Das Innere dieser Kurve enthält keinen Punkt der negativen reellen Achse, und wie im vorhergehenden Falle ist die zulässige Verstärkung unbegrenzt. Hier ist der Operator $a(t)$

$$a(t) = \frac{t}{k^2} e^{-t/k}. \tag{4.36}$$

Sei nun

$$A(z) = \left(\frac{1}{1+kz}\right)^3; \tag{4.37}$$

ϱ und φ sollen wie im vorhergegangenen Fall definiert sein. Dann gilt

$$\varrho^{\frac{1}{3}} \cos\frac{\varphi}{3} + i\varrho^{\frac{1}{3}} \sin\frac{\varphi}{3} = \frac{1}{1+kiy}. \tag{4.38}$$

Wie im ersten Fall liefert uns dies

$$\varrho^{\frac{1}{3}}\cos^2\frac{\varphi}{3}+\varrho^{\frac{1}{3}}\sin^2\frac{\varphi}{3}=\varrho^{\frac{1}{3}}\cos\frac{\varphi}{3}, \quad (4.39)$$

d. h.

$$\varrho^{\frac{1}{3}}=\cos\frac{\varphi}{3}, \quad (4.40)$$

also eine Kurve von der Art der Abb. 3. Der schraffierte Bereich stellt die inneren Punkte dar. Jede Rückkopplung mit einem

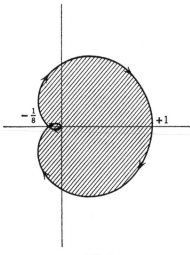

Abb. 3.

Koeffizienten, der 1/8 überschreitet, ist unmöglich. Die entsprechende Größe $a(t)$ ist

$$a(t)=\frac{t^2}{2k^3}e^{-t/k}. \quad (4.41)$$

Schließlich soll unser A entsprechender Operator eine einfache Verzögerung von T Zeiteinheiten sein. Dann gilt

$$A(z)=e^{-Tz} \quad (4.42)$$

und damit

$$u+iv=e^{-Tiy}=\cos Ty-i\sin Ty. \quad (4.43)$$

Die Kurve (4.17) ist der Einheitskreis, im Uhrzeigersinn um den Nullpunkt, mit der Geschwindigkeit 1 durchlaufen. Das Innere dieser Kurve ist das Innere im gewöhnlichen Sinne, und die Grenze des Rückkopplungsgrades ist 1. Es gibt einen sehr interessanten Schluß, der hieraus gezogen werden kann. Es ist möglich, den Operator $1/(1+kz)$ durch eine beliebig große Rückkopplung zu ersetzen, die uns ein beliebig nahe an 1 liegendes $A/(1+\lambda A)$ liefert, und dieses in einem beliebig großen Frequenzbereich. So ist es möglich, drei aufeinanderfolgende Operatoren dieser Art durch drei — oder sogar zwei — aufeinanderfolgende Rückkopplungen zu ersetzen. Es ist jedoch nicht möglich, einen Operator $1/(1+kz)^3$, der das Resultat der Aufeinanderfolge von drei Operatoren $1/(1+kz)$ ist, durch eine einzelne Rückkopplung beliebig genau anzunähern. Der Operator $1/(1+kz)^3$ kann auch in der Form

$$\frac{1}{2k^2}\frac{d^2}{dz^2}\frac{1}{1+kz} \tag{4.44}$$

und als der Grenzwert der additiven Überlagerung dreier Operatoren mit Nennern ersten Grades betrachtet werden. Es scheint so, daß eine Summe von verschiedenen Operatoren, von denen jeder einzelne beliebig gut durch eine einzelne Rückkopplung ersetzt werden kann, selbst nicht so zu ersetzen ist.

In dem wichtigen Buch von MacColl haben wir ein Beispiel eines komplizierten Systems, das durch zwei Rückkopplungen, jedoch nicht durch eine allein, stabilisiert werden kann. Es ist das Steuern eines Schiffes durch einen Kreiselkompaß. Der Winkel zwischen dem Kurs, der durch den Steuermann eingestellt, und dem, der durch den Kompaß angezeigt wird, drückt sich in der Drehung des Ruders aus, welches im Hinblick darauf, daß sich das Schiff vorwärts bewegt, ein Drehmoment erzeugt, welches den Kurs des Schiffes so ändert, daß sich die Differenz zwischen dem eingestellten und dem wirklichen Kurs vermindert. Wenn dies durch ein direktes Öffnen der Ventile der einen und Schließen der Ventile der anderen Steuermaschine so geschieht, daß die Drehgeschwindigkeit des Ruders proportional zur Abweichung des Schiffes vom Kurs ist, so stellen wir fest, daß die Winkellage des Ruders grob genähert proportional dem Drehmoment des Schiffes und damit dessen Winkelbeschleunigung ist. Daher ist der mit einem negativen Faktor multiplizierte Betrag des Drehens des Schiffes proportional zur dritten Ableitung der Kursabweichung, und die Operation, die wir durch die Rückkopplung vom Kreiselkompaß stabilisieren müssen, ist kz^3, wobei k positiv ist. Wir bekommen so für unsere Kurve (4.17)

$$u+iv=-kiy^3, \qquad (4.45)$$

und da die linke Halbebene der innere Bereich ist, wird überhaupt kein Servomechanismus das System stabilisieren können.

In dieser Darstellung haben wir das Steuerungsproblem etwas zu sehr vereinfacht. In Wirklichkeit gibt es einen gewissen Reibungskoeffizienten, und die Kraft, die das Schiff dreht, bestimmt nicht die Beschleunigung. Wenn also θ die Winkelposition des Schiffes ist und φ jene des Ruders in bezug auf das Schiff, so haben wir

$$\frac{d^2\theta}{dt^2}=c_1\varphi-c_2\frac{d\theta}{dt} \qquad (4.46)$$

und

$$u+iv=-k_1iy^3-k_2y^2. \qquad (4.47)$$

Diese Kurve kann geschrieben werden als

$$v^2=-k_3u^3, \qquad (4.48)$$

die immer noch nicht durch irgendeine Rückkopplung stabilisiert werden kann. Wie y von $-\infty$ nach $+\infty$ läuft, läuft u von $+\infty$ nach $-\infty$ und der *innere Bereich* der Kurve liegt auf der linken Seite.

Wenn auf der anderen Seite die *Ruderlage* proportional zur Kursabweichung ist, ist der Operator, der durch die Rückkopplung stabilisiert werden muß, $k_1z^2+k_2z$, und die Gleichung (4.17) wird zu

$$u+iv=-k_1y^2+k_2iy. \qquad (4.49)$$

Diese Kurve kann als

$$v^2=-k_3u \qquad (4.50)$$

geschrieben werden, und in diesem Fall geht v wie y von $-\infty$ bis $+\infty$, und die Kurve wird ebenso von $y=-\infty$ bis $y=\infty$ durchlaufen. Hier ist das *Äußere* der Kurve auf der linken Seite, und ein unbegrenzter Betrag der Verstärkung ist möglich. Um dieses zu erreichen, wollen wir einen anderen Zustand der Rückkopplung benutzen. Wenn wir die Stellung der Ventile der Steuermaschine nicht durch den Unterschied zwischen dem wirklichen und dem gewünschten Kurs regeln, sondern durch die Differenz zwischen dieser Größe und der Winkellage des Ruders, so werden wir die Ruderlage so beliebig genau proportional zur Schiffsabweichung vom wirklichen Kurs halten, wenn wir eine genügend große Rückkopplung zulassen – d. h. wenn wir die Ventile weit genug öffnen. Dieses doppelte Regelungs-Rückkopplungs-System ist tatsächlich das für die automatische Schiffssteuerung mit Hilfe des Kreiselkompasses hauptsächlich angewendete.

Im menschlichen Körper schließt die Bewegung einer Hand oder eines Fingers ein System mit einer großen Anzahl von Gelenken ein. Der Ausgang ist eine additive vektorielle Kombination der Ausgänge all dieser Gelenke. Wir haben gesehen, daß im allgemeinen ein komplexes, additives System wie dieses nicht durch eine einzelne Rückkopplung stabilisiert werden kann. Demgemäß benötigt die willensmäßige Rückkopplung, mit der wir die Durchführung einer Aufgabe durch die Beobachtung des Betrages, zu dem sie noch nicht ausgeführt ist, regeln, die Unterstützung durch andere Rückkopplungen. Diese nennen wir posturale Rückkopplungen; sie sind verknüpft mit der allgemeinen Erhaltung der Spannkraft des Muskelsystems. Es ist die willensmäßige Rückkopplung, die dazu neigt, bei Verletzungen des Kleinhirns zusammenzubrechen oder gestört zu werden, denn der folgende Tremor tritt nicht in Erscheinung, wenn nicht der Patient versucht, eine willensmäßige Aufgabe auszuführen. Dieser Absichtstremor, bei dem der Patient kein Glas Wasser aufnehmen kann, ohne es umzustoßen, ist der Art nach sehr verschieden vom Tremor bei der Parkinsonschen Krankheit oder der *Paralysis agitans*, die in ihrer typischsten Form erscheint, wenn der Patient ruhig ist, und die tatsächlich oft sehr abgeschwächt zu sein scheint, wenn er eine spezielle Aufgabe auszuführen versucht. Es gibt Chirurgen mit der Parkinsonschen Krankheit, die es fertigbringen, sehr wirksam zu operieren. Die Parkinsonsche Krankheit ist dafür bekannt, daß sie ihren Ursprung nicht in einem Krankheitszustand des Kleinhirns hat, sondern mit einem pathologischen Zustand irgendwo im Großhirn verknüpft ist. Dies ist nur eine der Erkrankungen der posturalen Rückkopplungen, und viele von ihnen müssen ihren Ursprung in Defekten sehr verschieden gelagerter Teile des Nervensystems haben. Es ist eine der großen Aufgaben der physiologischen Kybernetik, die verschiedenen Teile des Komplexes der willensmäßigen und der posturalen Rückkopplungen zu entwirren und ihren Sitz zu lokalisieren.

Wenn die Rückkopplung möglich und stabil ist, ist ihr Vorteil, wie wir bereits gesagt haben, daß die Arbeit eines Gerätes weniger abhängig von der Belastung gemacht wird. Wir wollen annehmen, daß die Belastung die Charakteristik A um dA verändert. Die relative Änderung ist dann dA/A. Wenn der Operator nach der Rückkopplung

$$B = \frac{A}{C+A} \qquad (4.51)$$

ist, haben wir

$$\frac{dB}{B} = \frac{-d\left(1+\frac{C}{A}\right)}{1+\frac{C}{A}} = \frac{\frac{C}{A^2}dA}{1+\frac{C}{A}} = \frac{dA}{A}\frac{C}{A+C}. \qquad (4.52)$$

So dient die Rückkopplung dazu, die Abhängigkeit des Systems von der Charakteristik des Motors zu vermindern, und dazu, es zu stabilisieren, und zwar für alle Frequenzen, für die

$$\left|\frac{A+C}{C}\right| > 1 \qquad (4.53)$$

gilt. Das bedeutet, daß die gesamte Grenze zwischen inneren und äußeren Punkten innerhalb des Kreises vom Radius C um den Punkt $-C$ liegen muß. Dies wird nicht einmal im ersten der vorauserörterten Fälle stimmen. Eine starke negative Rückkopplung wird das Zunehmen der Stabilität des Systems — wenn es stabil ist — für niedrige Frequenzen bewirken, jedoch im allgemeinen auf Kosten seiner Stabilität bei höheren Frequenzen. Es gibt viele Fälle, bei denen sogar dieser Grad der Stabilisation vorteilhaft ist.

Eine sehr wichtige Frage, die sich im Zusammenhang mit Schwingungen erhebt, die bei zu starken Rückkopplungen eintreten, ist die nach der Frequenz von sich aufschaukelnden Schwingungen. Diese wird durch den Wert iy bestimmt, der zu dem Randpunkt zwischen Innerem und Äußerem der Kurve (4.17) gehört, der am weitesten links auf der negativen u-Achse liegt. Die Größe y ist natürlich von der Art einer Frequenz. Wir kommen nun zum Schluß der elementaren Erörterung der linearen Schwingungen, vom Standpunkt der Rückkopplung aus untersucht. Ein lineares Schwingungssystem hat gewisse sehr spezielle Eigenschaften, die seine Schwingungen charakterisieren. Eine davon ist, daß, wenn es schwingt, *es ihm immer möglich ist* und im allgemeinen — in Abwesenheit von unabhängigen gleichzeitigen Schwingungen — *es auch* in der Form

$$A \sin (Bt + C) e^{Dt} \qquad (4.54)$$

oszillieren wird. Die Existenz einer periodischen nicht-sinusförmigen Schwingung schließt immer wenigstens die Vermutung ein, daß die beobachtete Variable eine solche ist, für die das System nichtlinear wirkt. In einigen, jedoch sehr wenigen Fällen kann das System durch eine neue Wahl der unabhängigen Variablen linearisiert werden.

Ein anderer, sehr wichtiger Unterschied zwischen linearen und nichtlinearen Schwingungen ist, daß bei den ersten die Schwingungsamplitude vollkommen von der Frequenz unabhängig ist, während es bei den zweiten im allgemeinen nur eine Amplitude oder höchstens eine diskrete Menge von Amplituden gibt, für die das System mit einer bestimmten Frequenz schwingen kann, analog wie eine diskrete Menge von Frequenzen, für die das System überhaupt schwingt. Dies wird gut veranschaulicht durch die Untersuchung dessen, was in einer Orgelpfeife vor sich geht. Es gibt zwei Theorien der Orgelpfeife — eine grobere lineare

Theorie und eine genauere nichtlineare Theorie. In der ersten wird die Orgelpfeife als konservatives System behandelt. Keine Frage wird danach gestellt, wie die Pfeife zum Schwingen kommt, und der Betrag der Schwingung ist vollkommen unbestimmt. In der zweiten Theorie wird die Schwingung der Orgelpfeife als Energiestreuung betrachtet, und von dieser Energie wird angenommen, daß sie ihren Ursprung in dem Luftstrom über die Lippe der Pfeife hinweg hat. Es gibt tatsächlich eine theoretische stationäre Luftströmung über die Pfeifenlippe, die keine Energie mit irgendeiner der Schwingungsformen der Pfeife austauscht, aber für gewisse Geschwindigkeiten des Luftstromes ist dieser stationäre Zustand instabil. Die kleinste, gelegentliche Abweichung von ihm wird einen Energieübergang in eine oder mehrere der natürlichen linearen Schwingungsformen der Pfeife liefern, und diese Bewegung wird — bis zu einem gewissen Punkt — wirklich die Kopplung der exakten Schwingungsformen der Pfeife mit dem Energieeingang anwachsen lassen. Der Energieeingang und der Energieausgang durch thermische Übergänge und ähnliches haben verschiedene Wachstumsgesetze, um jedoch zu einem stationären Schwingungszustand zu kommen, müssen diese beiden Größen identisch sein. So ist die Amplitude der nichtlinearen Schwingung ebenso fest bestimmt wie ihre Frequenz.

Der Fall, den wir untersucht haben, ist ein Beispiel dessen, was als Kippschwingung bezeichnet wird. Ein Fall, in dem ein System von Gleichungen, das invariant gegen eine zeitliche Translation ist, eine zeitlich periodische Lösung hat — oder eine, die in irgendeinem verallgemeinerten Sinn periodisch ist — und deren Amplitude und Frequenz bestimmt ist, jedoch nicht die Phase. In dem Fall, den wir erörtert haben, liegt die Schwingungsfrequenz des Systems nahe bei der irgendeines lose gekoppelten, nahezu linearen Teiles des Systems. B. van der Pol, eine der Hauptautoritäten auf dem Gebiet der Kippschwingungen, hat gezeigt, daß dies nicht immer der Fall ist und daß es tatsächlich Kippschwingungen gibt, bei denen die vorherrschende Frequenz nicht nahe der Frequenz linearer Schwingung irgendeines Teiles des Systems liegt. Ein Beispiel wird durch einen Gasstrom gegeben, der in eine zur Atmosphäre offene Kammer fließt, in der eine Zündflamme brennt:

Wenn die Gaskonzentration in der Luft einen bestimmten kritischen Wert erreicht, ist das System bereit, durch die Zündung aus der Zündflamme zu explodieren, und die Zeit, die zur Erreichung des kritischen Wertes notwendig ist, hängt nur von der Strömungsgeschwindigkeit des Leuchtgases, der Geschwindigkeit, mit der Luft eindringt und die Verbrennungsprodukte ausströmen, und der prozentualen Zusammensetzung eines explosiven Gemisches aus Leuchtgas und Luft ab.

Im allgemeinen sind nichtlineare Gleichungssysteme schwer zu lösen. Es gibt jedoch einen speziell zu behandelnden Fall, in dem das System nur wenig von einem linearen System abweicht und die Ausdrücke, die es davon unterscheiden, sich so langsam ändern, daß sie im wesentlichen über eine Schwingungsperiode als konstant angesehen werden können. In diesem Fall können wir das nichtlineare System als lineares System mit langsam variierenden Parametern betrachten. Systeme, die in dieser Art untersucht werden können, werden als gestörte oder säkulargestörte Systeme bezeichnet, und die Theorie der säkulargestörten Systeme spielt eine überaus wichtige Rolle in der Gravitationsastronomie.

Es ist gut möglich, daß irgendeiner der physiologischen Tremores etwa ähnlich wie die gestörten linearen Systeme behandelt werden kann. Wir können in solch einem System ganz deutlich sehen, warum das stationäre Amplitudenniveau ebenso bestimmt sein darf wie die Frequenz. Sei ein Element solches Systems ein Verstärker, dessen Verstärkung so abnimmt, wie irgendein langzeitlicher Mittelwert des Einganges des Systems zunimmt. Wenn sich dann die Schwingung des Systems aufbaut, kann die Verstärkung reduziert werden, bis ein Gleichgewichtszustand erreicht wird.

Nichtlineare Systeme von Kippschwingungen wurden in einigen Fällen mit Methoden untersucht, die von Hill und Poincaré[35] stammen. Die klassischen Fälle für die Untersuchung solcher Schwingungen sind die, bei welchen die Gleichungen des Systems von anderer Art sind, speziell wo diese Differentialgleichungen von niederer Ordnung sind. Soweit mir bekannt ist, gibt es keine irgend vergleichbare, angemessene Untersuchung der entsprechen-

---

[35] *Poincaré, H.*, Les Méthodes Nouvelles de la Mécanique Céleste, Gauthier-Villars et fils, Paris 1892—1899.

den Integralgleichungen, wenn das System für sein zukünftiges Verhalten von dem gesamten vergangenen Verhalten abhängt. Es ist jedoch nicht schwer, in groben Zügen die Form zu skizzieren, die eine solche Theorie haben würde, besonders wenn wir nur periodische Lösungen erwarten. In diesem Falle sollte die leichte Abänderung der Konstanten der Gleichung zu einer schwachen, und deshalb nahezu linearen Änderung der Bewegungsgleichungen führen. Es soll z. B. $Op[f(t)]$ eine Funktion von t sein, die aus einer nichtlinearen Operation auf $f(t)$ resultiert und durch eine Translation beeinflußt wird. Dann ist die Variation von $Op[f(t)]$, $\delta Op[f(t)]$, die zu einer Variation $\delta f(t)$ von $f(t)$ und einer bekannten Änderung der Dynamik des Systems gehört, linear, aber nicht homogen in $\delta f(t)$, obgleich nichtlinear in $f(t)$. Wenn wir jetzt eine Lösung $f(t)$ von

$$Op[f(t)] = 0 \qquad (4.55)$$

kennen und die Dynamik des Systems ändern, erhalten wir eine lineare, inhomogene Gleichung für $\delta f(t)$. Wenn

$$f(t) = \sum_{-\infty}^{\infty} a_n e^{in\lambda t} \qquad (4.56)$$

gilt und $f(t) + \delta f(t)$ auch periodisch ist, von der Form

$$f(t) + \delta f(t) = \sum_{-\infty}^{\infty} (a_n + \delta a_n) e^{in(\lambda + \delta\lambda)t} \qquad (4.57)$$

dann ist

$$\delta f(t) = \sum_{-\infty}^{\infty} \delta a_n e^{i\lambda nt} + \sum_{-\infty}^{\infty} a_n e^{i\lambda nt} in\delta\lambda t. \qquad (4.58)$$

Die linearen Gleichungen für $\delta f(t)$ werden alle Koeffizienten besitzen, die in Reihen nach $e^{i\lambda nt}$ entwickelt werden können, da ja $f(t)$ selbst in dieser Form entwickelt werden kann. Wir werden also ein unendliches System linearer, inhomogener Gleichungen in $\delta a_n + a_n$, $\delta\lambda$ und λ erhalten, und dieses Gleichungssystem kann mit den Methoden von Hill lösbar sein. In diesem Fall ist es mindestens begreiflich, daß, wenn mit einer linearen (inhomogenen) Gleichung begonnen wird und allmählich die Einschränkungen beseitigt werden, man zu einer Lösung sehr allgemeinen Typs des nichtlinearen Problems der Kippschwingungen gelangen kann. Diese Arbeit liegt jedoch in der Zukunft.

Bis zu einem gewissen Grade sind die Rückkopplungssysteme der Regelungen, die in diesem Kapitel, und die Kompensationssysteme, die im vorigen Kapitel erörtert wurden, Konkurrenten. Sie dienen beide dazu, die komplizierten Eingangs-Ausgangs-Beziehungen eines Effektors in eine einfache Proportionalität annähernde Form zu bringen. Das Rückkopplungssystem tut − wie wir gesehen haben − mehr als das und arbeitet relativ unabhängig von der Charakteristik und den Charakteristikveränderungen des benutzten Effektors. Die relative Brauchbarkeit der beiden Regelmethoden hängt so von der Konstanz der Effektorcharakteristik ab. Es ist natürlich anzunehmen, daß sich Fälle ergeben, in denen es vorteilhaft ist, diese zwei Methoden zu kombinieren. Es gibt verschiedene Wege, dies zu tun. Einer der einfachsten ist im Schema der Abb. 4 dargestellt.

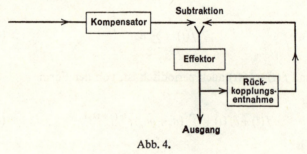

Abb. 4.

In diesem kann das gesamte Rückkopplungssystem als ein größerer Effektor betrachtet werden, und es tritt kein neuer Gesichtspunkt auf, ausgenommen, daß der Kompensator dazu be-

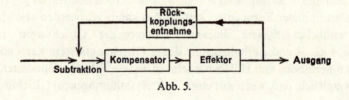

Abb. 5.

stimmt werden muß, das auszugleichen, was in irgendeinem Sinn der Mittelwert der Charakteristik des Rückkopplungssystems ist. Eine andere Art der Anordnung wird in der Abb. 5 gezeigt. Hier sind der Kompensator und der Effektor zu einem größeren Effektor zusammengefaßt. Diese Veränderung wird im allgemeinen die maximal zulässige Rückkopplung ändern, und es ist nicht leicht zu sehen, wie normalerweise dieser Betrag hinreichend groß gemacht wird. Auf der anderen Seite wird sie beim selben Rückkopplungsgrad sehr stark die Arbeitsweise des Systems verbessern. Wenn z. B. der Effektor eine im wesentlichen nacheilende Charakteristik hat, wird der Kompensator ein Voreilgerät oder ein Prädiktor sein, der für die statistische Gesamtheit der Eingänge konstruiert ist. Unsere Rückkopplung, die wir eine Voreilrückkopplung nennen können, wird die Wirkung des Effektormechanismus zu beschleunigen versuchen.

Rückkopplungen dieses allgemeinen Typs werden sicher in menschlichen und tierischen Reflexen gefunden. Wenn wir auf die Entenjagd gehen, ist der Fehler, den wir zu einem Minimum zu machen versuchen, nicht derjenige zwischen der Richtung der Flinte und dem wirklichen Ort des Zieles, sondern der zwischen der Richtung der Flinte und dem vorweggenommenen Ort des Zieles. Jedes System der Luftabwehrfeuerleitung muß auf das gleiche Problem stoßen. Die Bedingungen der Stabilität und Wirksamkeit der Voreilrückkopplungen benötigen eine gründlichere Erörterung, als sie bis jetzt erfuhren.

Eine andere interessante Variante der Rückkopplungssysteme ist von der Art, wie wir ein Auto auf einer vereisten Straße steuern. Unser gesamtes Verhalten beim Lenken hängt von der Kenntnis der Glätte der Straßenoberfläche ab, d. h. von einer Kenntnis der Arbeitscharakteristik des Systems Wagen-Straße. Wenn wir diese mit Hilfe der gewöhnlichen Aktion des Systems herausfinden wollen, werden wir uns im Rutschen befinden, ehe wir es merken. Wir geben daher dem Steuerrad eine Folge kleiner, schneller Impulse, nicht groß genug, um den Wagen in ein allgemeines Schleudern zu bringen, sondern gerade groß genug, um unserem kinästhetischen Sinn zu berichten, ob der Wagen in der Gefahr des Rutschens ist. Wir richten dann unsere Lenkmethode entsprechend ein.

Diese Regelungsart, die wir *Regelung durch informative Rückkopplung* nennen können, ist nicht schwierig in mechanische Form zu schematisieren und kann wert sein, praktisch benutzt zu werden. Wir haben einen Kompensator für unseren Effektor, und dieser Kompensator besitzt eine Charakteristik, die von außen variiert werden kann. Wir überlagern der hereinkommenden Nachricht einen schwachen, hochfrequenten Eingang und beobachten am Ausgang des Effektors einen Teilausgang der gleichen Frequenz, vom Rest des Ausgangs durch ein geeignetes Filter getrennt. Wir erforschen die Amplituden-Phasen-Beziehungen des Hochfrequenzausganges zum Eingang, um die Arbeitscharakteristik des Effektors zu erhalten. Auf dieser Basis ändern wir im angemessenen Sinne die Charakteristik des Kompensators. Das Flußdiagramm des Systems ist sehr ähnlich dem Schema der Abb. 6.

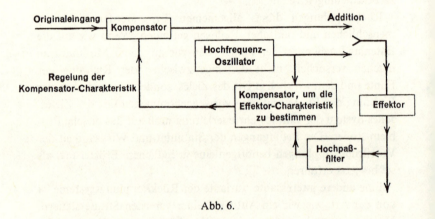

Abb. 6.

Die Vorteile dieser Rückkopplungsart sind, daß der Kompensator so eingestellt werden kann, daß für jede Art konstanter Belastung Stabilität herrscht und daß, wenn sich die Charakteristik der Belastung im Vergleich mit den Änderungen des ursprünglichen Einganges langsam genug – in der, wie wir es genannt haben, Art der Säkularstörungen – ändert und wenn die Ablesungen der Belastungsbedingungen genau sind, das System keine Neigung hat, in Schwingungen überzugehen. Es gibt sehr viele Fälle, wo die Änderung der Belastung von der Art der Säkularstörungen ist, z. B.

ist die Reibungsbelastung eines Geschützturmes abhängig von der Viskosität des Schmierfettes und diese wieder von der Temperatur, aber diese Viskosität wird sich bei wenigen Drehbewegungen des Geschützturmes nicht merklich ändern.

Selbstverständlich wird diese informative Rückkopplung nur gut arbeiten, wenn die Charakteristik der Belastung bei hohen Frequenzen die gleiche ist wie bei niedrigen Frequenzen oder aber ein gutes Bild ihrer niederfrequenten Charakteristik gibt. Dies wird oft der Fall sein, wenn die Charakteristik der Belastung und daher des Effektors eine relativ kleine Anzahl variabler Parameter enthält.

Diese informative Rückkopplung und die Beispiele von Rückkopplung mit Kompensatoren, die wir gegeben haben, sind nur Spezialfälle einer sehr komplizierten Theorie, einer Theorie, die noch unvollständig ist. Das ganze Gebiet ist einer sehr schnellen Entwicklung unterworfen und verdient in naher Zukunft viel mehr Beachtung.

Bevor wir dieses Kapitel beenden, dürfen wir eine andere wichtige physiologische Anwendung des Rückkopplungsprinzips nicht vergessen. Eine große Gruppe von Fällen, in denen irgendeine Art von Rückkopplung nicht nur als Beispiel physiologischer Phänomene angesehen wird, sondern für die Fortdauer des Lebens wesentlich ist, wird im Komplex der sogenannten *Homöostase* gefunden. Die Bedingungen, unter denen Leben, besonders gesundes Leben in den höheren Tieren, fortdauern kann, sind sehr eng. Eine Schwankung der Körpertemperatur um ein halbes Grad ist im allgemeinen ein Krankheitszeichen, und eine dauernde Veränderung um 5 Grad ist mit dem Leben nicht zu vereinbaren. Der osmotische Druck des Blutes und seine Wasserstoffionenkonzentration muß in engen Grenzen gehalten werden. Die Zerfallsprodukte des Körpers müssen ausgeschieden werden, bevor sie zu giftigen Konzentrationen gelangen. Außerdem müssen unsere Leukozyten und unsere chemischen Abwehrstoffe gegen Infektionen in angemessenen Mengen vorhanden sein; unsere Herzfrequenz und unser Blutdruck dürfen weder zu hoch noch zu niedrig sein. Unser Sexualzyklus muß mit den Notwendigkeiten der Arterhaltung konform gehen, unser Kalziumstoffwechsel darf weder so niedrig sein, daß unsere Knochen erweichen, noch so hoch, daß unsere Gewebe verkalken usw. Kurz, unser innerer Haushalt muß eine Menge von Thermostaten, automatischen Reglern für Wasserstoffionenkonzentration, mechanischen Steuerorganen und ähnlichem enthalten, die für ein großes chemisches Werk angemessen wäre. Diese insgesamt sind als unser homöostatischer Mechanismus bekannt.

Unsere homöostatischen Rückkopplungen weisen einen allgemeinen Unterschied gegenüber unseren willensmäßigen und posturalen Rückkopplungen auf. Sie tendieren dahin, langsamer zu sein. Es gibt sehr wenige Veränderungen der physiologischen Homöostase — nicht einmal die cerebrale Anämie —, die ernste oder dauernde Schäden in einem Bruchteil einer Sekunde erzeugen. Demgemäß sind die Nervenfasern, die für die homöostatischen Prozesse reserviert sind — die sympathischen und parasympathischen Systeme —, oft ohne Myelinhülle und dafür bekannt, daß sie beträchtlich langsamer übertragen als die Fasern mit Myelinhülle. Die typischen Effektoren der Homöostase — glatte Muskeln und Drüsen — sind in ähnlicher Weise langsam in ihrer Wirkung, verglichen mit gestreiften Muskeln, den typischen Effektoren der willentlichen und posturalen Aktivität. Viele der Nachrichten des homöostatischen Systems werden in nichtnervlichen Bahnen weitergeleitet — durch die direkte Anastomose der Muskelfasern des Herzens oder durch chemische Nachrichtenübermittler, wie z. B. die Hormone, den Kohlendioxydgehalt des Blutes usw., und außer im Fall des Herzmuskels sind diese im allgemeinen langsamere Übertragungsarten als Nervenfasern mit Myelinhülle.

Jedes vollständige Lehrbuch über Kybernetik sollte eine sorgfältige, detaillierte Erörterung der homöostatischen Prozesse enthalten, von denen viele Einzelfälle in der Literatur[36] ausführlich besprochen wurden. Das vorliegende Buch ist jedoch eine Einführung in das Sachgebiet und nicht ein umfangreiches Lehrbuch, und die Theorie der homöostatischen Prozesse erfordert eine so detaillierte Kenntnis der allgemeinen Physiologie, daß sie hier nicht am Platze ist.

---

[36] *Cannon, W.*, The Wisdom of the Body, W. W. Norton & Company, Inc. New York 1932; *Henderson, L. J.*, The Fitness of the Environment, The Macmillan Company, New York 1913.

V

RECHENMASCHINEN UND DAS NERVENSYSTEM

Rechenmaschinen sind im wesentlichen Maschinen, die Zahlen aufzeichnen, mit Zahlen operieren und Resultate in numerischer Form liefern. Ein sehr beträchtlicher Teil ihrer Kosten, sowohl an Geld als auch an Entwicklungsaufwand, ist für das einfache Problem des Aufzeichnens von Zahlen in klarer und genauer Form notwendig. Die einfachste Methode hierfür scheint die mit einer gleichförmigen Skala und mit einem Zeiger irgendeiner Art, der sich über ihr bewegt, zu sein. Wenn wir eine Zahl mit einer Genauigkeit von $1/n$ aufzeichnen wollen, dann müssen wir uns überzeugen, daß der Zeiger in jedem Bereich der Skala die gewünschte Stellung mit dieser Genauigkeit einnimmt, d. h., für einen Informationsgehalt $\log_2 n$ müssen wir jeden Teil der Zeigerbewegung mit diesem Genauigkeitsgrad beenden, und der Aufwand wird von der Form An sein, wobei A sich nicht viel von einer Konstanten unterscheidet. Genauer ausgedrückt, wenn $n-1$ Bereiche genau eingeteilt sind, ist der übrigbleibende Bereich ebenso genau bestimmt, der Aufwand für das Aufzeichnen eines Betrages der Information I ist ungefähr

$$(2^I - 1)A. \qquad (5.01)$$

Wir wollen diese Information auf zwei Skalen verteilen, die beide weniger genau eingeteilt sind. Der Aufwand für das Aufzeichnen dieser Information ist ungefähr

$$2(2^{I/2} - 1)A. \qquad (5.02)$$

Wenn die Information auf N Skalen aufgeteilt wird, so wird der Aufwand etwa

$$N(2^{I/N} - 1)A. \qquad (5.03)$$

Dies ist ein Minimum, wenn

$$2^{I/N} - 1 = \frac{I}{N} 2^{I/N} \log 2 \qquad (5.04)$$

gilt oder — wenn wir

$$\frac{I}{N} \log 2 = x \qquad (5.05)$$

setzen —, wenn

$$x = \frac{e^x - 1}{e^x} = 1 - e^{-x} \qquad (5.06)$$

ist. Dies ist dann und nur dann der Fall, wenn $x = 0$ oder $N = \infty$ ist. N sollte also so groß wie möglich sein, um die kleinsten Kosten für das Speichern der Information zu ergeben. Wir wollen uns erinnern, daß $2^{I/N}$ eine ganze Zahl sein muß und daß 1 kein interessanter Wert ist, da wir dann eine unendliche Anzahl von Skalen haben, die alle keine Information enthalten. Der beste Wert für $2^{I/N}$ ist 2, hier zeichnen wir unsere Zahl auf eine Anzahl unabhängiger Skalen auf, die alle in zwei gleiche Teile eingeteilt sind. Mit anderen Worten, wir stellen unsere Zahlen im binären System auf einer Anzahl von Skalen dar, von denen alles, was wir wissen, ist, daß eine bestimmte Größe in der einen oder der anderen Hälfte der Skala liegt, und bei denen die Wahrscheinlichkeit, nicht genau zu wissen, in welcher Hälfte der Skala die gemachte Beobachtung liegt, verschwindend klein wird. Mit anderen Worten, wir stellen eine Zahl v in der Form

$$v = v_0 + \frac{1}{2} v_1 + \frac{1}{2^2} v_2 + \cdots + \frac{1}{2^n} v_n + \cdots \qquad (5.07)$$

dar, wobei jedes v_n entweder 1 oder 0 ist.

Es existieren gegenwärtig zwei große Typen von Rechenmaschinen, solche, wie der Differentialanalysator[37] von Bush, die als *Analogrechner* bekannt sind und bei denen die Daten durch Messungen auf einer kontinuierlichen Skala dargestellt werden, so daß die Genauigkeit der Maschine durch die Genauigkeit der Skalenkonstruktion bestimmt wird, und solche, wie die gewöhnliche

---

[37] Journal of the Franklin Institute, verschiedene Aufsätze seit 1930.

Tisch-Addier- und Multipliziermaschine, die wir *Digitalrechner* nennen und bei denen die Daten durch eine Anzahl von Auswahlen aus einer Menge von Möglichkeiten dargestellt werden. Die Genauigkeit wird bestimmt von der Schärfe, mit der die Möglichkeiten unterschieden sind; durch die Zahl von alternativen Möglichkeiten, die bei jeder Wahl dargeboten werden, und durch die Anzahl von gegebenen Auswahlen. Wir sehen, daß für äußerst genaue Arbeiten auf jeden Fall die Digitalrechner vorzuziehen sind und vor allem jene Digitalrechner, die nach dem binären Zahlensystem arbeiten, in denen also die Anzahl der Alternativen, die bei jeder Auswahl dargeboten werden, gleich 2 ist. Unsere Verwendung von Maschinen mit dem Dezimalzahlensystem ist lediglich durch den historischen Zufall bedingt, daß die Basis 10, die auf der Anzahl unserer Finger basiert, bereits im Gebrauch war, als die Hindus die große Entdeckung der Wichtigkeit der Null und des Vorteiles eines Stellungssystems der Aufzeichnung machten. Es ist gut, es beizubehalten, wenn ein großer Teil der Arbeit, die mit Hilfe der Maschine getan wird, im Umschreiben in die Maschinenzahlen in der konventionellen Dezimalform besteht und im Herausschreiben der Maschinenzahlen, die in derselben konventionellen Form geschrieben werden müssen.

Tatsächlich ist dies bei den gewöhnlichen Tischrechenmaschinen, wie sie in Banken, Büros und in vielen statistischen Instituten benutzt werden, üblich. Das heißt nicht, daß die größeren und mehr automatisierten Maschinen am besten auszunutzen sind; im allgemeinen wird jede Rechenmaschine benutzt, weil Maschinenmethoden schneller als Handmethoden sind. Bei jedem kombinierten Gebrauch von Rechenhilfsmitteln bestimmt, wie bei jeder Kombination von chemischen Reaktionen, das langsamste die Größenordnung der Zeitkonstanten des gesamten Systems. Es ist also vorteilhaft, soweit als möglich das menschliche Element aus einer Kette von Rechnungen zu entfernen und es nur einzusetzen, wo es absolut unvermeidbar ist, nämlich ganz am Anfang und ganz am Schluß. Unter diesen Umständen macht es sich bezahlt, ein Instrument für die Transformation der Zahlenbasis zu haben, das am Anfang und am Ende der Kette der Rechenoperationen benutzt wird, um alle dazwischenliegenden Prozesse binär durchzuführen.

Die ideale Rechenmaschine muß dann alle ihre Daten am Anfang eingegeben haben und muß bis ganz zum Schluß von menschlicher Einwirkung so frei wie möglich sein. Dies bedeutet, daß nicht nur die numerischen Daten am Anfang eingegeben werden müssen, sondern auch alle Verknüpfungsregeln für sie in der Form von Anweisungen, die jede Situation einschließen, die sich im Laufe der Rechnung ergibt. So muß die Rechenmaschine ebenso eine logische wie eine arithmetische Maschine sein und muß Möglichkeiten in Übereinstimmung mit einem systematischen Algorithmus kombinieren. Während es viele Algorithmen gibt, die dazu benutzt werden können, Möglichkeiten zu kombinieren, ist ihre einfachste als die logische Algebra *par excellence* oder als Boolesche Algebra bekannt. Dieser Algorithmus ist wie die binäre Arithmetik auf der Dichotomie zwischen *Ja* und *Nein* begründet, auf der Wahl, innerhalb oder außerhalb einer Klasse zu liegen. Die Gründe ihrer Überlegenheit über andere Systeme sind von der gleichen Art wie die Gründe für die Überlegenheit der binären Arithmetik über andere Arithmetiken.

So sind alle die Daten, numerische oder logische, die in die Maschine eingegeben werden, in der Form einer Anzahl von Auswahlen zwischen zwei Alternativen, und alle Operationen mit den Daten nehmen die Form der Bildung einer neuen Menge von Auswahlen abhängig von einer Menge von alten Auswahlen an. Wenn ich zwei einzifferige Zahlen A und B addiere, erhalte ich eine zweistellige Zahl, die mit 1 beginnt, wenn A und B beide 1 sind, andernfalls mit 0. Die zweite Stelle ist 1, wenn $A \neq B$ ist, und andernfalls 0. Die Addition von mehrstelligen Zahlen folgt ähnlichen, aber komplizierteren Regeln. Die Multiplikation im binären System kann, wie im dezimalen System, auf die Multiplikationstafel und die Addition von Zahlen zurückgeführt werden, und die Regeln für die Multiplikation für binäre Zahlen nimmt die überraschend einfache Form an, die durch die Tabelle

×	0	1
0	0	0
1	0	1

(5.08)

gegeben ist. So ist die Multiplikation einfach eine Methode, eine Menge neuer Ziffern zu bestimmen, wenn alte Ziffern gegeben sind.

Wenn, von der logischen Seite her betrachtet, O eine negative und I eine positive Entscheidung ist, kann jeder Operator von drei Operationen abgeleitet werden: der *Negation*, die I in O überführt und O in I; der *logischen Addition* mit der Tabelle

$$\begin{array}{c|cc} \oplus & O & I \\ \hline O & O & I \\ I & I & I \end{array} \quad (5.09)$$

und der *logischen Multiplikation* mit der gleichen Tabelle wie die numerische Multiplikation des Binärsystems, nämlich

$$\begin{array}{c|cc} \odot & O & I \\ \hline O & O & O \\ I & O & I \end{array} \quad (5.10)$$

Das bedeutet, daß jede Möglichkeit, die während der Operation der Maschine eintreten kann, einfach eine neue Menge von Auswahlen der Möglichkeiten 1 und 0 bestimmt, die nach einer festen Menge von Regeln von den bereits gefällten Entscheidungen abhängt. Mit anderen Worten ist die Struktur der Maschine jene einer Reihe von Relais, die in der Lage sind, zwei Stellungen, z. B. »Ein« und »Aus«, anzunehmen, wobei in jedem Zustand der Rechnung jedes Relais eine Stellung einnimmt, die von den Stellungen eines oder aller Relais der Reihe in einem früheren Zustand der Operation bestimmt wird. Diese Operationsstadien können von irgendeinem zentralen Taktgeber oder von mehreren vollständig getaktet werden, oder die Schaltung jedes Relais kann aufgehalten werden, bis alle Relais, die im Prozeß früher geschaltet haben sollten, alle verlangten Schritte durchlaufen haben.

Die in einer Rechenmaschine benutzten Relais können von sehr verschiedenem Charakter sein. Sie können rein mechanisch oder elektromechanisch sein wie im Fall eines Magnetspulenrelais, das in einer von zwei möglichen Gleichgewichtsstellungen bleibt, bis ein geeigneter Impuls es zur anderen Seite zieht. Sie können rein elektronische Systeme mit zwei alternativen Gleichgewichtsstellungen sein, entweder in Form gasgefüllter Röhren oder, was viel schneller arbeitet, in Form von Hochvakuumröhren. Die zwei möglichen Zustände eines Relaissystems können beide bei Abwesenheit äußerer Eingriffe stabil sein, oder nur einer kann stabil sein, während der andere vorübergehend ist. Es wird im zweiten Fall immer und allgemein auch im ersten Falle, wünschenswert sein, spezielle Einrichtungen zu haben, die einen Impuls verzögern, der erst zu irgendeiner zukünftigen Zeit wirken soll, und das »Verschlucken« des Systems zu vermeiden, das sich ergibt, wenn nur eines der Relais diesen in unbestimmter Weise wiederholt. Wir werden jedoch später mehr bezüglich dieser Frage des Gedächtnisses zu sagen haben.

Es ist eine erwähnenswerte Tatsache, daß menschliche und tierische Nervensysteme, von denen man weiß, daß sie in der Lage sind, die Arbeit eines Rechensystems durchzuführen, Elemente enthalten, die ideal als Relais wirken. Diese Elemente sind die sogenannten *Neuronen* oder *Nervenzellen*. Während sie ziemlich komplizierte Eigenschaften unter dem Einfluß elektrischer Ströme zeigen, ähneln sie in ihrer normalen physiologischen Wirkung sehr stark dem »Alles-oder-Nichts«-Prinzip, d. h., sie sind entweder in Ruhe oder, wenn sie »zünden«, durchlaufen sie eine Reihe von Änderungen, die fast unabhängig von der Art und Intensität des Reizes sind. Es gibt zuerst eine aktive Phase, die mit endlicher Geschwindigkeit von einem Ende des Neurons zum anderen geleitet wird, auf die eine Totzeit oder Refraktärzeit folgt, während der das Neuron entweder nicht gereizt werden kann oder auf jeden Fall nicht durch irgendeinen normalen physiologischen Prozeß gereizt werden kann. Am Ende dieser effektiven Totzeit bleibt der Nerv inaktiv, kann jedoch wieder zur Aktivität gereizt werden.

So kann der Nerv als Relais mit genau zwei Zuständen der Aktivität angesehen werden: Zündung und Ruhe. Wenn wir jene Neuronen beiseite lassen, die ihre Nachrichten von freien Enden oder sensorischen Endorganen empfangen, wird in jedes Neuron seine Nachricht, die es von anderen Neuronen erhält, an Kontaktpunkten hineingeleitet, die als *Synapsen* bekannt sind. Für ein gegebenes, nach außen gehendes Neuron variieren diese der Anzahl nach von sehr wenigen bis zu vielen Hunderten. Der Zustand der eintretenden Impulse an den verschiedenen Synapsen, zusammen mit dem vorhergehenden Zustand des austretenden Neurons selbst, bestimmt, ob es zünden wird oder nicht. Wenn es weder gezündet hat noch in der Refraktärzeit ist und die Anzahl der eintretenden Synapsen, die innerhalb eines sehr kurzen gemeinsamen Zeitintervalls »zünden«, eine gewisse Schwelle überschreitet, wird das Neuron nach einer bekannten, nahezu konstanten synaptischen Verzögerung zünden.

Dies ist vielleicht eine zu weit gehende Vereinfachung des Bildes: die »Schwelle« muß nicht nur von der Anzahl der Synapsen abhängen, sondern kann von ihrem »Gewicht« und ihren geometrischen Beziehungen untereinander in bezug auf das Neuron, in das sie münden, abhängen; es gibt einen sehr überzeugenden Beweis, daß Synapsen verschiedener Art existieren, die sogenannten »inhibitorischen Synapsen«, die entweder das Zünden des nach außen gehenden Neurons vollkommen verhindern oder auf jeden Fall dessen Schwelle für die Reizung durch die gewöhnlichen Synapsen vergrößern. Sehr klar ist jedoch, daß einige bestimmte Impulskombinationen an den eintretenden Neuronen, die mit einem gegebenen Neuron synaptische Verbindungen haben, es zum Zünden veranlassen werden, während andere dieses nicht tun. Dies soll nicht heißen, daß es keine anderen, nichtneuronischen Einflüsse gibt — vielleicht humoraler Art —, die langsame Veränderungen verursachen, darauf hinzielend, die Struktur der eintretenden Impulse, die zur Zündung führt, zu verändern.

Eine sehr wichtige Funktion des Nervensystems und, wie wir gesagt haben, eine Funktion, die in gleicher Weise den Erfordernissen der Rechenmaschine gerecht wird, ist die des *Gedächtnisses*, der Fähigkeit, die Ergebnisse vergangener Operationen für die Benutzung in der Zukunft zu speichern. Man wird sehen, daß die Anwendungen des Gedächtnisses sehr verschieden sind, und es ist sehr unwahrscheinlich, daß irgendein einzelner Mechanismus alle ihre Forderungen erfüllen kann. Da ist zuerst das Gedächtnis, das zur Durchführung eines laufenden Prozesses notwendig ist, wie

z. B. für die Multiplikation, bei der die Zwischenresultate wertlos sind, wenn der Prozeß einmal ausgeführt ist, und bei der der Operationsmechanismus dann für den weiteren Gebrauch freigegeben werden soll. Ein solches Gedächtnis soll schnell aufzeichnen, schnell lesen und schnell gelöscht werden. Auf der anderen Seite gibt es das Gedächtnis, das ein Teil der Listen, der ständigen Aufzeichnungen der Maschine oder des Gehirns sein soll und das zur Grundlage des ganzen zukünftigen Verhaltens, wenigstens während eines einzigen Laufes der Maschine, beitragen soll. Nebenbei sei erwähnt, daß ein bedeutender Unterschied zwischen der Art, in der wir das Gehirn und die Maschine benutzen, der ist, daß die Maschine für viele aufeinanderfolgende Operationen geplant ist, die entweder ohne Beziehung zueinander sind oder mit einer minimalen begrenzten Beziehung, und daß sie zwischen solchen Operationen gelöscht werden kann, während das Gehirn im natürlichen Ablauf nicht einmal annäherungsweise seine vergangenen Aufzeichnungen löscht. So ist das Gehirn unter normalen Umständen nicht das vollkommene Analogon der Rechenmaschine, sondern eher das Analogon eines einzelnen Laufes solcher Maschine. Wir werden später sehen, daß diese Bemerkung tiefe Bedeutung in der Psychopathologie und in der Psychiatrie hat.

Um auf das Problem des Gedächtnisses zurückzukommen, besteht eine sehr befriedigende Methode der Konstruktion eines Kurzzeitgedächtnisses darin, eine Folge von Impulsen einen geschlossenen Schaltkreis durchlaufen zu lassen, bis dieser Kreis durch Eingreifen von außen gelöscht wird. Es gibt genug Grund, anzunehmen, daß sich dies in unseren Gehirnen während des Festhaltens von Impulsen ereignet, in der Zeit, die als scheinbare Gegenwart bekannt ist. Diese Methode wurde in mehreren Geräten imitiert, die in Rechenmaschinen benutzt worden sind oder wenigstens für eine solche Verwendung vorgeschlagen wurden. Es gibt zwei Bedingungen, die für einen solchen Festhalteapparat erwünscht sind: der Impuls soll in ein Medium eingeleitet werden, in dem es nicht allzu schwierig ist, eine beträchtliche Zeitverzögerung zu erhalten, und bevor die Fehler, die dem Instrument anhaften, ihn zu sehr verfälscht haben, soll der Impuls in einer so scharfen Form wie möglich rekonstruiert werden. Die erste Bedingung schließt Verzögerungen aus, die durch die Übertragung von Licht oder sogar in vielen Fällen durch elektrische Netzwerke hervorgebracht werden, während sie die Benutzung irgendeiner Form elastischer Schwingungen begünstigt; solche Schwingungen sind wirklich für diesen Zweck in Rechenmaschinen eingesetzt worden. Wenn elektrische Netzwerke für Verzögerungszwecke benutzt werden, ist die in jeder Stufe erzielte Verzögerung relativ kurz, oder es addieren sich wie in allen Teilen einer linearen Schaltung die Verzerrungen der Nachricht und werden sehr bald unzulässig. Um dieses zu vermeiden, kommt eine zweite Überlegung ins Spiel. Wir müssen irgendwo in den Kreis ein Relais einfügen, das nicht dazu dient, die Form der hereinkommenden Nachricht zu wiederholen, sondern dazu, eine neue Nachricht der vorgeschriebenen Form aufzubauen. Dies wird sehr leicht im Nervensystem erreicht, wo tatsächlich alle Übertragung mehr oder weniger aus solchen Schaltphänomenen besteht. In der elektrischen Industrie sind schon lange Geräte für diesen Zweck bekannt gewesen und sind im Zusammenhang mit Telegrafiestromkreisen benutzt worden. Sie sind als *Telegrafenverstärker* bekannt. Die große Schwierigkeit, sie für Gedächtnisse von langer Dauer zu benutzen, ist, daß sie ohne Fehler für eine enorme Anzahl aufeinanderfolgender Operationszyklen funktionieren müssen. Ihr Erfolg ist um so bemerkenswerter: in einem Gerät, das von Mr. Williams von der University of Manchester entworfen wurde, hat eine Schaltung dieser Art mit einer Einheitsverzögerung von der Größenordnung einer Hundertstelsekunde mehrere Stunden lang erfolgreich gearbeitet. Was dieses noch bemerkenswerter macht, ist, daß diese Apparatur nicht allein eine einzelne Entscheidung, ein einzelnes Ja oder Nein speicherte, sondern Tausende von Entscheidungen.

Wie andere Schaltungen, die dafür gedacht sind, große Anzahlen von Entscheidungen festzuhalten, arbeitet diese nach dem Abtastprinzip. Eine der einfachsten Arten, Information für relativ kurze Zeit zu speichern, ist die Ladung eines Kondensators; und wenn diese durch einen Telegrafenverstärker ergänzt wird, wird sie zu einer vernünftigen Speichermethode. Um die Eigenschaften der Stromkreise, die zu einem solchen Speichersystem gehören, am vorteilhaftesten auszunützen, ist es wünschenswert, fortlaufend und sehr schnell von einem Kondensator zum anderen umzuschalten. Die gewöhnlichen Mittel hierfür haben mechanische Trägheit, und diese ist niemals mit sehr hohen Geschwindigkeiten zu vereinbaren. Ein viel besserer Weg ist die Verwendung einer großen Anzahl von Kondensatoren, bei denen eine Platte entweder ein kleines, in ein Dielektrikum eingestreutes Metallstück ist oder die unvollständig isolierende Oberfläche des Dielektrikums selbst, während eine der Zuleitungen zu diesen Kondensatoren ein Bündel Kathodenstrahlen ist, das durch die Linsen und Magnete eines Ablenkkreises über eine Bahn bewegt wird, die gleich der eines Pfluges in einem gepflügten Acker ist. Es gibt verschiedene Ausführungen dieser Methode, die tatsächlich in etwas verschiedener Art von der Radio Corporation of America benutzt wurden, bevor Mr. Williams sie benutzte.

Diese zuletzt genannten Methoden, Informationen zu speichern, können eine Nachricht für eine ganz beträchtliche Zeit festhalten, wenn nicht sogar für eine Periode, die mit der menschlichen Lebensdauer vergleichbar ist. Für noch länger dauernde Aufzeichnungen gibt es eine große Anzahl von Möglichkeiten, unter denen wir wählen können. Lassen wir solche unhandlichen, langsamen und unlöschbaren Methoden, wie die Benutzung von Lochkarten und Lochstreifen, beiseite, so haben wir das Magnetband mit seinen modernen Verfeinerungen, die die Tendenz des Zerstreuens von Nachrichten auf diesem Material sehr weit ausgeschaltet haben; phosphoreszierende Substanzen und vor allem die Fotografie ist tatsächlich in bezug auf die Dauer und das Auflösungsvermögen ihrer Aufzeichnung ideal; und auch ideal vom Standpunkt der Kürze der Belichtungszeit her, die für die Aufzeichnung einer Beobachtung benötigt wird. Sie leidet unter zwei schweren Nachteilen: unter der Länge der Entwicklungszeit, die zwar auf ein paar Sekunden reduziert, aber noch nicht klein genug ist, um die Fotografie für ein Kurzzeitgedächtnis anwendbar zu machen, und gegenwärtig (1947) unter der Tatsache, daß eine fotografische Aufzeichnung nicht für schnelles Löschen und schnelles Aufbringen einer neuen Nachricht geeignet ist. Die Firma Eastman arbeitet gerade an diesem Problem, das nicht unbedingt unlösbar erscheint, und es ist möglich, daß sie inzwischen die Lösung gefunden hat.

Sehr viele der Methoden des Speicherns von Information, die bereits betrachtet wurden, haben ein wichtiges physikalisches Element gemeinsam. Sie scheinen von Systemen mit hoher Quantenentartung abzuhängen oder, anders ausgedrückt, mit einer großen Anzahl von Schwingungsmodes der gleichen Frequenz. Dies stimmt sicher im Falle des Ferromagnetismus und stimmt ebenso bei Material mit einer außerordentlich großen Dielektrizitätskonstanten, das deshalb besonders in Kondensatoren für das Speichern von Information wertvoll ist. Phosphoreszenz ist ebensosehr ein Phänomen, das mit einer großen Quantenentartung verknüpft ist, und dieselbe Art von Effekten tritt im fotografischen Prozeß auf, wo viele der Substanzen, die als Entwickler fungieren, große innere Resonanz zu besitzen scheinen. Quantenentartung scheint mit der Fähigkeit verknüpft zu sein, aus kleinen Ursachen wahrnehmbare und stabile Wirkungen hervorzubringen. Wir haben bereits im Kapitel II gesehen, daß Substanzen mit hoher Quantenentartung mit vielen Problemen des Stoffwechsels und der Fortpflanzung verknüpft zu sein scheinen. Es ist möglicherweise kein Zufall, daß wir sie hier, in einer nicht lebendigen Umgebung, mit einer dritten Eigenschaft der lebenden Substanz verknüpft finden: der Fähigkeit, Impulse zu empfangen und zu organisieren und sie in der äußeren Welt wirksam werden zu lassen.

Wir haben im Falle der Fotografie und ähnlicher Prozesse gesehen, daß es möglich ist, eine Nachricht in Form einer fortwährenden Änderung bestimmter Speicherelemente zu konservieren. Beim Wiedereinlesen dieser Information in das System ist es notwendig, daß diese Änderungen das Wandern der Nachrichten durch das System bewirken. Eine der einfachsten Arten, dies zu erreichen, ist, als Speicherelemente, die verändert werden, Teile zu verwenden, die normalerweise bei der Übertragung von Nachrichten mithelfen und die solcher Art sind, daß die Veränderung ihres Charakters durch die Speicherwirkungen die Weise ändern, in der sie in der gesamten Zukunft Nachrichten weiterleiten werden. Im Nervensystem sind die Neuronen und die Synapsen Elemente dieser Art, und es ist ganz einleuchtend, daß Information über lange Perioden durch Veränderungen der Reizschwellen der Neuronen gespeichert wird oder, was in anderen Worten das gleiche ist, durch Veränderung der Durchlässigkeit jeder Synapse für die Nachrichten. Viele von uns denken, weil eine bessere Erklärung des Phänomens fehlt, daß die Speicherung von Information im Gehirn wirklich in dieser Weise vor sich gehen kann. Es ist für solch ein Speichern denkbar, daß es entweder durch das Öffnen neuer Wege oder durch das Schließen von alten stattfindet. Allem Anschein nach ist es hinlänglich erwiesen, daß nach der Geburt im Gehirn keine Neuronen gebildet werden. Es ist möglich, jedoch nicht sicher, daß keine neuen Synapsen gebildet werden, und es ist ein plausibler Schluß, daß die Hauptänderungen der Reizschwellen im Gedächtnisprozeß eine Vermehrung darstellen. Wenn dies der Fall ist, dann gleicht unser ganzes Leben Balzacs »Chagrinleder«, und der echte Prozeß des Lernens und Erinnerns ermüdet unsere Lernkräfte und das Erinnerungsvermögen, bis das Leben selbst unsere hauptsächliche Kraftreserve für das Leben aufbraucht. Es kann gut sein, daß dieses Phänomen eintritt. Es ist eine mögliche Erklärung für eine Art des Alterns. Das wirkliche Phänomen des Alterns ist jedoch viel zu kompliziert, um auf diese Weise allein erklärt zu werden.

Wir haben bereits von der Rechenmaschine und, daraus folgend, dem Gehirn als einer logischen Maschine gesprochen. Es ist keineswegs trivial, das Licht zu betrachten, das durch solche Maschinen, natürliche und künstliche, auf die Logik geworfen wird. Hier ist die Hauptarbeit von Turing[38] geleistet worden. Wir haben zuvor gesagt, daß die *machina ratiocinatrix* nichts ist als der *calculus ratiocinator* von Leibniz mit einer Antriebsmaschine darin; und da gerade die moderne mathematische Logik mit diesem Kalkül beginnt, ist es unvermeidbar, daß die gegenwärtige technische Entwicklung ein neues Licht auf die Logik werfen wird. Die Wissenschaft von heute betrachtet Operationen, d. h., sie betrachtet jede Feststellung als wesentlich mit möglichen Experimenten oder beobachtbaren Prozessen verknüpft. Demgemäß muß das Studium der Logik auf die Untersuchung der logischen Maschine, entweder nervlicher oder mechanischer Art, mit allen ihren

---

[38] *Turing, A. M.*, „On Computable Numbers with an Application to the Entscheidungsproblem", Proceedings of the London Mathematical Society, Ser. 2, 42, 230—265 (1936).

unüberwindbaren Einschränkungen und Unvollkommenheiten zurückgehen.

Einige Leser mögen sagen, daß dies die Logik auf die Psychologie zurückführt und daß die beiden Wissenschaften sichtlich und beweisbar verschieden sind. Dies trifft in dem Sinne zu, daß viele psychologische Aussagen und Gedankenfolgen nicht den Gesetzen der Logik folgen. Die Psychologie enthält vieles, was der Logik fremd ist, aber — und dies ist eine wichtige Tatsache — jede Logik, die uns irgend etwas bedeutet, kann nichts enthalten, was der menschliche Geist — und deshalb auch das menschliche Nervensystem — nicht erfassen kann. *Alle Logik wird durch die Grenzen des menschlichen Geistes begrenzt, wenn er jene Tätigkeit aufnimmt, die als logisches Denken bekannt ist.*

Zum Beispiel widmen wir viel von der Mathematik den Diskussionen, die das Unendliche einschließen, trotzdem sind die Erörterungen und die sie begleitenden Beweise tatsächlich nicht unendlich. Kein annehmbarer Beweis enthält mehr als eine endliche Anzahl von Schlüssen. Es stimmt, daß der Beweis durch vollständige Induktion unendlich viele Schlüsse zu enthalten *scheint*, dies ist jedoch nur scheinbar der Fall. Tatsächlich enthält er gerade die folgenden Schlüsse:

1. P_n ist eine Behauptung, die die Zahl n einschließt.
2. P_n ist für $n=1$ bewiesen.
3. Wenn P_n gilt, so gilt auch P_{n+1}.
4. Daher gilt P_n für jede positive ganze Zahl n.

Es ist wahr, daß es irgendwo in unseren logischen Annahmen eine geben muß, die diese Behauptung bestätigt. Diese vollständige Induktion ist jedoch von der vollständigen Induktion auf einer unendlichen Menge weit verschieden. Das gleiche stimmt für die verfeinerten Formen der Induktion, wie z. B. die transfinite Induktion, die in gewissen mathematischen Disziplinen vorkommt.

So ergeben sich sehr interessante Situationen, in denen wir in der Lage sein können — mit genügend Zeit und ausreichenden Rechenhilfen —, jeden einzelnen Schluß eines Satzes P_n zu beweisen; wenn es aber keinen systematischen Weg gibt, diese Beweise in ein einzelnes, von n unabhängiges Argument einzuschließen, eines, wie wir es bei der vollständigen Induktion finden, es unmöglich sein kann, P_n *für alle n* zu beweisen. Diese Möglichkeit wird in dem, was als Metamathematik bekannt ist, erkannt; der Disziplin, die von Gödel und seiner Schule so brillant entwickelt wurde. Ein Beweis stellt einen logischen Prozeß dar, der in einer endlichen Anzahl von Stufen zu einem bestimmten Schluß kommt. Eine logische Maschine jedoch, die bestimmten Regeln folgt, braucht nie zu einem Schluß zu kommen. Sie kann sich fortgesetzt durch verschiedene Stufen quälen, ohne jemals zu einem Ende zu kommen, entweder indem sie einem Muster einer Handlung mit kontinuierlich zunehmender Verwicklung folgt oder indem sie in einen repetierenden Prozeß übergeht, wie es das Ende eines Schachspieles ist, in dem es einen dauernden Zyklus wiederholter Züge gibt. Dies geschieht im Fall einiger der Paradoxa von Cantor und Russell. Wir wollen die Klasse aller Klassen betrachten, die sich nicht selbst enthalten. Ist diese Klasse ein Element von sich selbst? Wenn es eines ist, ist es sicher kein Element von sich selbst, und wenn es keines ist, ist es gleichfalls sicher ein Element von sich selbst. Um diese Frage zu beantworten, würde eine Maschine die fortlaufenden vorläufigen Antworten: ja-nein-ja-nein usw. geben und würde nie zu einem Gleichgewicht kommen.

Bertrand Russells Lösung seines eigenen Paradoxons war, jeder Feststellung eine Größe zuzuordnen, die sogenannte Type, die dazu dient, zwischen den formal gleichen Aussagen zu unterscheiden, und zwar entsprechend dem Charakter der Objekte, mit denen sie sich befassen — ob dies Dinge im einfachsten Sinne, Klassen von Dingen, Klassen von Klassen von Dingen usw. sind. Die Methode, mit der wir die Paradoxa lösen, ist ebenfalls die, jeder Feststellung einen Parameter anzuhängen, und dieser Parameter ist die Zeit, zu der sie gemacht wird. In beiden Fällen führen wir etwas ein, was wir einen Uniformisierungsparameter nennen können, um nämlich eine Mehrdeutigkeit aufzulösen, die einfach auf sein Nichtvorhandensein zurückzuführen ist.

So sehen wir, daß die Logik der Maschine der menschlichen Logik ähnelt, und indem wir Turing folgen, können wir sie benutzen, Licht auf die menschliche Logik zu werfen. Hat die Maschine auch eine in höherem Maße menschliche Eigenschaft, die Fähigkeit zu lernen? Um zu sehen, daß sie sehr wohl diese Eigenschaft haben kann, wollen wir zwei eng verwandte Begriffe betrachten: jenen der Gedankenassoziation und jenen der bedingten Reflexe.

In der englischen empirischen philosophischen Schule von Locke bis Hume wurde angenommen, daß der Inhalt des Geistes aus gewissen Wesenheiten aufgebaut ist, die Locke als Ideen bekannt waren und den späteren Autoren als Ideen und Eindrücke. Von den einfachen Ideen oder Eindrücken nahm man an, daß sie in einem vollkommen passiven Geist existieren, ebenso frei von Einfluß auf die Ideen, die er enthielt, wie eine unbeschriebene Tafel für die Symbole, die auf sie geschrieben werden können. Es wurde von diesen Ideen angenommen, daß sie sich auf Grund irgendeiner Art innerer Aktivität, die kaum wert ist, eine Kraft genannt zu werden, gemäß den Prinzipien der Ähnlichkeit, der Berührung und der Ursache und Wirkung selbst in Bündel vereinen. Von diesen Prinzipien war vielleicht das wichtigste das der Berührung: Von Ideen oder Eindrücken, die sich oft zeitlich oder räumlich gemeinsam ereignet hatten, wurde angenommen, daß sie die Fähigkeit erlangt hatten, einander zu erzeugen, so daß die Gegenwart irgendeines von ihnen das gesamte Bündel hervorbringen würde.

In diesem allem ist eine Dynamik enthalten, aber die Idee der Dynamik war noch nicht von der Physik zu den biologischen und psychologischen Wissenschaften durchgedrungen. Der typische Biologe des 18. Jahrhunderts war Linnaeus (Linné), der Sammler und Klassifizierer, mit einem Gesichtspunkt, der dem der Evolutionisten, der Physiologen, der Genetiker und der Experimentalembryologen der Gegenwart vollkommen entgegengesetzt ist. Tatsächlich konnte bei so vielem, was in der Welt zu erforschen war, die Geisteshaltung der Biologen kaum verschieden sein. In ähnlicher Weise überwog in der Psychologie der Begriff des geistigen Inhaltes jenen des geistigen Prozesses. Dies kann sehr gut ein Überbleibsel der scholastischen Betonung der Substanz gewesen sein, in einer Welt, in der das Substantiv überbetont wurde und auf dem Verb wenig oder kein Gewicht lag. Nichtsdestoweniger ist der Schritt von diesen statischen Gedanken zu dem mehr dynamischen Gesichtspunkt der Gegenwart, wie er z. B. in der Arbeit von Pawlow zum Ausdruck kommt, vollkommen klar.

Pawlow arbeitete mehr mit Tieren als mit Menschen, und er berichtete mehr über sichtbare Wirkungen als über innere Geisteszustände. Er fand bei Hunden, daß die Gegenwart von Nahrung die zunehmende Sekretion von Speichel und Verdauungssäften verursacht. Wenn dann den Hunden ein bestimmtes visuelles Objekt immer nur mit der Nahrung zusammen gezeigt wird, so bewirkt der Anblick dieses Objektes bei Abwesenheit von Nahrung allein, daß der Fluß des Speichels oder der Verdauungssäfte gereizt wird. Die Vereinigung durch Berührung, die Locke selbstbeschaulich bei Ideen betrachtet hatte, wird nun eine ähnliche Vereinigung von Verhaltensformen.

Es gibt jedoch einen wichtigen Unterschied zwischen dem Gesichtspunkt von Pawlow und dem von Locke, und es entspricht gerade dieser Tatsache, daß Locke Gedanken und Pawlow Handlungsweisen betrachtet. Die Äußerungen, die durch Pawlow beobachtet wurden, zielen dahin, einen Prozeß zu einem erfolgreichen Abschluß zu führen oder eine Katastrophe zu vermeiden. Der Speichelfluß ist für das Schlucken und das Verdauen wichtig, während die Vermeidung dessen, was wir als schmerzhaften Reiz betrachten, dahin zielt, das Tier vor körperlicher Verletzung zu schützen. So tritt in den bedingten Reflex etwas ein, was wir gefühlsmäßigen oder *affektiven Tonus* nennen können. Wir brauchen dies nicht mit unseren eigenen Eindrücken von Lust und Schmerz zu verknüpfen noch, rein theoretisch betrachtet, mit dem Vorteil des Tieres. Die Hauptsache ist, daß der affektive Tonus auf einer Art Skala von negativem »Schmerz« zu positiver »Lust« angeordnet ist, daß für eine beträchtliche Zeit oder auf die Dauer ein Zunehmen des affektiven Tonus alle Prozesse im Nervensystem begünstigt, die während der Zeit im Gange sind, und ihnen eine sekundäre Kraft gibt, den affektiven Tonus zu verstärken, und daß ein Abnehmen des affektiven Tonus dahin zielt, alle zur Zeit laufenden Prozesse zu hemmen und ihnen eine sekundäre Fähigkeit zu geben, den affektiven Tonus zu vermindern.

Biologisch ausgedrückt muß natürlich ein größerer affektiver Tonus überwiegend in Situationen eintreten, die günstig für die Erhaltung der Art, wenn nicht sogar des Individuums, sind, und ein kleinerer affektiver Tonus in Situationen, die für diese Fortpflanzung ungünstig, wenn nicht unheilvoll sind. Jede Art, die nicht mit dieser Forderung konform geht, wird den Weg der Brot- und Butterfliege von Lewis Carroll gehen und immer sterben. Nichtsdestoweniger kann sogar eine zum Aussterben verurteilte Art einen Mechanismus zeigen, der, solange die Rasse existiert, gültig ist. Mit anderen Worten, sogar die selbstmörderischste Zuteilung von affektivem Tonus wird eine bestimmte Verhaltensform hervorbringen.

Es ist zu bemerken, daß der Mechanismus des affektiven Tonus selbst ein Rückkopplungsmechanismus ist. Er kann durch ein Schema, wie es z. B. in Abb. 7 gezeigt wird, dargestellt werden.

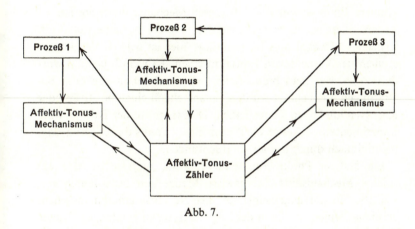

Abb. 7.

Hier kombiniert der Zähler für den affektiven Tonus die affektiven Tonen, die durch separate Affektiv-Tonus-Mechanismen in einem kurzen, vergangenen Intervall gegeben werden, nach irgendeiner Regel, die wir jetzt nicht im einzelnen darzulegen brauchen. Die Rückleitungen zu den individullen Tonusmechanismen dienen dazu, den ursprünglichen affektiven Tonus eines jeden Prozesses im Hinblick auf den Ausgang des Zählers zu modifizieren, und diese Modifikation ist fest, bis sie durch spätere Nachrichten aus dem Zähler geändert wird. Die Leitungen zurück vom Zähler zu den Prozeßmechanismen erzeugen kleinere Reizschwellen, wenn der gesamte affektive Tonus im Zunehmen ist, und größere, wenn der gesamte Tonus im Abnehmen ist. Sie haben gleicherweise eine langzeitliche Wirkung, die andauert, bis sie durch einen anderen Impuls aus dem Zähler abgeändert wird. Dieser anhaltende Effekt ist jedoch auf solche Prozesse beschränkt, die tatsächlich laufen, wenn die zurückkehrende Nachricht ankommt, und eine ähnliche Einschränkung gilt ebenso für die Wirkungen auf den individuellen Affektiv-Tonus-Mechanismus.

Ich möchte betonen, daß ich nicht behaupte, daß der Prozeß des bedingten Reflexes entsprechend dem Mechanismus arbeite, den ich dargelegt habe, ich sage lediglich, daß er so operieren *könnte*. Wenn wir jedoch diesen oder irgendeinen ähnlichen Mechanismus annehmen, so gibt es eine Menge Dinge, die wir über ihn aussagen können. Eines davon ist, daß dieser Mechanismus fähig ist, zu lernen. Es ist bereits bemerkt worden, daß der bedingte Reflex ein lernender Mechanismus ist, und diese Idee ist bei den Verhaltensstudien des Lernens von Ratten in einem Labyrinth benutzt worden. Alles, was man braucht, ist, daß die Belohnungen oder Bestrafungen, die benutzt wurden, entsprechend einen positiven oder negativen affektiven Tonus haben. Dies ist gewiß der Fall, und der Experimentator erkennt die Natur dieses Tonus durch Erfahrung, nicht einfach durch *a-priori*-Betrachtungen.

Ein anderer Punkt von beträchtlichem Interesse ist, daß ein solcher Mechanismus eine gewisse Menge von Nachrichten einschließt, die im allgemeinen in das Nervensystem hinausgehen, zu allen Elementen, die in der Lage sind, sie zu empfangen. Dieses sind die rücklaufenden Nachrichten aus dem Affektiv-Tonus-Zähler und zu einem gewissen Grade die Nachrichten von den Gefühls-Tonus-Mechanismen zu den Zählern. Tatsächlich braucht der Zähler kein einzelnes Element zu sein, sondern kann lediglich irgendeinen natürlichen Kombinationseffekt von Nachrichten darstellen, die aus den individuellen Gefühls-Tonus-Mechanismen ankommen. Nun, solche Nachrichten »wen es immer betrifft« oder »an alle« können gut höchst wirkungsvoll mit kleinstem apparativem Aufwand durch andere als nervliche Kanäle ausgesendet werden. In ähnlicher Weise kann das normale Nachrichtensystem einer Zeche aus einer Telefonzentrale mit den verbundenen Leitungen und Apparaten bestehen. Wenn wir eine Zeche in Eile räumen wollen, vertrauen wir diesem nicht, sondern zerbrechen im Lufteintritt eine Röhre mit Merkaptan. Chemische Boten wie dieses oder wie die Hormone sind die einfachsten und wirkungsvollsten für eine Nachricht, die nicht an einen besonderen Empfänger gerichtet ist. Lassen Sie mich für den Augenblick zu etwas abschweifen, das ich als reine Phantasie kenne. Der hohe erregende und daher gefühlsmäßige Inhalt der hormonalen Wirkung ist sehr einleuchtend. Das heißt nicht, daß ein rein nervlicher Mechanismus nicht fähig ist, einen Gefühlstonus zu bilden und zu lernen, sondern es heißt, daß bei der Untersuchung dieses Aspektes unserer geistigen Aktivität wir nicht blind gegen die Möglichkeiten hormonaler Übertragung sein dürfen. Es kann übertrieben phantastisch sein, diesen Begriff auf die Tatsache zurückzuführen, daß in den Theorien von Freud das Gedächtnis — die Speicherfunktion des Nervensystems — und die Wirkungen des Geschlechtlichen eingeschlossen sind. Die Sexualität auf der einen Seite und der gesamte Gefühlsumfang auf der anderen Seite enthalten ein sehr starkes hormonales Element. Dieser Hinweis auf die Bedeutung von Sexualität und Hormonen wurde mir von Dr. J. Lettvin und Mr. Oliver Selfridge gegeben. Obwohl es gegenwärtig keinen entsprechenden Beweis gibt, der ihre Gültigkeit belegt, ist sie im Prinzip nicht unbedingt absurd.

Es gibt nichts in der Natur der Rechenmaschine, was sie daran hindert, bedingte Reflexe zu zeigen. Wir wollen uns erinnern, daß eine arbeitende Rechenmaschine mehr als die Verkettung von Relais und Speichermechanismen ist, die der Erbauer in sie hineinkonstruiert hat. Sie enthält auch den Inhalt ihres Speichers, und dessen Inhalt wird im Laufe einer einzelnen Operation niemals vollkommen gelöscht. Wir haben bereits gesehen, daß es eher der Ablauf ist als die gesamte Existenz der mechanischen Struktur der Rechenmaschine, die mit dem Leben des Individuums korrespondiert. Wir haben auch gesehen, daß es in der nervlichen Rechenmaschine sehr wahrscheinlich ist, daß Information in großem Umfang als Veränderung der Durchlässigkeit der Synapsen gespeichert wird, und es ist vollkommen durchführbar, künstliche Maschinen zu konstruieren, in denen Information auf diese Weise gespeichert wird. Es ist z. B. sehr gut möglich, jede Nachricht, die in den

Speicher geht, zu veranlassen, auf permanente oder semipermanente Weise die Gittervorspannung einer oder einer Anzahl von Elektronenröhren zu verändern und so den numerischen Wert der Vereinigung von Impulsen zu ändern, die die Röhre oder die Röhren veranlaßt, zu schalten.

Eine ausführlichere Darstellung von lernenden Automaten in Rechen- und Regelgeräten und der Anwendungen, für die sie geeignet sind, kann gut dem Ingenieur überlassen werden, besser als einem einführenden Buch wie dem vorliegenden. Es ist vielleicht besser, den Rest dieses Kapitels den mehr erschlossenen, normalen Benutzungen moderner Rechenmaschinen zu widmen. Eine ihrer hauptsächlichsten ist die Lösung von partiellen Differentialgleichungen. Sogar lineare partielle Differentialgleichungen verlangen für ihren Ansatz die Aufzeichnung einer ungeheuer großen Menge von Daten, da diese die genaue Beschreibung von Funktionen zweier oder mehrerer Veränderlicher beinhalten. Bei Gleichungen vom hyperbolischen Typ wie der Wellengleichung ist das typische Problem das Anfangswertproblem, und dieses kann auf progressive Art von den Anfangsdaten bis zu den Resultaten zu jeder bestimmten späteren Zeit gelöst werden. Dies ist weitgehend richtig auch für die Gleichungen vom parabolischen Typ. Wenn es um Gleichungen vom elliptischen Typ geht, wo die natürlichen Daten Randwerte und nicht Anfangswerte sind, enthalten die natürlichen Lösungsmethoden einen Iterationsprozeß der sukzessiven Approximation. Dieser Prozeß wird sehr oft wiederholt, so daß sehr schnelle Methoden, wie z. B. die der modernen Rechenmaschine, beinahe unentbehrlich sind.

In nichtlinearen partiellen Differentialgleichungen vermissen wir etwas, was wir im Fall der linearen Gleichungen haben — eine vernünftig angepaßte, rein mathematische Theorie. Hier sind Rechenmethoden nicht nur für die Behandlung besonderer numerischer Fälle wichtig, sondern wie von Neumann angedeutet hat, brauchen wir sie auch, um jene Vertrautheit mit einer großen Zahl von Spezialfällen zu bekommen, ohne die wir kaum eine allgemeine Theorie formulieren können. Bis zu einem gewissen Grad ist dies mit Hilfe kostspieliger Versuchsapparaturen, wie z. B. mit Windkanälen, getan worden. Auf diese Weise sind uns die komplizierten

Eigenschaften von Stoßwellen, Grenzschichten, Turbulenz und ähnlichem bekanntgeworden, für die wir kaum in der Lage sind eine adäquate mathematische Theorie aufzustellen. Wie viele unentdeckte Phänomene ähnlicher Art es geben mag, wissen wir nicht. Die Analogmaschinen sind so viel weniger genau und in vielen Fällen so viel langsamer als die Digitalmaschinen, daß die letzteren uns für die Zukunft viel mehr versprechen.

Es ist bereits bei der Benutzung dieser neuen Maschinen klargeworden, daß sie eigene mathematische Techniken verlangen, ganz verschieden von jenen, die bei manueller Rechnung oder bei Maschinen geringerer Leistungsfähigkeit in Gebrauch sind. So zeigt z. B. sogar der Gebrauch von Maschinen für die Berechnung von Determinanten verhältnismäßig hoher Ordnung oder für die Auflösung von 20 oder 30 simultanen linearen Gleichungen Schwierigkeiten, die nicht eintreten, wenn wir analoge Probleme niederer Ordnung untersuchen. Wenn beim Ansetzen eines Problems keine Sorgfalt geübt wird, kann dies die Gewinnung aller wichtiger Größen vollkommen ausschließen. Es ist ein Gemeinplatz, zu sagen, daß verfeinerte, wirkungsvolle Werkzeuge, wie die ultraschnellen Rechenmaschinen, nicht in die Hand derer gehören, die nicht einen ausreichenden Grad technischer Geschicklichkeit besitzen, um den vollen Nutzen aus ihnen zu ziehen. Die ultraschnelle Rechenmaschine wird sicher nicht das Bedürfnis nach Mathematikern mit hoher Intelligenz und praktischer Erfahrung vermindern.

Bei der mechanischen oder elektrischen Konstruktion von Rechenmaschinen gibt es einige wenige Maximen, die Beachtung verdienen. Eine davon ist, daß Mechanismen, die relativ häufig benutzt werden, wie z. B. Multiplizier- und Addierschaltungen, die Form verhältnismäßig standardisierter Bausteine haben sollen, die nur für einen besonderen Zweck bestimmt sind, während solche, die nur gelegentlich benutzt werden, für den Augenblick der Benutzung aus Elementen zusammengefügt werden sollen, die auch für andere Zwecke geeignet sind. Eng verwandt mit dieser Betrachtung ist jene, daß in diesen allgemeineren Mechanismen die einzelnen Teile in Übereinstimmung mit ihren allgemeinen Eigenschaften verfügbar und nicht fortwährend auf eine besondere Verbindung mit anderen Teilen der Apparatur angewiesen sein sollen.

Es muß irgendeinen Teil der Apparatur geben, ähnlich einer automatischen Telefonzentrale, die freie Komponenten und Anschlußstellen der verschiedenen Arten sucht und sie zuweist, wie sie gebraucht werden. Dies wird vieles von dem sehr großen Aufwand reduzieren, der davon herrührt, daß eine große Anzahl unbenutzter Elemente vorliegt, die nicht benutzt werden können, wenn nicht ihre gesamte Zusammenschaltung benötigt wird. Wir werden finden, daß dies Prinzip sehr wichtig ist, wenn wir dazu kommen, Verkehrsprobleme und die Überlastung im Nervensystem zu betrachten.

Als Schlußbemerkung darf ich andeuten, daß eine große Rechenmaschine, entweder in Form eines mechanischen oder elektrischen Gerätes oder in der Form des Gehirnes selbst, eine beträchtliche Energiemenge verbraucht, die insgesamt als Wärme abgegeben und verschwendet wird. Das Blut, das das Gehirn verläßt, ist ein Bruchteil eines Grades wärmer als jenes, das in das Gehirn eintritt. Keine andere Rechenmaschine erreicht die Wirtschaftlichkeit des Gehirnes. In einer großen Maschine wie der Eniac oder Edvac verbrauchen die Heizdrähte der Röhren einen Energiebetrag, der gut in Kilowatt gemessen werden kann, und wenn nicht hinreichende Ventilations- und Kühlvorrichtungen vorgesehen sind, wird das System unter etwas leiden, was das mechanische Äquivalent zum Fieber ist, bis die Konstanten der Maschine durch die Wärme radikal geändert werden und ihre Funktion zusammenbricht. Trotzdem ist die Energie, die für die einzelne Operation verbraucht wird, beinahe verschwindend gering und bildet sogar nicht einmal ein angemessenes Maß der Funktion selbst. Das mechanische Gehirn scheidet nicht Gedanken aus »wie die Leber ausscheidet«, wie frühere Materialisten annahmen, noch liefert sie diese in Form von Energie aus, wie die Muskeln ihre Aktivität hervorbringen. Information ist Information, weder Materie noch Energie. Kein Materialismus, der dieses nicht berücksichtigt, kann den heutigen Tag überleben.

VI

GESTALT
UND UNIVERSALBEGRIFFE

Unter anderen Dingen, die wir im vorigen Kapitel erörtert haben, ist die Möglichkeit der Zuordnung eines neuralen Mechanismus zur Lockeschen Theorie der Gedankenassoziation. Nach Locke ereignet sich dies gemäß drei Prinzipien: dem Prinzip der Berührung, dem Prinzip der Ähnlichkeit und dem Prinzip von Ursache und Wirkung. Das dritte davon ist von Locke und noch bestimmter von Hume auf nichts mehr als auf konstante Koexistenz zurückgeführt worden und ist so unter das erste, das der Berührung, eingereiht. Das zweite, das der Ähnlichkeit, verdient eine detailliertere Erörterung.

Wie erkennen wir die Identität der Gesichtszüge eines Menschen, ob wir ihn im Profil sehen, im Halbprofil oder von vorn? Wie erkennen wir einen Kreis als einen Kreis, ob er groß oder klein ist, nahe oder weit entfernt, ob er nun auf einer Ebene senkrecht zur Blickrichtung zum Mittelpunkt liegt und als Kreis zu sehen ist oder irgendeine andere Orientierung hat und als Ellipse zu sehen ist? Wie sehen wir Gesichter, Tiere und Landkarten in Wolken oder in den Flecken eines Rorschach-Testes? Alle diese Beispiele beziehen sich aufs Auge, aber ähnliche Probleme berühren auch die übrigen Sinne, und viele von ihnen haben mit zwischensensorischen Beziehungen zu tun. Wie fassen wir den Ruf eines Vogels oder das Zirpen eines Insektes in Worte? Wie identifizieren wir die Rundheit einer Münze durch Berühren?

Für den Augenblick wollen wir uns auf den Gesichtssinn beschränken. Ein wichtiger Faktor beim Vergleich der Form verschiedener Gegenstände ist sicher die Wechselwirkung des Auges und der Muskeln, ob sie die Muskeln innerhalb des Augapfels sind, die Muskeln, die den Augapfel bewegen, oder die Muskeln, die den Körper als Ganzes bewegen. Tatsächlich ist eine Form dieses visuell-muskulären Rückkopplungssystemes im Tierreich sogar bis hinunter zu den Fadenwürmern wichtig. So scheint der negative Fototropismus, die Neigung, das Licht zu meiden, durch das Gleichgewicht der Impulse aus den zwei Augenpunkten geregelt zu werden. Dieses Gleichgewicht wird auf die Muskeln des Rumpfes zurückgekoppelt, die den Körper vom Licht fort bewegen, und in Verbindung mit dem allgemeinen Drang, sich vorwärts zu bewegen, führt es das Tier in die dunkelste erreichbare Region. Es ist interessant, festzustellen, daß eine Kombination eines Paares von Fotozellen mit geeigneten Verstärkern, einer Wheatstoneschen Brücke, um ihre Ausgänge zu vergleichen, und von weiteren Verstärkern, die den Eingang in die zwei Motoren eines Doppelschraubenantriebes regeln, uns eine ganz entsprechende negative fototropische Regelung für ein kleines Boot gibt. Es würde schwierig oder unmöglich für uns sein, diesen Mechanismus in die Dimensionen zu bringen, die ein Fadenwurm tragen kann; aber hier haben wir lediglich ein neues Beispiel für die Tatsache, die jetzt dem Leser geläufig sein muß, daß lebende Mechanismen eine viel kleinere räumliche Ausdehnung haben als die Mechanismen, die am besten für die Technik menschlicher Handwerker geeignet sind, obgleich auf der anderen Seite der Gebrauch elektrischer Schaltungen dem künstlichen Mechanismus einen gewaltigen Vorteil an Geschwindigkeit vor den lebenden Organismen gibt.

Ohne durch alle die dazwischenliegenden Stufen zu gehen, wollen wir sofort zu der Augen-Muskel-Rückkopplung beim Menschen kommen. Einiges davon ist von rein homöostatischer Art, wie wenn sich die Pupille im Dunkeln vergrößert und im Licht schließt, also dahin zielend, den Lichtfluß in das Auge zwischen engeren Grenzen zu halten, als dies auf andere Weise möglich wäre. Andere betrachten die Tatsache, daß das menschliche Auge ökonomisch seine beste Form- und Farbenwahrnehmung auf einen relativ kleinen Teil der Netzhaut beschränkt hat, während seine Bewegungswahrnehmung auf der Peripherie besser ist. Wenn das periphere Sehen irgendeinen Gegenstand aufgefaßt hat, der durch Glanz- oder Lichtkontrast oder Farbe oder vor allem durch Bewegung auffällt, so gibt es eine Reflexrückkopplung, die ihn auf das Netzhautzentrum bringt. Diese Rückkopplung wird von einem komplizierten System von verketteten, untergeordneten Rückkopplungen unterstützt, die die beiden Augen konvergieren, so daß der Gegenstand, der die Aufmerksamkeit auf sich zieht, im gleichen Teil des Sehfeldes eines jeden ist, und die die Linsen so stellen, daß seine Umrisse so scharf wie möglich sind. Diese Wirkungen werden durch Bewegungen des Kopfes und des Körpers ergänzt, durch die wir den Gegenstand in das Sehzentrum bringen, wenn dieses nicht vollständig durch eine Bewegung des Auges allein erreicht werden kann, oder durch die wir einen Gegenstand außerhalb des Gesichtsfeldes, der durch einen anderen Sinn erfaßt worden ist, in dieses Feld bringen. Bei Objekten, die uns in einer bestimmten Winkelorientierung vertraut sind — Schreiben, menschliche Gesichter, Landschaften und ähnliches —, gibt es auch einen Mechanismus, durch den wir sie in die richtige Orientierung zu bringen versuchen.

Alle diese Prozesse können in einem Satz zusammengefaßt werden: Wir sind bestrebt, jedes Objekt, das unsere Aufmerksamkeit auf sich zieht, in eine Standardlage und Orientierung zu bringen, so daß das visuelle Bild, das wir von ihm formen, innerhalb eines möglichst kleinen Bereiches variiert. Dies erschöpft nicht die Prozesse, die beim Erkennen der Form und Bedeutung des Gegenstandes beteiligt sind, aber es erleichtert sicher alle späteren Prozesse, die auf dieses Ziel ausgehen. Diese späteren Prozesse gehen in den Augen und der visuellen Cortex vor sich. Es ist ziemlich offensichtlich, daß für eine beträchtliche Anzahl von Stufen jeder Schritt in diesem Prozeß die Zahl der Neuronenbahnen vermindert, die bei der Übertragung visueller Information beteiligt sind, und diese Information einen Schritt näher zu der Form bringt, in der sie verwendet und im Gedächtnis aufbewahrt wird. Der erste Schritt dieser Konzentration visueller Information erfolgt beim Übergang zwischen der Netzhaut und dem Sehnerv. Es muß bemerkt werden, daß, während im Netzhautzentrum das Verhältnis zwischen den Stäbchen und Zäpfchen und den Fasern des Sehnerves fast eins ist, auf der Peripherie eine Sehnervfaser zehn oder mehr Endorganen entspricht. Dies ist ganz verständlich im Hinblick auf die Tatsache, daß die Hauptfunktion der peripheren Fasern nicht sosehr das Sehen selbst ist als ein Auffangen für den Zentrierungs- und Brennpunkteinstellungsmechanismus des Auges.

Eines der bemerkenswertesten Phänomene des Sehens ist unsere Fähigkeit, eine Umrißzeichnung zu erkennen. Natürlich hat eine Umrißzeichnung, z. B. vom Gesicht eines Mannes in der Farbe oder in der Anhäufung von Licht und Schatten sehr wenig Ähnlichkeit mit dem Gesicht selbst, und doch kann es ein gut erkennbares Porträt sein. Die plausibelste Erklärung dafür ist, daß irgendwo im Sehprozeß Umrisse betont werden und irgendwelche andere Aspekte eines Bildes in der Bedeutung verkleinert werden. Der Anfang dieser Prozesse liegt im Auge selbst. Wie alle Sinnesorgane, ist die Retina der Akkomodation unterworfen, d. h., die konstante Erhaltung eines Reizes vermindert ihre Fähigkeit, diesen Reiz zu empfangen und weiterzuleiten. Dies stimmt am auffälligsten für die Rezeptoren, die das Innere eines großen Bildstockes mit konstanter Farbe und Beleuchtung aufzeichnen, denn sogar bei den leichten Schwankungen des Brennpunktes und Blickpunktes, die beim Sehen unvermeidlich sind, ändert sich der Charakter des empfangenen Bildes nicht. Ganz anders ist es auf der Grenze zweier kontrastierender Bereiche. Hier bringen diese Schwankungen einen Wechsel zwischen zwei Reizen, und dieser Wechsel — wie wir beim Phänomen der Nachbilder sehen — tendiert keineswegs dahin, den Sehmechanismus durch Akkomodation zu ermüden, sondern steigert sogar seine Empfindlichkeit. Dies stimmt, ob jetzt der Kontrast zwischen den zwei angrenzenden Bereichen in Lichtintensität oder in Farbe besteht.

Als eine Erläuterung zu diesen Tatsachen wollen wir bemerken, daß dreiviertel der Fasern im Sehnerv nur auf das Aufleuchten des Lichtes ansprechen. Wir finden so, daß das Auge seinen intensivsten Eindruck von den Rändern empfängt und daß jedes visuelle Bild tatsächlich irgend etwas von der Art einer Umrißzeichnung hat.

Wahrscheinlich ist nicht die ganze Wirkung peripher. In der Fotografie ist es bekannt, daß gewisse Behandlungen einer Platte ihre Kontraste vergrößern, und solche nichtlinearen Phänomene sind gewiß nicht jenseits dessen, was das Nervensystem leisten kann. Sie sind verwandt mit den Phänomenen des Telegrafenverstärkers, den wir bereits erwähnt haben. Wie dieser benutzen sie einen Eindruck, der nicht über einen gewissen Grad hinaus verwischt wurde, um einen neuen Eindruck von einer Standardschärfe auszulösen. Auf jeden Fall verkleinern sie die gesamte unbrauchbare Information, die ein Bild enthält, und entsprechen möglicherweise einem Teil der Reduktion der Anzahl von Übertragungsfasern, die in verschiedenen Stufen der visuellen Cortex gefunden werden.

Wir haben so mehrere wirkliche oder mögliche Zustände der Schematisierung unserer visuellen Eindrücke aufgezeichnet. Wir zentrieren unsere Bilder um den Brennpunkt der Aufnahmefähigkeit und reduzieren sie mehr oder weniger auf Umrisse. Wir müssen sie jetzt miteinander vergleichen oder auf jeden Fall mit einem Standardeindruck, der im Gedächtnis gespeichert ist, wie z. B. Kreis oder Quadrat. Dies kann auf mehrere Arten geschehen. Wir haben eine rohe Skizze gegeben, die andeutet, wie das Lockesche Prinzip der Berührung in der Assoziation mechanisiert werden kann. Wir wollen bemerken, daß das Prinzip der Berührung auch vieles vom anderen Lockeschen Prinzip der Ähnlichkeit enthält. Die verschiedenen Aspekte des gleichen Gegenstandes sind oft in jenen Prozessen zu sehen, die ihn in den Brennpunkt der Aufnahmefähigkeit bringen, und in den anderen Bewegungen, die uns dazu bringen, ihn jetzt aus einer Entfernung und dann aus einer anderen zu sehen, jetzt aus diesem Winkel und nachher aus einem anderen Winkel. Dies ist ein allgemeines Prinzip, das in seiner Anwendbarkeit auf jeden speziellen Sinn nicht beschränkt ist und das beim Vergleich unserer komplizierteren Erfahrung zweifellos von großer Bedeutung ist. Es ist trotzdem möglicherweise nicht der einzige Prozeß, der zur Bildung unserer spezifisch visuellen Hauptideen oder, wie Locke sie nennen würde, komplexen Ideen führt. Die Struktur unserer visuellen Cortex ist zu hoch organisiert, zu sehr spezialisiert, um uns zu der Annahme zu verführen, sie operiere mit dem, was letztlich ein höchst verallgemeinerter Mechanismus ist. Sie hinterläßt uns den Eindruck, daß wir es hier mit einem speziellen Mechanismus zu tun haben, der nicht lediglich ein zeitweiliger Zusammenbau aus allgemeinen Zwecken dienenden Elementen mit austauschbaren Teilen ist, sondern eine permanente Teilschaltung, ähnlich den Addier- und Multiplizierschaltungen einer Rechenmaschine. Unter diesen Umständen ist es wert, zu untersuchen, wie solch eine Teilschaltung möglicherweise arbeitet und wie wir es anfangen könnten, sie zu entwerfen.

Die möglichen perspektiven oder projektiven Transformationen eines Gegenstandes bilden das, was als Gruppe bekannt ist, in dem Sinne, wie wir sie bereits im Kapitel II definiert haben. Diese Gruppe besitzt mehrere Untergruppen von Transformationen: die affine Gruppe, in der wir nur solche Transformationen betrachten, die die Umgebung des Unendlichen fest lassen; die homogenen Dehnungen von einem gegebenen Punkt aus, bei denen ein Punkt, die Richtungen der Achsen und die Gleichheit der Maßstäbe in allen Richtungen erhalten bleiben; die längentreuen Transformationen; die Drehungen in zwei oder drei Dimensionen um einen Punkt; die Menge aller Translationen usw. Unter diesen Gruppen sind diejenigen, die wir gerade erwähnt haben, kontinuierlich, d. h., ihre Operationen werden von den Werten einer Anzahl von in einem geeigneten Raum kontinuierlich veränderlichen Parametern bestimmt. Sie bilden so multidimensionale Konfigurationen in einem n-dimensionalen Raum und enthalten Untermengen von Transformationen, die Bereiche in einem solchen Raum bilden.

Nun, geradeso wie ein Bereich in der gewöhnlichen zweidimensionalen Ebene durch den Abtastprozeß, der dem Fernsehtechniker bekannt ist, erfaßt wird, bei dem eine nahezu gleichmäßig verteilte Menge von Probenpunkten in jenem Bereich benutzt wird, um das Ganze darzustellen, so kann jeder Bereich in einem Gruppenraum, auch der ganze Raum, durch einen Prozeß der *Gruppenabtastung* dargestellt werden. In einem solchen Prozeß, der auf keine Weise auf einen dreidimensionalen Raum beschränkt ist, wird ein Netz von Punkten im Raum in eine eindimensionale Folge transformiert, und dieses Punktnetz ist so verteilt, daß es jedem Punkt im Bereich in irgendeinem geeignet definierten Sinne nahekommt. Es wird so Punkte enthalten, die jedem beliebigen Punkt beliebig nahe liegen. Wenn diese »Punkte« oder Parametermengen wirklich benutzt werden, um die geeigneten Transformationen zu erzeugen, bedeutet dies, daß die Resultate der Abbildung einer bestimmten Figur durch diese Transformationen irgendeiner gegebenen Abbildung der Figur durch einen Transformationsoperator, der in dem gewünschten Bereich liegt, beliebig nahe kommen. Wenn unser Abtasten fein genug ist und der transformierte Bereich die maximale Dimension der Bereiche hat, die durch die betrachtete Gruppe transformiert werden, bedeutet dies, daß die Transformationen, die tatsächlich durchgemustert sind, einen resultierenden Bereich ergeben werden, der *jedes* Abbild des ursprünglichen Bereiches so weit überdecken wird, wie wir wollen.

Wir wollen dann mit einem festen Vergleichsbereich und einem Bereich, der mit ihm verglichen werden soll, beginnen. Wenn bei irgendeinem Stadium des Abtastprozesses der Gruppe von Transformationen das Bild des Bereiches, der verglichen werden soll, bei irgendeiner der zum Abtastprozeß gehörenden Transformation vollkommener mit dem festgehaltenen Muster zusammenfällt, als eine bestimmte Toleranz vorschreibt, wird dieses aufgezeichnet, und die zwei Bereiche werden als gleich bezeichnet. Wenn sich dieses in keiner Stufe des Abtastprozesses ereignet, werden sie als ungleich bezeichnet. Dieser Prozeß ist vollkommen für eine Mechanisierung geeignet und dient als Methode, die Umrisse einer Figur unabhängig von ihrer Größe, ihrer Orientierung oder irgendeiner Transformation im abzutastenden Gruppenbereich zu identifizieren.

Wenn dieser Bereich nicht die gesamte Gruppe ist, kann es gut sein, daß der Bereich *A* dem Bereich *B* gleich scheint und daß der Bereich *B* dem Bereich *C* gleich scheint, während der Bereich *A* dem Bereich *C* nicht gleich zu sein scheint. Dieses kommt bestimmt in der Wirklichkeit vor. Eine Figur muß nicht irgendeine besondere Ähnlichkeit mit der gleichen umgedrehten Figur zeigen, wenigstens nicht beim ersten Eindruck — einem, der nicht einen der höheren Prozesse einschließt. Nichtsdestoweniger kann es in jedem Stadium ihres Umdrehens einen beträchtlichen Bereich von Nachbar- »Punkten« geben, die ähnlich erscheinen. Die allgemeinen »Ideen«, die so gebildet werden, sind nicht vollkommen verschieden, sondern überschneiden sich untereinander.

Es gibt andere, sophistischere Mittel, die Gruppenabtastung zu benutzen, um von den Transformationen einer Gruppe zu abstrahieren. Die Gruppen, die wir hier betrachten, besitzen ein »Gruppenmaß«, eine Wahrscheinlichkeitsdichte, die von der Transformationsgruppe selbst abhängt und sich nicht ändert, wenn alle Transformationen der Gruppe vertauscht werden, indem ihnen irgendeine spezielle Transformation der Gruppe vorausgeht oder folgt. Es ist möglich, die Gruppe auf solche Weise abzutasten, daß die Dichte der Abtastung jedes Bereiches einer beträchtlichen Klasse — d. h. der Betrag an Zeit, den das variable Abtastelement innerhalb des Bereiches bei jedem vollkommenen Abtasten der Gruppe braucht — streng proportional seinem Gruppenmaß ist. Wenn wir im Fall einer solchen uniformen Abtastung irgendeine von einer Menge S von durch die Gruppe transformierten Elementen abhängige Größe besitzen und wenn diese Menge von Elementen durch alle Transformationen der Gruppe transformiert wird, wollen wir die von S abhängige Größe mit $Q(S)$ bezeichnen und mit TS die Transformation der Menge S durch die Transformation T der Gruppe. Dann wird $Q(TS)$ der Wert der Größe sein, die $Q(S)$ ersetzt, wenn S durch TS ersetzt wird. Wenn wir diese im Hinblick auf das Gruppenmaß der Gruppe der Transformationen T mitteln oder integrieren, werden wir eine Größe erhalten, die wir etwa in der Form

$$\int Q(TS)\,dT \qquad (6.01)$$

schreiben können, wobei die Integration über das Gruppenmaß erfolgt. Die Größe (6.01) wird für alle Mengen S, die unter den Transformationen der Gruppe miteinander vertauschbar sind, d. h. für alle Mengen S, die in irgendeinem Sinne die gleiche Form oder *Gestalt* haben, identisch sein. Es ist möglich, eine angenäherte Vergleichbarkeit der Form zu erhalten, wobei die Integration in der Größe (6.01) über weniger als die ganze Gruppe erfolgt, wenn der Integrand über den weggelassenen Bereich klein ist. So viel über das Gruppenmaß.

In früheren Jahren hat man dem Problem der Ersetzung eines verlorenen Sinnes durch einen anderen große Aufmerksamkeit gewidmet. Der dramatischste Versuch in dieser Richtung war die Konstruktion von Lesegeräten für den Blinden, die mit Hilfe fotoelektrischer Zellen arbeiten sollten. Wir müssen annehmen, daß diese Bemühungen auf Gedrucktes beschränkt sind, ja sogar auf eine einzige Schrifttype oder auf eine kleine Zahl von Schriftarten. Wir werden auch annehmen, daß die Ausrichtung der Seite, die Anordnung der Zeilen und der Zwischenraum von Zeile zu Zeile entweder manuell oder, wie es auch gut möglich ist, automatisch vorgenommen werden müssen. Diese Prozesse entsprechen, wie wir sehen werden, dem Teil unserer visuellen Bestimmung der Gestalt, der von muskulären Rückkopplungen und dem Gebrauch unserer normalen Zentrierungs-, Orientierungs-, Brennpunktveränderungs- und Konvergierungsmechanismen abhängt. Hier ergibt sich nun das Problem der Bestimmung der Formen der einzelnen Buchstaben, wenn der Abtastapparat fortlaufend über sie hinweggeht. Es ist vorgeschlagen worden, daß diese durch Verwendung mehrerer vertikal angeordneter fotoelektrischer Zellen erfolgt, wobei jede mit einem lautgebenden Apparat verschiedener Tonhöhe verbunden ist. Dies kann durch ein Registrieren der Druckfarbe der Buchstaben als Schweigen oder als Laut erreicht werden. Wir wollen den letzteren Fall und drei Fotozellenempfänger übereinander annehmen. Sie sollen wie die drei Noten eines Akkordes aufzeichnen, sagen wir mit der höchsten Note oben und der tiefsten Note unten. Dann wird der Buchstabe F so klingen:

——————————   Dauer der höchsten Note
————————   Dauer der mittleren Note
——   Dauer der tiefsten Note

Der Buchstabe Z klingt so

——————————
——
——————

der Buchstabe O

——
—— ——
——

usw.

Mit der gewöhnlichen Hilfe, die uns durch unsere Interpretationsfähigkeit gegeben ist, dürfte es nicht zu schwierig sein, einen solchen Hörkode zu lesen, nicht schwieriger als z. B. Blindenschrift zu lesen.

Dies hängt jedoch von einer Sache ab: der genauen Beziehung der Fotozellen zu der vertikalen Höhe der Buchstaben. Sogar bei standardisierten Schriftbildern gibt es große Schwankungen in der Schriftgröße. So sollten wir in der Lage sein, die vertikale Skala des Abtastens hoch- oder herunterzuziehen, um den Abdruck eines gegebenen Buchstabens auf einen Standardbuchstaben zurückzuführen. Wir müssen wenigstens — manuell oder automatisch — einige der Transformationen der vertikalen Dehnungsgruppe zur Verfügung haben.

Es gibt mehrere Wege, auf denen wir dies tun können. Wir können eine mechanische vertikale Justierung unserer Fotozellen zulassen. Auf der anderen Seite können wir eine ziemlich große vertikale Schar von Fotozellen benutzen und die Tonzuordnung mit dem Schriftgrad verändern, indem wir jene über und unter der Type schweigen lassen. Dies kann z. B. mit Hilfe zweier Mengen von Verbindungselementen erreicht werden, deren Eingänge von den Fotozellen herkommen und zu einer Reihe von Schaltern mit immer größeren Abständen hinführen und deren Ausgänge eine Reihe von vertikalen Leitungen, wie in der Abb. 8 sind.

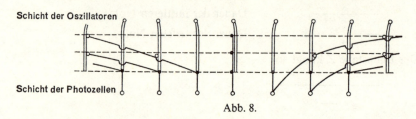

Abb. 8.

Hier stellen die einzelnen Linien die Leitungen aus den Fotozellen dar, die Doppellinien die Leitungen zu den Oszillatoren, die Kreise auf den unterbrochenen Linien die Kontaktpunkte zwischen einkommenden und austretenden Leitungen und die unterbrochenen Linien selbst die Leitungen, durch die einer oder der andere der Reihe von Oszillatoren eingeschaltet wird. Dies war das Gerät, das wir in der Einführung erwähnt haben und das von McCulloch zum Zwecke des Anpassens an die Höhe der Drucktype entworfen wurde. Beim ersten Entwurf wurde die Auswahl zwischen den gestrichelten Linien manuell vorgenommen.

Dies war das Bild, das, als es Dr. von Bonin gezeigt wurde, die vierte Schicht der visuellen Cortex suggerierte. Die Verbindungskreise schienen die Neuronenzellkörper dieser Schicht zu sein, angeordnet in Unterschichten mit gleichförmig sich ändernder horizontaler Dichte und sich umgekehrt proportional zur Dichte ändernder Größe. Die horizontalen Leitungen werden wahrscheinlich in irgendeiner zyklischen Ordnung gezündet. Die ganze Apparatur scheint für den Prozeß des Gruppenabtastens gut geeignet zu sein. Es muß natürlich irgendein zeitlicher Prozeß der Rekombination der oberen Ausgänge vorhanden sein.

Dies war dann die Vorrichtung, die in der Vorstellung von McCulloch tatsächlich im Gehirn zu dem Entdecken der visuellen Gestalt benutzt wird. Sie stellt einen Gerätetyp dar, der für jede Art des Gruppenabtastens brauchbar ist. Irgend etwas Ähnliches ereignet sich ebenso bei den anderen Sinnen. Im Ohr ist die Transposition von Musik einer fundamentalen Tonhöhe in eine andere nichts als eine Translation des Logarithmus der Frequenz und kann folgerichtig durch einen Gruppenabtastapparat ausgeführt werden.

Eine Gruppenabtastkombination hat also eine wohldefinierte, angemessene anatomische Struktur. Das notwendige zyklische Schalten kann durch unabhängige horizontale Leitungen ausgeführt werden, die genug Reize schaffen, um die Schwellen in jeder Schicht auf gerade den Wert zu verschieben, daß sie schalten, wenn die Leitung an der Reihe ist. Obwohl wir nicht alle Einzelheiten der Arbeit der Maschinerie kennen, ist es überhaupt nicht schwierig, eine mögliche Maschine vorzuschlagen, die der Anatomie angepaßt ist. Kurz, die Gruppenabtastkombination ist gut geeignet, die Art permanenter Unterkombination des Gehirnes zu bilden, die den Addierwerken oder Multiplikatoren der numerischen Rechenmaschine entspricht.

Schließlich sollte der Abtastapparat eine bestimmte innere Operationsperiode haben, die in der Arbeit des Gehirnes identifizierbar ist. Die Größenordnung dieser Periode sollte sich als die minimale Zeit erweisen, die für das direkte Vergleichen der Umrisse von, der Größe nach, verschiedenen Objekten nötig ist. Dies kann nur erreicht werden, wenn der Vergleich zwischen zwei Objekten erfolgt, die nicht zu verschieden groß sind; sonst ist es ein langzeitlicher Prozeß, der auf die Mitwirkung einer nicht spezifischen Anordnung hinweist. Wenn der direkte Vergleich möglich scheint, nimmt er eine Zeit von der Größenordnung einer Zehntelsekunde in Anspruch. Dies scheint auch mit der Größenordnung der Zeit übereinzustimmen, die von der Anregung benötigt wird, um alle Schichten der querlaufenden Verbindungselemente in zyklischer Folge zu reizen.

Während dieser zyklische Prozeß ein örtlich bestimmter sein kann, ist es offensichtlich, daß es einen weitverzweigten Synchronismus in verschiedenen Teilen der Cortex gibt, der vermuten läßt, daß er von irgendeinem zentralen »Uhrwerk« angetrieben wird. Tatsächlich hat er die Ordnung der Frequenz, die dem Alpharhythmus des Gehirnes angepaßt ist, wie es in Elektroenzephalogrammen gezeigt wird. Wir können vermuten, daß dieser Alpharhythmus mit der Formwahrnehmung verbunden ist und daß er etwas von der Natur eines Abtastrhythmus hat wie der Rhythmus beim Abtastprozeß eines Fernsehapparates. Er verschwindet beim tiefen Schlaf und scheint von anderen Rhythmen verborgen und überdeckt zu werden, genau wie wir es erwarten dürfen, wenn wir wirklich irgend etwas anschauen und der Abtastrhythmus ähnlich wie ein Träger für andere Rhythmen und Wirkungen dient. Er tritt am stärksten hervor, wenn die Augen beim Wachen geschlossen sind oder wenn wir im Raum auf nichts Bestimmtes starren, wie im Trancezustand eines Yogi[39], wobei er eine beinahe vollkommene Periodizität zeigt.

Wir haben gerade gesehen, daß das Problem der sinnersetzenden Geräte — das Problem, die Information, die normalerweise durch einen verlorenen Sinn vermittelt wird, durch Information über einen anderen Sinn, der noch verwendbar ist, zu ersetzen — wichtig und nicht unbedingt unlösbar ist. Was es hoffnungsvoller macht, ist die Tatsache, daß Gedächtnis- und Assoziationsgebiete, die normalerweise durch einen Sinn erreicht werden, keine Schlösser mit einem

---

[39] Persönliche Mitteilung von Dr. W. Grey Walter, Bristol, England.

einzigen Schlüssel, sondern geeignet sind, Eindrücke zu speichern, die von anderen Sinnen gesammelt wurden, als dem, zu welchem sie normalerweise gehören. Ein erblindeter Mensch, wahrscheinlich vom von Geburt an Blinden verschieden, behält nicht nur visuelle Erinnerungen aus der Zeit vor seiner Erkrankung zurück, sondern ist sogar fähig, greifbare und hörbare Eindrücke in visueller Form zu speichern. Er kann seinen Weg um einen Raum herum erfühlen und hat sogar ein Bild, wie dieser aussehen muß. So ist ein Teil seines normalen visuellen Mechanismus für ihn zugänglich. Auf der anderen Seite hat er mehr als seine Augen verloren: er hat ebenso den Gebrauch jenes Teils seiner visuellen Cortex verloren, der als feste Anordnung für das Organisieren der Gesichtseindrücke angesehen werden kann. Es ist nötig, ihn nicht nur mit künstlichen visuellen Rezeptoren auszustatten, sondern auch mit einer künstlichen visuellen Cortex, die die Lichteindrücke seiner neuen Rezeptoren in eine Form umwandelt, die dem normalen Ausgang seiner visuellen Cortex verwandt ist, daß also Gegenstände, die normalerweise gleich aussehen, jetzt gleich tönen werden.

So ist das Kriterium für die Möglichkeit einer solchen Ersetzung des Sehens durch das Hören wenigstens teilweise ein Vergleich zwischen der Anzahl von erkennbaren, verschiedenen visuellen Formen und erkennbaren, verschiedenen hörbaren Formen *auf dem cortikalen Niveau*. Dies ist ein Vergleich von Informationsgehalten. Hinsichtlich der irgendwie ähnlichen Organisation der unterschiedlichen Teile der sensorischen Cortex wird er möglicherweise nicht sehr viel von einem Vergleich zwischen den Größen der beiden Gebiete der Cortex abweichen. Dieses Verhältnis ist zwischen Hören und Sehen ungefähr wie 100 : 1. Wenn das gesamte Hörzentrum der Cortex für das Sehen benutzt wird, können wir erwarten, ungefähr 1 % des Informationsgehaltes zu empfangen, der durch das Auge hereinkommt. Auf der anderen Seite ist unser gewöhnlicher Maßstab für die Abschätzung des Sehvermögens in Ausdrücken der relativen Entfernung geeicht, für die ein gewisses Auflösungsvermögen der Form erhalten wird, und so bedeutet ein Sehvermögen von 10 : 100 einen Betrag des Informationsflusses von ungefähr 1 % des Normalen. Dies ist ein sehr schlechtes Sehvermögen; es ist jedoch bestimmt keine Blindheit, und es bezeichnen sich Leute mit diesem Sehvermögen notwendigerweise auch nicht als blind.

In der anderen Richtung ist das Bild sogar günstiger. Das Auge kann alle die Nuancen des Ohres unter Verwendung von nur einem Prozent seiner Fähigkeit decken und hinterläßt noch ein Sehen von 95 : 100, was fast vollkommen ist. So ist das Problem der sinnersetzenden Geräte ein außerordentlich hoffnungsvolles Arbeitsgebiet.

VII

KYBERNETIK
UND PSYCHOPATHOLOGIE

Ich muß dieses Kapitel mit einem Geständnis beginnen. Einerseits bin ich weder Psychopathologe noch Psychiater und entbehre jeglicher Erfahrung auf einem Gebiet, wo die Leitung der Erfahrung die einzig zuverlässige ist. Auf der anderen Seite ist unser Wissen über die normale Verrichtung des Gehirns und des Nervensystems und damit erst recht unser Wissen über ihr abnormes Verhalten weit davon entfernt, jenes Stadium der Perfektion erreicht zu haben, wo eine vorgefaßte Theorie Vertrauen erwecken kann. Darum lehne ich von vornherein jede Behauptung ab, daß irgendeine spezielle Erscheinung in der Psychopathologie, wie z. B. irgendeiner der krankhaften Zustände, die von Kraepelin und seinen Schülern beschrieben wurden, zu einem speziellen Defekt in der Organisation des Gehirns als Rechenmaschine gehört. Jene, die solche speziellen Schlüsse aus den Betrachtungen dieses Buches ziehen, tun dies auf ihr eigenes Risiko.

Trotzdem kann die Vorstellung, daß das Gehirn und die Rechenmaschine vieles gemeinsam haben, neue und gültige Annäherungen an die Psychopathologie und sogar an die Psychiatrie ergeben. Diese beginnen mit der vielleicht überhaupt einfachsten Frage, wie das Gehirn große Fehler vermeidet, grobes Mißlingen von Tätigkeiten, die aus Fehlleistungen der individuellen Komponenten herrühren. Ähnliche Fragen, die an die Rechenmaschine gestellt werden, sind von großer praktischer Bedeutung, denn hier kann eine Kette von Operationen, wovon jede den Bruchteil einer Millisekunde dauert, Tage oder Stunden dauern. Es ist gut möglich, daß eine Kette von Rechenoperationen 10^9 separate Schritte enthält. Unter diesen Umständen ist die Wahrscheinlichkeit, daß mindestens eine

Operation verkehrt läuft, keineswegs zu vernachlässigen, und dennoch ist es wahr, daß die Zuverlässigkeit moderner elektronischer Apparate die kühnsten Erwartungen weit übertroffen hat. Bei der gebräuchlichen Rechenpraxis von Hand oder mit Hilfe von Tischmaschinen ist es üblich, jeden Schritt der Rechnung zu prüfen und, wenn ein Fehler gefunden wird, ihn durch einen rückläufigen Prozeß zu lokalisieren, der am ersten Punkt beginnt, wo der Fehler entdeckt wird. Um dies mit einer schnellen Maschine zu tun, muß das Nachprüfen mit der Geschwindigkeit der Originalmaschine vor sich gehen, oder die ganze effektive Geschwindigkeit der Maschine wird jener des langsameren Prüfprozesses entsprechen. Wenn weiterhin die Maschine so ausgelegt ist, daß sie alle Zwischenergebnisse ihrer Arbeit speichert, werden ihre Kompliziertheit und ihr Umfang sich unerträglich vergrößern, um einen Faktor, der höchstwahrscheinlich sehr viel größer als 2 oder 3 ist.

Eine wesentlich bessere Prüfmethode und tatsächlich die einzig in der Praxis gebräuchliche ist die, jede Operation in zwei oder drei getrennten Mechanismen durchführen zu lassen. Wenn zwei solcher Mechanismen verwendet werden, werden ihre Resultate automatisch miteinander verglichen, und wenn hier irgendeine Diskrepanz besteht, werden alle Daten in einen Dauerspeicher übertragen, die Maschine stoppt und gibt der Bedienungsperson das Signal, daß etwas falsch ist. Diese vergleicht die Ergebnisse und wird durch sie bei der Suche nach dem fehlerhaften Teil geleitet, vielleicht einer Röhre, die durchgebrannt ist und ersetzt werden muß. Wenn für jede Stufe drei verschiedene Mechanismen verwendet werden und einzelne Fehlleistungen so selten sind, wie sie tatsächlich auftreten, wird praktisch immer eine Übereinstimmung zwischen zwei von den drei Mechanismen herrschen, und diese Übereinstimmung wird das gesuchte Ergebnis bringen. In diesem Fall nimmt der Übertragungsmechanismus das Resultat der Majorität an, und die Maschine braucht nicht anzuhalten, aber ein Signal zeigt an, wo und wie das Minoritätsergebnis vom Majoritätsergebnis abweicht. Wenn das im ersten Augenblick der Diskrepanz vorkommt, kann die Anzeige der Lage des Fehlers sehr genau sein. In einer gut konstruierten Maschine ist kein bestimmtes Element einer bestimmten Stufe in der Folge der Operationen zugewiesen, sondern in jeder Stufe gibt es einen Suchprozeß, ganz ähnlich jenem, der in automatischen Telefonzentralen gebräuchlich ist, der das erste verfügbare Element einer bestimmten Art findet und in die Operationsfolge einschaltet. In diesem Fall braucht das Entfernen und Ersetzen von defekten Elementen nicht die Ursache irgendeiner merklichen Verzögerung zu sein.

Es ist denkbar und nicht unwahrscheinlich, daß wenigstens zwei der Elemente dieses Prozesses auch im Nervensystem vorhanden sind. Wir können schwerlich erwarten, daß irgendeine wichtige Nachricht zur Übertragung einem einzigen Neuron anvertraut wird, noch daß irgendeine wichtige Operation einem einzelnen Neuronenmechanismus anvertraut ist. Wie die Rechenmaschine arbeitet das Gehirn wahrscheinlich nach einer Variante des berühmten Prinzips, das Lewis Caroll in *The Hunting of the Snark* erklärt: »Was ich dir dreimal sage, ist wahr.« Es ist auch unwahrscheinlich, daß die verschiedenen Kanäle, die benutzt werden, Information zu übertragen, üblicherweise ohne Verzweigungen von einem Ende ihres Verlaufes zum anderen gehen. Es ist wesentlich wahrscheinlicher, daß eine Botschaft, wenn sie in eine bestimmte Schicht des Nervensystems kommt, mit Hilfe eines oder mehrerer verschiedener Glieder dessen, was als Internuntialvorrat bekannt ist, diesen Punkt verlassen und zum nächsten Punkt fortschreiten kann. Es kann tatsächlich Teile des Nervensystems geben, wo diese Austauschbarkeit sehr beschränkt oder abgeschafft ist, und diese müssen wahrscheinlich höher spezialisierte Teile der Gehirnrinde sein und nicht jene, die als innere Fortsetzung der speziellen Sinnesorgane dienen. Dennoch gilt das Prinzip und gilt wahrscheinlich am klarsten für die relativ unspezialisierten cortikalen Bereiche, die dem Zweck der Assoziation und dem, was wir als die höheren geistigen Funktionen bezeichnen, dienen.

Bis jetzt haben wir Fehler in der Funktion betrachtet, die normal und nur in übertragenem Sinn pathologisch sind. Wir wollen nun zu solchen kommen, die wesentlich klarer pathologisch sind. Die Psychopathologie war eine ziemliche Enttäuschung für den instinktiven Materialismus der Ärzte, die den Standpunkt eingenommen hatten, daß jeder fehlerhafte Zustand von materiellen Verletzungen eines bestimmten benützten Gewebes begleitet sein muß. Es ist wahr, daß bestimmte Gehirnverletzungen, wie Verwundungen, Tumore, Gerinnsel und ähnliches, von psychischen Symptomen begleitet sein können und daß gewisse Geisteskrankheiten wie die Paresis die Folge allgemeiner körperlicher Krankheiten sind und einen pathologischen Zustand des Gehirngewebes zeigen; aber es gibt keinen Weg, das Gehirn eines Schizophrenen, eines von Kraepelin streng definierten Typus, oder das eines manisch-depressiven Patienten oder eines Paranoiden zu identifizieren. Diese Störungen nennen wir *funktionell*, und diese Unterscheidung scheint im Gegensatz zum Dogma des modernen Materialismus zu stehen, daß jede funktionelle Störung irgendwelche physiologischen oder anatomischen Ursachen in den betreffenden Geweben hat.

Dieser Unterschied zwischen funktionellen und organischen Störungen wird durch die Betrachtung der Rechenmaschine gut beleuchtet. Wie wir schon gesehen haben, ist es nicht die leere physikalische Struktur der Rechenmaschine, die dem Gehirn entspricht — dem erwachsenen Gehirn wenigstens —, sondern die Kombination dieser Struktur mit den am Anfang einer Kette von Operationen gegebenen Instruktionen und mit aller zusätzlichen Information, die gespeichert und im Ablauf dieser Kette von außen gewonnen wird. Diese Information ist in irgendeiner physikalischen Form gespeichert — als Gedächtnis —, aber ein Teil von ihr hat die Form zirkulierenden Gedächtnisses mit einer physikalischen Basis, die verschwindet, wenn die Maschine abgestellt wird oder das Gehirn stirbt, und ein Teil die Form von langdauerndem Gedächtnis, das in einer Weise gespeichert wird, die wir nur ahnen können, aber wahrscheinlich auch in einer Form mit physikalischer Basis, die mit dem Tod verschwindet. Es ist uns noch kein Weg bekannt, um an einer Leiche zu erkennen, wie groß die Schwelle einer gegebenen Synapse im Leben gewesen ist, und selbst wenn wir das wüßten, gibt es keinen Weg, der Neuronenkette und den damit zusammenhängenden Synapsen nachzuspüren und die Bedeutung dieser Ketten für den Ideengehalt, den sie aufzeichnen, zu bestimmen.

Es ist darum nichts Erstaunliches, funktionelle Gedächtnisstörungen als fundamentale Krankheiten des Gedächtnisses zu betrachten, der zirkulierenden Information, die im Gehirn im aktiven

Stadium behalten wird und der langzeitlichen Durchlässigkeit der Synapsen. Sogar die gröberen Störungen wie die Paresis werden einen großen Teil ihrer Wirkungen nicht sosehr durch die Zerstörung des Gewebes, das sie benötigen, und die Veränderung der synaptischen Schwellen als durch die sekundären Störungen des Verkehrs erzeugen — die Überbeanspruchung dessen, was vom Nervensystem und dem Zurückverfolgen von Nachrichten bleibt —, die solchen primären Schäden folgen muß.

In einem System, das eine große Anzahl Neuronen enthält, können zirkulierende Prozesse kaum für lange Zeit stabil gemacht werden. Entweder durchlaufen sie, wie im Falle des zur scheinbaren Gegenwart gehörenden Gedächtnisses, ihren Kurs, stören sich selbst und löschen aus, oder sie bringen immer mehr und mehr Neuronen in ihr System, bis sie einen ungeordneten Teil des Neuronenvorrates einnehmen. Genau dieses nehmen wir bei dem bösartigen Quälen, das Angstneurosen begleitet, an. In solch einem Fall ist es möglich, daß der Patient einfach nicht den Platz, die genügende Anzahl von Neuronen hat, seine normalen Denkprozesse auszuführen. Unter solchen Bedingungen kann es im Gehirn weniger geben, das die Neuronen, die noch nicht gereizt sind, auflädt, so daß sie alle um so mehr vollständig in den Ausdehnungsprozeß verwickelt sind. Weiterhin wird das bleibende Gedächtnis immer stärker befallen, und der pathologische Prozeß, der zuerst auf der Ebene des zirkulierenden Gedächtnisses erschien, kann sich in einer nachhaltigeren Weise auf der Ebene des permanenten Gedächtnisses wiederholen. Was also als eine relativ triviale und zufällige Störung der Stabilität begann, kann sich zu einem Prozeß auswachsen, der das normale geistige Leben total zerstört.

Pathologische Prozesse von etwa ähnlicher Natur sind bei mechanischen oder elektrischen Rechenmaschinen nicht unbekannt. Ein Zahn eines Rades kann gerade unter solchen Umständen ausrutschen, daß kein anderer Zahn, mit dem er arbeiten soll, ihn in seine normale Beziehung zurückstoßen kann; oder eine schnellarbeitende elektrische Rechenmaschine kann in einen zirkulierenden Prozeß geraten, der sich anscheinend auf keine Weise stoppen läßt. Diese Möglichkeiten können von einer höchst unwahrscheinlichen augenblicklichen Konfiguration des Systems abhängen und können sich, wenn sie abgestellt sind, niemals — oder sehr selten — wiederholen. Wenn sie jedoch auftreten, setzen sie die Maschine zeitweise außer Betrieb.

Wie verfahren wir mit diesen Vorfällen beim Gebrauch von Maschinen? Das erste, was wir versuchen, ist, die Maschine von allen Informationen zu entleeren, in der Hoffnung, daß beim neuen Start mit anderen Daten die Schwierigkeit nicht wieder auftritt. Wenn dies fehlschlägt, ist die Schwierigkeit in irgendeinem Punkt dauernd oder vorübergehend für den Löschvorgang unzugänglich; wir schütteln dann die Maschine oder, wenn sie elektrisch ist, setzen wir sie einem anormal großen elektrischen Impuls aus, in der Hoffnung, daß wir den unbeeinflußbaren Teil erreichen und ihn in eine Position werfen, wo sein falscher Arbeitszyklus unterbrochen wird. Wenn auch dies fehlschlägt, können wir einen fehlerhaften Teil des Apparates abtrennen, denn es ist möglich, daß das, was noch bleibt, für unseren Zweck ausreicht.

Es gibt nun keinen normalen Vorgang, ausgenommen den Tod, der das Gehirn von allen vergangenen Eindrücken völlig befreit; und nach dem Tod ist es unmöglich, es wieder in Gang zu setzen. Von allen normalen Prozessen kommt der Schlaf dem nichtpathologischen Löschen am nächsten. Wie oft haben wir erfahren, daß der beste Weg, einer schwierigen Sorge Herr zu werden oder eine intellektuelle Verwirrung zu entwirren, der ist, darüber zu schlafen! Jedoch löscht der Schlaf nicht die tieferen Erinnerungen aus, noch ist eine hinreichend tiefe Sorge tatsächlich mit entsprechend tiefem Schlaf zu vereinbaren. Wir sind darum oft gezwungen, zu stärkeren Eingriffsarten im Gedankenzyklus Zuflucht zu nehmen. Der stärkste davon beinhaltet einen chirurgischen Eingriff in das Gehirn, der bleibende Schäden, Verstümmelung und Schwächung der Kräfte des Opfers zurückläßt, da das zentrale Nervensystem des Säugetiers keine Regenerationskräfte irgendwelcher Art zu besitzen scheint. Die hauptsächlich durchgeführte Art des chirurgischen Eingriffs ist als frontale Lobotomie bekannt und besteht aus dem Entfernen oder Isolieren eines Teiles der Stirnlappen der Cortex. Diese war vor kurzem etwas in Mode, wahrscheinlich nicht ohne Zusammenhang mit der Tatsache, daß es die Verwahrung vieler Kranker einfacher machte. Lassen Sie mich beiläufig bemerken, daß ihre Verwahrung noch einfacher wird, wenn man sie tötet. Jedoch scheint die frontale Lobotomie eine echte Wirkung auf bösartigen Kummer zu haben, nicht indem sie den Kranken einer Lösung seiner Probleme näher bringt, sondern durch Beschädigung oder Zerstörung der Fähigkeit, Sorgen zu behalten, was in der Terminologie eines anderen Berufs als *Gewissen* bekannt ist. Allgemeiner ausgedrückt scheint sie alle Aspekte des zirkulierenden Gedächtnisses zu beschränken, die Fähigkeit, eine Situation in Erinnerung zu behalten, die nicht gegenwärtig vorhanden ist.

Die verschiedenen Arten der Schockbehandlung — elektrisch, mit Insulin, Metrasol — sind weniger drastische Methoden, etwas sehr Ähnliches zu tun. Sie zerstören das Gehirngewebe nicht oder sind wenigstens nicht darauf gerichtet, es zu zerstören, aber sie haben eine entschieden schädliche Wirkung auf das Gedächtnis. Soweit dies das zirkulierende Gedächtnis betrifft und dieses Gedächtnis hauptsächlich für die Zeitdauer der geistigen Verwirrung geschädigt ist und möglicherweise kaum fähig ist, irgend etwas zu behalten, ist die Schockbehandlung bestimmt gegenüber der Lobotomie vorzuziehen; sie ist aber nicht immer frei von schädlichen Wirkungen auf das bleibende Gedächtnis und die Persönlichkeit. Wie es zur Zeit steht, ist es eine weitere gewaltsame, unvollständig verstandene, nicht vollständig zu kontrollierende Methode, einen geistigen Zirkelschluß zu unterbrechen. Das schließt nicht aus, daß es in vielen Fällen das Beste ist, was wir zur Zeit tun können.

Lobotomie und Schockbehandlung sind Methoden, die sich ihrer wirklichen Natur nach mehr dazu eignen, Zirkelschlüsse im Gedächtnis und bösartige Ängste zu behandeln als das tiefer sitzende, bleibende Gedächtnis, obgleich es nicht unmöglich ist, daß sie auch hier einige Wirkung haben. Wie wir schon feststellten, ist in langandauernden Fällen geistiger Störungen das bleibende Gedächtnis ebenso schwer gestört wie das zirkulierende Gedächtnis. Wir scheinen keine reine pharmazeutische oder chirurgische Waffe zu besitzen, um speziell in das bleibende Gedächtnis einzugreifen. Hier kommen die Psychoanalyse und ähnliche psychotherapeutische Mittel zur Anwendung. Ob nun die Psychoanalyse im orthodoxen Freudschen Sinne aufgefaßt ist oder im modifizierten Sinne von Jung und Adler, oder ob unsere Psychotherapie überhaupt nicht streng psychoanalytisch ist, ist unsere Behandlung völlig auf die Vorstellung gegründet, daß die gespeicherte Information des Gedächtnisses in viele Ebenen der Zugänglichkeit geschichtet und viel reicher und viel vielfältiger ist als das, was direkt durch reine Selbstbeobachtung zugänglich ist; daß sie wesentlich bedingt ist durch affektive Erfahrungen, die wir nicht immer durch solche Selbstbeobachtungen aufdecken, entweder weil sie niemals in unserer erwachsenen Sprache deutlich gemacht wurden oder weil sie durch einen bestimmten gefühlsmäßigen, wenn auch allgemein unwillkürlichen Mechanismus verborgen waren; und daß der Inhalt dieser gespeicherten Erfahrungen, so gut wie ihr affektiver Tonus, viel von unserer späteren Aktivität auf Wege zwingt, die gut pathologisch sein können. Die Technik des Psychoanalytikers besteht aus einer Reihe von Mitteln, diese versteckten Gedanken zu entdecken und zu erklären, den Patienten dazu zu bringen, sie als das aufzunehmen, was sie sind, und sie durch diese Aufnahme, wenn nicht in ihrem Inhalt, so doch wenigstens im affektiven Tonus, den sie tragen, zu ändern und sie damit harmloser zu machen. All dies stimmt völlig mit dem Standpunkt dieses Buches überein. Es erklärt vielleicht auch, warum es Umstände gibt, bei denen eine gemeinsame Schockbehandlung und Psychotherapie angezeigt ist, indem man eine physikalische oder pharmakologische Therapie für das Phänomen des Zurückstrahlens im Nervensystem und eine psychologische Therapie für das langzeitliche Gedächtnis kombiniert, das ohne Einmischung, wenn der Zirkelschluß durch die Schockbehandlung aufgebrochen ist, von innen wiederhergestellt wird.

Wir haben schon das Verkehrsproblem des Nervensystems erwähnt. Es ist von vielen Verfassern darüber geschrieben worden, wie z. B. von D'Arcy Thompson[40], daß jede Form von Organisation eine obere Grenze der Größe hat, jenseits deren sie nicht funktionieren wird. So ist der Körperbau des Insekts durch die Länge des Röhrensystems begrenzt, über das die Atemmethode

---

[40] *Thompson, D'Arcy*, On Growth and Form, Amer. ed., The Macmillan Company, New York 1942.

der Luftzufuhr durch Diffusion direkt in das Atmungsgewebe funktioniert, und die Landtiere können nicht so groß sein, daß die Beine oder andere Partien, die in Verbindung mit dem Boden stehen, durch ihr Gewicht zerquetscht werden; ein Baum ist begrenzt durch den Mechanismus für das Weiterleiten von Wasser und Mineralien von den Wurzeln zu den Blättern und der Produkte der Fotosynthese von den Blättern zu den Wurzeln und so weiter. Dasselbe wird bei technischen Konstruktionen beobachtet. Wolkenkratzer sind in ihrer Größe durch die Tatsache begrenzt, daß, wenn sie eine bestimmte Höhe übersteigen, der Aufzugsraum, der für die oberen Stockwerke gebraucht wird, einen zu großen Teil des Querschnitts der unteren Stockwerke beansprucht. Über eine bestimmte Spannweite hinaus wird die bestmögliche Hängebrücke, die aus Materialien mit bestimmten elastischen Eigenschaften gebaut werden kann, unter ihrem eigenen Gewicht zusammenbrechen, und jenseits einer gewissen größeren Spannweite wird *jede* Struktur, die aus einem bestimmten Material oder Materialien gebaut ist, unter ihrem eigenen Gewicht zusammenbrechen. In ähnlicher Weise ist die Größe einer einzelnen Telefonzentrale, die übereinstimmend mit einem feststehenden, nicht erweiterungsfähigen Plan gebaut ist, begrenzt; diese Begrenzung ist sehr sorgfältig durch Telefoningenieure untersucht worden.

In einem Telefonsystem ist der wichtige Begrenzungsfaktor der Bruchteil der Zeit, während dessen ein Teilnehmer keinen Anruf durchbringen kann. Eine 99prozentige Erfolgschance wird sicher den strengsten Anforderungen genügen, 90 Prozent erfolgreicher Anrufe sind wahrscheinlich ausreichend, um Geschäfte vernünftig weiterführen zu können. Ein Erfolg von 75 Prozent ist schon störend, aber er erlaubt, das Geschäft nach einer Regel weiterzuführen, während, wenn die Hälfte der Anrufe mißlingt, die Abonnenten anfangen werden, zu fordern, daß ihre Telefone weggenommen werden. Nun, das sind Allgemeinerscheinungen. Wenn die Anrufe durch n verschiedene Schaltstufen gehen und die Wahrscheinlichkeit des Mißlingens unabhängig und gleich für jede Stufe ist, muß die Erfolgswahrscheinlichkeit in jeder Stufe $p^{1/n}$ sein, um eine Gesamterfolgswahrscheinlichkeit p zu erhalten. Um also eine 75prozentige Chance des Durchkommens der Anrufe nach fünf Stufen zu bekommen, müssen wir ungefähr eine 95prozentige Erfolgschance pro Stufe haben. Um eine 90prozentige Ausnützung zu erhalten, müssen wir 98 Prozent Erfolgschancen in jeder Stufe haben. Um eine 50prozentige Ausnützung zu bekommen, müssen wir 87 Prozent Erfolgschancen in jeder Stufe haben. Man erkennt, daß, je mehr Stufen enthalten sind, der Dienst um so schneller äußerst schlecht wird, wenn eine kritische Größe der Versagenswahrscheinlichkeit für den einzelnen Anruf überschritten ist, und äußerst gut, wenn dieser kritische Punkt noch nicht ganz erreicht ist. Daher zeigt eine Schaltstelle, die viele Schaltstufen enthält und für eine bestimmte Fehlerwahrscheinlichkeit konstruiert ist, keine offensichtlichen Zeichen des Versagens, bis das Verkehrsvolumen jenen kritischen Punkt erreicht, wo sie vollständig versagt und wir eine katastrophale Verkehrsverwirrung haben.

Der Mensch, mit dem höchstentwickelten Nervensystem von allen Tieren, mit einem Verhalten, das wahrscheinlich von den längsten Ketten wirkungsvoll operierender Neuronen abhängt, muß dann wahrscheinlich einen komplizierten Typ des Verhaltens darstellen, der wirklich sehr dicht am Rand einer Überlastung steht, wenn er auf ernste und katastrophale Weise reagiert. Diese Überlastung kann auf verschiedene Weise erfolgen: entweder in einem Übermaß des Verkehrsvolumens, das zu tragen ist, durch physisches Entfernen von Kanälen, die den Verkehr leiten, oder durch die übermäßige Belegung dieser Kanäle durch unerwünschte Verkehrssysteme, wie zirkulierende Gedanken, die in einem Maße zugenommen haben, daß sie pathologische Quälereien werden. In allen diesen Fällen wird ganz plötzlich ein Punkt kommen, an dem für den normalen Verkehr nicht ausreichend Platz ist, und es gibt eine Art geistigen Zusammenbruchs, der sehr wahrscheinlich zum Wahnsinn führt.

Dies wird zunächst auf die Fähigkeiten oder Operationen einwirken, die die längsten Neuronenketten benötigen. Es gibt einen offensichtlichen Beweis, daß dies genau jene Prozesse sind, die als die höchsten in der gewöhnlichen Skala unserer Wertung erkannt sind. Der Beweis ist der, daß ein Ansteigen der Temperatur bis nahezu an die physiologischen Grenzen dafür bekannt ist, daß es ein Anwachsen der Leichtigkeit der Arbeit der meisten, wenn nicht aller neuronischer Prozesse bewirkt. Dieses Anwachsen ist größer bei den höheren Prozessen, grob ausgedrückt, in der Ordnung unserer gewöhnlichen Bestimmung ihres Grades der »Höhe«. Nun sollte irgendeine Erleichterung eines Prozesses in einem einzelnen Neuronen-Synapsen-System kumulativ sein, da das Neuron in Reihe mit anderen Neuronen kombiniert ist. Daher ist der Betrag der Hilfe, den ein Prozeß durch einen Temperaturanstieg erhält, ein grobes Maß der Länge der Neuronenkette, die er enthält.

Wir sehen also, daß die Überlegenheit des menschlichen Gehirns gegenüber anderen in der Länge der Neuronenketten, die es benutzt, der Grund ist, warum Geistesstörungen sicher am meisten sichtbar und wahrscheinlich am meisten beim Menschen üblich sind. Es gibt einen anderen, spezielleren Weg, eine sehr ähnliche Angelegenheit zu betrachten. Wir wollen zuerst zwei Gehirne betrachten, die geometrisch gleich sind, bei denen das Verhältnis der Gewichte von grauer und weißer Substanz durch denselben Proportionalitätsfaktor bestimmt ist, aber mit verschiedenen linearen Dimensionen in dem Verhältnis $A:B$. Es sei das Volumen der Zellkörper in der grauen Substanz und die Querschnitte der Fasern in der weißen Substanz in den beiden Gehirnen von derselben Größe. Dann haben die Anzahlen der Zellkörper in den beiden Fällen das Verhältnis $A^3:B^3$ und die Anzahl der Langstreckenverbindungen das Verhältnis $A^2:B^2$. Das heißt, daß für dieselbe Aktivitätsdichte in den Zellen die Aktivitätsdichte in den Fasern bei dem großen Gehirn $A:B$ mal so groß ist wie in dem kleinen Gehirn.

Wenn wir das menschliche Gehirn mit dem eines niederen Säugetiers vergleichen, dann werden wir finden, daß es viel stärker gefurcht ist. Die relative Dicke der grauen Substanz ist fast dieselbe, aber sie ist über ein weit verwickelteres System von Falten und Furchen ausgebreitet. Die Folge ist, daß die Menge grauer Substanz auf Kosten der Menge der weißen Gehirnmasse vergrößert wird. In einer Falte ist diese Abnahme der weißen Substanz weitestgehend eine Abnahme in der Länge und nicht in der Anzahl der Fasern, da die sich gegenüberstehenden Seiten einer Falte enger beisammen sind, als sie bei einem Gehirn mit glatter Oberfläche und von derselben Größe sein würden. Wenn es andererseits zu Verbindungen zwischen verschiedenen Falten kommt, hat der Abstand, den diese zu durchlaufen haben, durch die Furchung des Gehirns zugenommen. Darum wird das menschliche Gehirn leidlich leistungsfähig erscheinen hinsichtlich kurzer Verbindungen, aber völlig mangelhaft im Falle langer Fernleitungen. Das bedeutet, daß bei einer Verkehrsverwirrung die voneinander ganz entfernte Teile des Gehirns benötigenden Prozesse zuerst darunter leiden. Das heißt, Prozesse, die mehrere Zentren, eine Anzahl verschiedener motorischer Prozesse und eine beträchtliche Anzahl von Assoziationsgebieten verwenden, sollten unter den am wenigsten stabilen bei Wahnsinnsanfällen sein. Dies sind genau die Vorgänge, die wir normalerweise höher einstufen, und wir erhalten eine andere Bestätigung unserer Erwartung, die durch die Erfahrung verifiziert zu sein scheint, daß die höheren Prozesse zuerst im Wahnsinn entarten.

Es spricht einiges dafür, daß die Fernwege im Gehirn eine Tendenz dazu haben, alle zusammen aus dem Kleinhirn herauszugehen und die unteren Zentren zu durchqueren. Dies wird durch die äußerst kleine Schädigung angezeigt, die durch das Durchtrennen einiger der Langwegegehirnwindungen der weißen Substanz hervorgerufen wird. Es scheint fast, als ob diese oberflächlichen Verbindungen so unzureichend sind, daß sie nur einen kleinen Teil der tatsächlich gebrauchten Verbindungen versorgen.

In der Beziehung hierauf sind die Phänomene der »Händigkeit« und der Dominanz der Großhirnhälfte interessant. Die Händigkeit scheint bei niederen Säugetieren, wenn auch weniger deutlich als beim Menschen, aufzutreten, wahrscheinlich zum Teil wegen der niedrigen Grade der Organisation und Fertigkeit, die für die von ihnen verrichteten Aufgaben erforderlich sind. Nichtsdestoweniger tritt wirklich die Wahl zwischen der rechten und der linken Seite der muskulären Geschicklichkeit bei den unteren Primaten weniger stark hervor als beim Menschen.

Wie gut bekannt ist, entspricht die Rechtshändigkeit des normalen Menschen im allgemeinen einer Linksausrichtung und die Linkshändigkeit einer Minderheit der Menschen einer Rechtsausrichtung des Gehirns. Das heißt, die Gehirnfunktionen sind nicht gleichmäßig über die beiden Gehirnhäften verteilt, und eine von ihnen, die dominierende Gehirnhälfte, hat den Löwenanteil der höheren Funktionen. Es stimmt, daß viele wesentlich zweiseitige Funktionen — jene des Sehens z. B. — in ihrer entsprechenden Gehirnhälfte gelagert sind, doch trifft dies nicht für *alle* zweiseitigen Funktionen zu. Jedoch sind die meisten »höheren« Gebiete auf die dominierende Gehirnhälfte begrenzt. Zum Beispiel ist beim Erwachsenen die Folge einer umfangreichen Verletzung der zweiten Gehirnhälfte wesentlich weniger ernst als die Folgen einei ähnlichen Verletzung in der dominierenden Gehirnhälfte. Pasteur litt ziemlich zu Anfang seiner Karriere an einer Gehirnblutung auf der rechten Seite, von der er eine mäßige einseitige Lähmung zurückbehielt, eine Hemiplegia. Als er starb, wurde sein Gehirn untersucht, und es wurde festgestellt, daß er an einer so umfangreichen rechtsseitigen Verletzung litt, daß man nach seiner Verletzung hätte sagen müssen: »Er hatte nur ein halbes Gehirn.« Es waren sicher parietale und temporale Regionen sehr stark zerstört. Nichtsdestoweniger hat er nach seiner Verletzung einige seiner bedeutendsten Werke vollbracht. Eine ähnliche Verletzung der linken Seite bei einem rechtshändigen Erwachsenen hätte fast lebensgefährlich sein können, sicher hätte sie den Patienten auf eine animalische Stufe geistiger und nervlicher Verkrüppelung zurückgeworfen.

Es heißt, daß die Situation in der frühen Kindheit wesentlich günstiger ist und daß in den ersten sechs Lebensmonaten eine umfangreiche Verletzung der dominierenden Gehirnhälfte die normalerweise sekundäre Gehirnhälfte zwingen kann, ihren Platz einzunehmen, so daß der Patient weit mehr normal erscheint, als er sein würde, wenn die Verletzung in einem späteren Stadium eingetreten wäre. Das stimmt ganz mit der allgemein größeren Flexibilität überein, die in den ersten Lebenswochen im Nervensystem gezeigt wird, und mit der großen Starrheit, die sich später rasch entwickelt. Es ist möglich, daß kurz vor solchen ernsten Verletzungen die Händigkeit im Kleinstkind sehr flexibel ist. Jedoch sind, lange bevor das Kind ins Schulalter kommt, die natürliche Händigkeit und die Dominanz der einen Gehirnhälfte für das ganze Leben eingerichtet. Es wird üblicherweise angenommen, daß

Linkshändigkeit ein schwerwiegender sozialer Nachteil wäre. Bei den meisten Geräten, Schulpulten und Sportausrüstungen, die in erster Linie für Rechtshänder gemacht wurden, trifft das sicher bis zu einem gewissen Grad zu. In der Vergangenheit wurde sie überdies mit etwas abergläubischer Mißbilligung angesehen, die so vielem anhaftete, das von der menschlichen Norm abwich, wie z. B. Geburtsmale oder rotes Haar. Aus einer Verbindung von Motiven haben viele Leute versucht — sogar mit Erfolg —, die äußerliche Händigkeit ihrer Kinder durch Erziehung zu wechseln, obgleich sie natürlich nicht die physiologische Basis der Dominanz der Gehirnhälften auswechseln konnten. Es wurde dann in vielen Fällen festgestellt, daß diese »hemisphärischen Wechselbälge« an Stottern und anderen Fehlern der Sprache, des Lesens und Schreibens litten bis zum Ausmaß ernsthafter Beeinträchtigungen ihrer Aussichten im Leben und ihrer Hoffnung auf eine normale Karriere.

Wir sehen nun wenigstens eine mögliche Erklärung dieses Phänomens. Mit der Erziehung der sekundären Hand war eine teilweise Erziehung des Teils der sekundären Gehirnhälfte verbunden, der sich mit den gewandten Bewegungen wie etwa dem Schreiben befaßt. Da diese Bewegungen jedoch in der engstmöglichen Verbindung mit dem Lesen, Sprechen und anderen Tätigkeiten ausgeführt werden, die untrennbar mit der dominierenden Gehirnhälfte zusammenhängen, müssen die Neuronenketten für Prozesse dieser Art zwischen den beiden Gehirnhälften hin- und herlaufen; und bei einem Prozeß mit irgendeiner Komplikation müssen sie das immer wieder tun. Nun sind die direkten Verbindungen zwischen den Gehirnhälften — die Gehirnnervenstränge — in einem Gehirn, das so groß wie das des Menschen ist, von so geringer Zahl, daß sie von sehr geringem Nutzen sind, und der Verkehr innerhalb der Gehirnhälften muß weitläufige Wege durch den Gehirnstamm gehen; wir kennen diese Wege sehr unvollständig, aber sie sind sicherlich lang, knapp und der Unterbrechung ausgesetzt. Als Folge davon werden die mit dem Sprechen und Schreiben verbundenen Prozesse sehr leicht in eine Verkehrsverwirrung einbezogen, und das Stottern ist die natürlichste Sache der Welt.

Also ist das menschliche Gehirn wahrscheinlich schon zu groß, um in wirksamer Weise alle die Möglichkeiten zu verwenden, die anatomisch vorhanden zu sein scheinen. Bei einer Katze scheint die Zerstörung der dominierenden Gehirnhälfte relativ weniger Schaden anzurichten als beim Menschen und die Zerstörung der sekundären Gehirnhälfte wahrscheinlich mehr Schaden. Auf jeden Fall ist die Funktionsverteilung auf die beiden Gehirnhälften nahezu gleich. Beim Menschen ist der Vorteil, der durch die Zunahme der Größe und der Kompliziertheit des Gehirns gewonnen wird, teilweise durch die Tatsache aufgehoben, daß wenig des Organs wirklich zu gleicher Zeit gebraucht werden kann. Es ist interessant, darüber nachzudenken, daß wir einer jener Begrenzungen der Natur gegenüberstehen können, in der hochspezialisierte Organe einen Grad abnehmender Leistungsfähigkeit erreichen und schließlich zum Aussterben der Art führen. Das menschliche Gehirn mag so weit auf dem Weg zu seiner destruktiven Spezialisierung sein wie die großen Nashörner als die letzten der Titanen.

VIII

INFORMATION, SPRACHE UND GESELLSCHAFT

Die Vorstellung einer Organisation, deren Elemente ihrerseits selbst kleine Organisationen sind, ist weder ungewohnt noch neu. Die losen Föderationen der alten Griechen, das Heilige Römische Reich und seine ähnlich konstituierten feudalen Zeitgenossen, die Schweizer Eidgenossenschaft, die Vereinigten Niederlande, die Vereinigten Staaten von Nordamerika und die vielen Vereinigten Staaten südlich davon, die Union der Sozialistischen Sowjet-Republiken, sie alle sind Beispiele von Hierarchien von Organisationen in der politischen Sphäre. Der Leviathan von Hobbes, der aus niederen Menschen aufgebaute Staatmensch, ist eine Verbildlichung derselben Idee, eine Stufe niedriger in der Skala, während Leibniz' Abhandlung über den lebenden Organismus, als wäre er wirklich ein Ganzes, worin andere lebende Organismen wie die Blutkörperchen leben, nichts ist als ein anderer Schritt in derselben Richtung. Sie ist tatsächlich kaum mehr als eine philosophische Vorwegnahme der Zellentheorie, nach der die meisten kleinen Tiere und Pflanzen und alle großen aus Einheiten, Zellen aufgebaut sind, die viele, wenn nicht alle Merkmale unabhängig lebender Organismen haben. Die vielzelligen Organismen können ihrerseits die Bausteine von Organismen höherer Ordnung sein, so wie das sogenannte portugiesische Kriegsschiff, das eine zusammengesetzte Struktur verschiedenartiger, am Rumpf zusammengewachsener Polypen ist, wobei die einzelnen Individuen auf verschiedene Weise abgeändert sind, um der Ernährung, der Verteidigung, der Fortbewegung, der Ausscheidung, der Fortpflanzung und der Unterstützung der Kolonie als ganzer zu dienen.

Genau ausgedrückt, stellt solch eine physisch verbundene Kolonie wie diese keine organisatorische Frage, die philosophisch tiefer geht als diejenigen, die sich auf einem niedrigeren Niveau der Individualität erheben. Es ist ganz anders beim Menschen und anderen soziallebenden Tieren — bei den Herden von Pavianen oder Rindern, den Biberkolonien, den Bienenstöcken, den Wespennestern oder Ameisen. Der Grad der Integration des Lebens der Gemeinschaft kann sehr gut das Niveau erreichen, das sich im Verhalten eines einzelnen Individuums zeigt, außerdem wird das Individuum wahrscheinlich ein festes Nervensystem haben, mit ständigen topographischen Beziehungen zwischen den Elementen und permanenten Verbindungen, während die Gemeinschaft aus Individuen mit in Raum und Zeit wechselnden Relationen besteht, ohne bleibende, ununterbrechbare physische Verbindungen. Das ganze Nervengewebe des Bienenstocks ist das Nervengewebe einer einzelnen Biene. Wie handelt dann der Bienenstock in Übereinstimmung und das in einer sehr variationsfähigen, angepaßten, organisierten Übereinstimmung? Offensichtlich liegt das Geheimnis in der gegenseitigen Verständigung seiner Mitglieder.

Diese gegenseitige Verständigung kann hinsichtlich Zusammensetzung und Inhalt sehr variieren. Beim Menschen umfaßt sie die ganze Kompliziertheit der Sprache und der Literatur und sehr viel darüber hinaus. Bei den Ameisen besteht sie wahrscheinlich aus nicht viel mehr als ein paar Gerüchen. Es ist sehr unwahrscheinlich, daß eine Ameise eine Ameise von der anderen unterscheiden kann. Sie kann bestimmt eine Ameise ihres eigenen Nestes von einer Ameise aus einem fremden Nest unterscheiden und mag vielleicht mit der einen zusammenarbeiten und die andere vernichten. Die Ameise scheint nicht mehr als einige dieser äußeren Reaktionen zu haben und einen Verstand, der ihrem chitinumschlossenen Körper entspricht. Er ist so, wie wir ihn von vornherein bei einem Tier erwarten können, dessen Wachstumsstadium und dessen fast ganzes Lernstadium vollkommen von der Tätigkeit im erwachsenen Zustand getrennt sind. Die einzigen Kommunikationsmittel, denen wir in ihnen nachspüren können, sind so allgemein und so weitläufig wie das hormonale Nachrichtensystem innerhalb des Körpers. Tatsächlich ist der Geruchsinn, einer der chemischen Sinne, so allgemein und ungerichtet wie er ist, den hormonalen Einflüssen innerhalb des Körpers nicht unähnlich.

Es soll beiläufig erwähnt werden, daß Moschus, Zibet und Castoreum und ähnliche sexuell anziehende Substanzen bei den Säugetieren als kommunale, äußerliche Hormone betrachtet werden können, die besonders bei allen einsam lebenden Tieren unentbehrlich sind, um die Geschlechter zur geeigneten Zeit zusammenzubringen und der Fortdauer der Rasse zu dienen. Damit will ich nicht behaupten, daß die innere Wirkung dieser Substanzen, wenn sie einmal das Geruchsorgan erreicht haben, eher hormonal als nervlich ist. Es ist schwer zu sehen, wie sie bei so kleinen, kaum wahrnehmbaren Quantitäten rein hormonal sein kann; auf der anderen Seite wissen wir zu wenig von der Wirkung der Hormone, um die Möglichkeit der hormonalen Wirkung verschwindend kleiner Mengen solcher Substanzen zu verneinen. Überdies benötigen die langen, verzweigten Ringe von Kohlenstoffatomen, die in Muskonen und Zibetonen gefunden werden, nicht allzu viele Umänderungen, um die verkettete Ringstruktur-Charakteristik der Sexualhormone, einiger der Vitamine und einiger der Karzinogene zu bilden. Ich lege keinen Wert darauf, eine Meinung über diese Angelegenheit zu äußern; ich stelle sie als eine interessante Vermutung hin.

Die Gerüche, die von der Ameise wahrgenommen werden, scheinen zu einer hochentwickelten Verhaltensweise zu führen; aber der Wert eines einfachen Reizes, wie z. B. eines Geruches, für das Weiterleiten von Information hängt nicht nur von der Information, die durch den Reiz selbst fortgeleitet wird, ab, sondern von der gesamten nervlichen Konstitution des Senders und ebensosehr des Empfängers des Reizes. Angenommen, ich befinde mich in den Wäldern mit einem intelligenten Wilden, der nicht meine Sprache sprechen kann und dessen Sprache ich nicht sprechen kann. Selbst ohne irgendeinen Kode einer Zeichensprache, der uns beiden bekannt ist, kann ich von ihm vieles lernen. Alles, was ich tun muß, ist, aufmerksam auf solche Augenblicke zu warten, in denen er Zeichen von Erregung oder Interesse zeigt. Ich blicke mich dann um, zolle vielleicht der Richtung seines Blickes besonders Aufmerksamkeit und halte in meinem Gedächtnis fest, was ich sehe oder höre. Es wird nicht lange dauern, bis ich die Dinge entdecke, die ihm wichtig zu sein scheinen, nicht weil er sie mir in meiner Sprache berichtet hat, sondern weil ich sie selbst beobachtet habe. Anders ausgedrückt kann ein Signal ohne echten Inhalt in seinem Denken einen Sinn gewinnen durch das, was er zu der Zeit beobachtet, und in meinem Denken durch das, was ich zu der Zeit beobachte. Die Fähigkeit, die Augenblicke meiner besonderen, aktiven Aufmerksamkeit herauszufinden, ist in sich selbst eine Sprache, die ebenso variabel in den Möglichkeiten wie auch in der Art der Eindrücke ist, die wir beide zu erfassen fähig sind. So können sozial lebende Tiere ein aktives, intelligentes und wendiges Mittel der Kommunikation lange vor der Entwicklung der Sprache haben.

Welche Mittel der Kommunikation eine Art oder Rasse auch immer haben mag, es ist möglich, den Betrag der Information zu definieren und zu messen, der für die Rasse verfügbar ist, und ihn von dem Betrag der Information zu unterscheiden, der für das Individuum verfügbar ist. Gewiß ist keine Information, die für das Individuum verfügbar ist, auch ebenso für die Rasse verfügbar, außer wenn sie das Verhalten eines Individuums einem anderen gegenüber modifiziert, noch ist je jenes Verhalten von rassischer Bedeutung, wenn es nicht durch andere Individuen von anderen Formen des Verhaltens unterscheidbar ist. So hängt die Frage, ob ein gewisses Bruchstück von Information rassisch oder von rein persönlicher Verwendbarkeit ist, davon ab, ob sie in dem aufnehmenden Individuum eine Form von Aktivität zur Folge hat, die als eine verschiedene Art der Aktivität durch andere Mitglieder der Rasse erkannt werden kann in dem Sinne, daß sie umgekehrt auf ihre Aktivität einwirken kann usw.

Ich habe von der Rasse gesprochen. Dies ist wirklich ein zu breitgefaßter Ausdruck für den Rahmen der meisten kommunalen Information. Um es genau zu sagen, dehnt sich die Gemeinschaft nur so weit aus, wie eine wirksame Übertragung von Information reicht. Es ist möglich, diesem eine Art Maß durch den Vergleich der Anzahl von Entscheidungen, die in eine Gruppe von außerhalb eintritt, mit der Zahl von Entscheidungen, die in der Gruppe getroffen werden, zu verleihen. Wir können so die Autonomie der

Gruppe messen. Ein Maß der effektiven Größe einer Gruppe ist durch die Größe gegeben, die sie haben muß, um einen bestimmten festgestellten Grad von Autonomie zu besitzen.

Eine Gruppe kann mehr Gruppeninformation oder weniger Gruppeninformation als ihre Mitglieder haben. Eine Gruppe von nichtsozialen Tieren, die zeitweise versammelt sind, enthält sehr wenig Gruppeninformation, obgleich ihre Mitglieder als Einzelwesen viel Information besitzen können. Dies darum, weil sehr wenig von dem, was ein Mitglied tut, von den anderen bemerkt und durch sie auf eine Weise weitergegeben wird, die in der Gruppe weiterläuft. Auf der anderen Seite enthält der menschliche Organismus aller Wahrscheinlichkeit nach wesentlich mehr Information, als irgendeine seiner Zellen. So gibt es keine notwendige Beziehung in irgendeiner Richtung zwischen dem Betrag von rassischer, Stammes- oder Gemeinschaftsinformation und der Informationsmenge, die für das Individuum verfügbar ist.

Wie im Fall des Individuums ist alle Information, die für die Rasse verfügbar ist, gleichzeitig nicht ohne besondere Anstrengung erreichbar. Es gibt eine gutbekannte Tendenz der Bibliotheken, durch ihren eigenen Umfang behindert zu werden; der Wissenschaften, solch einen Grad von Spezialisierung zu entwickeln, daß der Fachmann oft außerhalb seiner eigenen, schmalen Arbeitsrichtung unwissend ist. Dr. Vannevar Bush hat die Verwendung mechanischer Hilfsmittel für das Durchsuchen sehr großer Materialmengen vorgeschlagen. Diese sind wahrscheinlich nützlich, aber sie werden durch die Unmöglichkeit begrenzt, ein Buch unter einem unbekannten Schlagwort zu klassifizieren, wenn nicht irgendeine bestimmte Person bereits die Zuständigkeit dieses Schlagwortes für das betreffende Buch erkannt hat. In dem Falle, wo zwei Exemplare gleiche Techniken und gleichen intellektuellen Inhalt haben, jedoch zu weit entfernten Gebieten gehören, verlangt dies immer noch ein Individuum mit einer beinahe Leibnizschen Universalität des Interesses.

Im Zusammenhang mit dem effektiven Betrag der Gemeinschaftsinformation ist eine der überraschendsten Tatsachen in der Körperschaftspolitik ihr extremer Mangel an effektiven homöostatischen Prozessen. Es gibt einen in vielen Ländern üblichen Glauben, der in den Vereinigten Staaten in den Rang eines offiziellen Glaubensartikels erhoben wurde, daß nämlich der freie Wettbewerb selbst ein homöostatischer Prozeß ist, daß in einem freien Markt die individuelle Selbstsucht der Händler — aus der jeder versucht, so teuer wie möglich zu verkaufen und so billig wie möglich einzukaufen — am Ende zu einer stabilen Preisdynamik führen und zum größten allgemeinen Nutzen beitragen wird. Dies ist mit der sehr bequemen Ansicht verbunden, daß der einzelne Unternehmer durch das Streben, sein eigenes Interesse wahrzunehmen, auf irgendeine Art ein öffentlicher Wohltäter ist und so die großen Belohnungen verdient, mit denen ihn die Gesellschaft überschüttet. Unglücklicherweise steht der wirkliche Augenschein dieser einfältigen Theorie entgegen. Der Markt ist ein Spiel, das tatsächlich in dem bekannten Gesellschaftsspiel »Monopoly« ein Beispiel hat. Er ist daher streng der allgemeinen Theorie der Spiele unterworfen, die von von Neumann und Morgenstern entwickelt wurde. Diese Theorie ist auf die Annahme gegründet, daß jeder Spieler in jedem Stadium im Hinblick auf die Information, die jeweils für ihn verfügbar ist, in Übereinstimmung mit einer vollkommen intelligenten Strategie spielt, die ihm am Ende den größtmöglichen Erwartungswert des Gewinnes sichert. Es ist das Marktspiel, wie es zwischen vollkommen intelligenten, vollkommen erbarmungslosen Teilnehmern gespielt wird. Schon bei zwei Spielern ist die Theorie kompliziert, obgleich sie oft zu der Wahl eines bestimmten Verlaufes des Spieles führt. In vielen Fällen jedoch, in denen es drei Spieler gibt, und in der überwältigenden Mehrzahl von Fällen, bei denen die Spieleranzahl groß ist, ist das Resultat von extremer Unbestimmtheit und Instabilität. Die einzelnen Spieler werden durch ihre eigene Habgier gezwungen, Bündnisse zu schließen; aber diese Bündnisse etablieren sich im allgemeinen nicht selbst in irgendeiner einzigen bestimmten Weise, und gewöhnlich laufen sie auf ein Gewirr von Verrat, Abtrünnigkeit und Betrug hinaus, das nur allzusehr ein Bild des höheren Geschäftslebens oder des engverwandten Lebens der Politik, der Diplomatie und des Krieges ist. Auf die Dauer muß sogar der glänzendste und gewissenloseste Krämer den Ruin erwarten; aber sollen die Krämer dessen müde werden und anstreben, in Frieden miteinander zu leben; die großen Gewinne sind für denjenigen vorbehalten, der die geeignete Zeit abwartet, seine Übereinkommen zu brechen und seine Geschäftsfreunde zu betrügen. Was auch immer sein wird, es gibt keine Homöostase. Wir sind in die Wirtschaftszyklen des Aufschwungs und Niederganges verwickelt, mit den Folgen von Diktatur und Revolution, mit den Kriegen, die jeder verliert, was alles so reale Merkmale moderner Zeiten sind.

Natürlich ist das von-Neumannsche Bild eines Spielers als einer vollkommen intelligenten, vollkommen erbarmungslosen Person eine Abstraktion und eine Verdrehung der Tatsachen. Es gibt kaum eine große Anzahl von durch und durch klugen und skrupellosen Personen, die ein Spiel zusammen machen. Wo sich die Gauner versammeln, wird es immer Narren geben, und wo es genügend Narren gibt, bieten sie einen gewinnbringenden Ausbeutungsgegenstand für die Gauner. Die Psychologie des Narren ist für die Gauner ein Gegenstand geworden, der ernster Beachtung wert ist. Anstatt nach der Art des von-Neumannschen Spielers letztlich auf sein eigenes Interesse zu sehen, handelt der Narr in einer Weise, die im großen ganzen ebenso vorausbestimmbar ist wie die Anstrengungen einer Ratte in einem Labyrinth. *Diese* Strategie der Lügen — oder mehr der Behauptungen, die sich nicht mit der Wahrheit decken — wird ihn veranlassen, eine besondere Zigarettenmarke zu kaufen, *jene* Strategie wird, so hofft die Partei, ihn veranlassen, für einen speziellen Kandidaten zu stimmen — für irgendeinen Kandidaten — oder sich zu einer politischen Hexenjagd zu vereinigen. Eine ganz bestimmte genau abgewogene Mischung aus Religion, Pornographie und Pseudowissenschaft läßt eine illustrierte Tageszeitung verkaufen. Eine bestimmte Mischung von Schmeichelei, Bestechung und Einschüchterung wird einen jungen Wissenschaftler veranlassen, an Fernlenkgeschossen oder an der Atombombe zu arbeiten. Um diese Mischung zu bestimmen, haben wir unsere Maschinerie von Rundfunkhörerbefragungen, Probeabstimmungen, Meinungsforschungen und anderen psychologischen Untersuchungen mit dem Mann auf der Straße als Objekt; und es sind immer Statistiker, Soziologen und Volkswirtschafter vorhanden, die ihre Dienste an diese Unternehmen verkaufen.

Glücklicherweise haben diese Lügenhändler, diese Ausbeuter der Leichtgläubigkeit, noch nicht eine solche Perfektion erreicht, daß sie alle Dinge in ihrem Sinne lenken. Dieses liegt daran, daß kein Mensch ganz ein Narr oder ganz ein Gauner ist. Der Durchschnittsmensch ist hinreichend intelligent für Dinge, die in seinen direkten Aufmerksamkeitsbereich gelangen, und hinreichend selbstlos in Angelegenheiten des öffentlichen Wohles oder persönlichen Leides, die ihm vor Augen geführt werden. In einer kleinen Landgemeinde, die lange genug existiert, um irgendwelche uniformen Niveauhöhen der Intelligenz und des Verhaltens entwickelt zu haben, gibt es einen ansehnlichen Grad der Sorge für den Unglücklichen, der Verwaltung von Straßen und anderen öffentlichen Belangen, von Toleranz für jene, die ein oder zweimal gegen die Gesellschaft verstoßen haben. Trotz allem sind doch diese Leute da, und der Rest der Gemeinschaft muß weiterhin mit ihnen leben. Auf der anderen Seite darf ein Mensch in solch einer Gemeinschaft nicht die Gewohnheit haben, seinen Nachbarn zu überlisten. Es gibt Wege, ihn das Gewicht der öffentlichen Meinung fühlen zu lassen. Nach einer Weile wird er sie so allgegenwärtig finden, so unvermeidlich, so einschränkend und unterdrückend, daß er die Gemeinschaft aus Selbsterhaltung verlassen muß.

So haben kleine, engverbundene Gemeinschaften ein beträchtliches Maß von Homöostase; und dies, ob sie nun hoch entwickelte Gemeinschaften in einem zivilisierten Land oder Dörfer primitiver Wilder sind. So seltsam und gar abschreckend die Sitten vieler Barbaren uns erscheinen mögen, sie haben im allgemeinen einen sehr bestimmten homöostatischen Wert, und es ist ein Teil der Aufgabe der Anthropologen, diesen zu erklären. Es ist nur in der großen Gemeinschaft möglich, daß die »Herren aller Dinge« sich selbst vor dem Hunger durch Reichtum, vor der öffentlichen Meinung durch Geheimhaltung und Anonymität, vor persönlicher Kritik durch die Beleidigungsklage und den Besitz der Nachrichtenmittel schützen, daß also die Erbarmungslosigkeit ihr höchstes Niveau erreichen kann. Von allen diesen antihomöostatischen Faktoren in der Gesellschaft ist die Beherrschung der Nachrichtenmittel die wirkungsvollste und wichtigste.

Eine der Lehren des vorliegenden Buches ist, daß jeder Organismus in dieser Richtung durch den Besitz von Mitteln für die Erlernung, den Gebrauch, die Zurückhaltung und die Übertragung von Information zusammengehalten wird. In einer Gesellschaft, die für den direkten Kontakt ihrer Mitglieder zu groß ist, sind diese Mittel die Presse — d. h. Bücher und Zeitungen —, der Rundfunk, das Telefonsystem, der Fernschreiber, die Post, das Theater, die Kinos, die Schulen und die Kirche. Neben ihrer echten Bedeutung als Kommunikationsmittel dient jede von ihnen anderen, sekundären Funktionen. Die Zeitung ist ein Instrument für die Werbung und für ihren Besitzer ein Mittel, Geld zu verdienen, wie es die Kinos und der Rundfunk auch sind. Die Schule und die Kirche sind nicht nur Zufluchtsstätten für den Schüler und den Heiligen, sie sind auch die Heimstätten des »Großen Erziehers« und des Bischofs. Das Buch, das seinem Herausgeber kein Geld bringt, wird möglicherweise nicht gedruckt und bestimmt nicht wieder neu aufgelegt.

In einer Gesellschaft wie der unseren, die unverhohlen auf Kaufen und Verkaufen gegründet ist, in welcher alle natürlichen und menschlichen Kraftquellen als absolutes Eigentum des Geschäftsmannes betrachtet werden, der als erster unternehmend genug ist, sie auszubeuten, zielen diese Sekundäraspekte der Kommunikationsmittel dahin, weiter und weiter die primären zu stören. Dies wird gerade durch die Vervollkommnung und die konsequente Ausweitung dieser Mittel selbst unterstützt. Das Provinzblatt mag weiterhin seine eigenen Reporter einsetzen, um die Dörfer ringsumher nach Klatsch durchzukämmen, aber es kauft seine nationalen Meldungen, seine ausgerichteten Leitartikel und seine politischen Meinungen als fertige Klischees. Das Radio hängt in seinen Einkünften von den Inserenten ab, und wie überall bestimmt der Mensch den Ton, der den Pfeifer bezahlt. Die großen Nachrichtendienste kosten zu viel, um für den Publizisten mit geringeren Mitteln erschwinglich zu sein. Die Verleger konzentrieren sich auf Bücher, die leicht von irgendeinem Buchklub angenommen werden, der die ganze, ungeheuer große Auflage verkauft. Der Präsident des Colleges und der Bischof, selbst wenn sie keine persönlichen Machtgelüste haben, leiten teure Institutionen und können ihr Geld nur dort suchen, wo Geld ist.

So haben wir auf allen Seiten eine dreifache Einschnürung der Kommunikationsmittel: die Elimination der weniger gewinnbringenden Mittel zugunsten der gewinnbringenden; die Tatsache, daß diese Mittel in den Händen der sehr begrenzten Klasse der Reichen sind und so natürlicherweise die Meinungen jener Klasse ausdrücken, und die weitere Tatsache, daß sie als eine der Hauptstraßen zur politischen und persönlichen Macht vor allem jene anziehen, die nach dieser Macht trachten. Jenes System, welches mehr als alle anderen zur sozialen Homöostase beitragen sollte, ist genau in die Hände derer geraten, die am meisten an dem Spiel um Macht und Geld beteiligt sind, von dem wir bereits gesehen haben, daß es das hauptsächliche antihomöostatische Element in der Gesellschaft ist. Es ist dann weiter kein Wunder, daß die größeren Gemeinschaften, die diesem auflösenden Einfluß unterworfen sind, wesentlich weniger gemeinschaftlich verfügbare Information enthalten als die kleineren Gemeinschaften, um gar nicht von den menschlichen Elementen, aus denen alle Gemeinschaften aufgebaut sind, zu sprechen. Wie das Wolfsrudel ist der Staat, obgleich, wie wir hoffen wollen, zu einem weniger hohen Grad, dümmer als die meisten seiner Komponenten.

Dieses läuft genau einer Meinung entgegen, die am meisten bei Geschäftsleitungen, bei den Vorgesetzen großer Institute und bei ähnlichen Leuten verbreitet ist, nämlich der Annahme, daß die Gemeinschaft, weil sie größer ist als das Einzelwesen, auch intelligenter wäre. Ein Teil dieser Meinung entspringt aus nichts anderem als einem kindischen Entzücken am Großen und Verschwenderischen. Ein Teil von ihr resultiert aus einem Sinn für die Möglichkeiten, die eine große Organisation für das Gute einschließt. Nicht wenig von ihr jedoch ist nichts als ein Blick auf den eigenen Vorteil und ein Verlangen nach den Fleischtöpfen Ägyptens.

Es gibt eine andere Gruppe derjenigen, die in der Anarchie der modernen Gesellschaft nichts Gutes sehen und bei denen ein optimistisches Gefühl, daß es irgendeinen Weg heraus geben muß, zu einer Überschätzung der möglichen homöostatischen Elemente in der Gemeinschaft geführt hat. Soviel wir mit diesen Individualisten mitfühlen können und das Gefühlsdilemma wahrnehmen, in dem sie sich befinden, können wir doch dieser Art von Wunschdenken nicht allzuviel Wert beimessen. Es ist die Art, wie eine Maus zu denken, die dem Problem gegenübersteht, der Katze die Schelle umzuhängen. Zweifellos wäre es sehr amüsant für uns Mäuse, wenn den Raubkatzen dieser Welt Schellen umgehängt würden — aber wei sollte es tun? Wer versichert uns, daß die unbarmherzige Macht nicht ihren Weg zurück in die Hände jener finden wird, die am begierigsten nach ihr sind?

Ich erwähne diese Angelegenheit wegen der beträchtlichen und, ich denke, falschen Hoffnungen, die sich einige meiner Freunde über die soziale Wirkungskraft der neuen Wege des Denkens, die dieses Buch auch immer enthalten mag, gebildet haben. Sie sind sicher, daß unsere Kontrolle über unsere materielle Umgebung bei weitem unsere Kontrolle über unsere soziale Umgebung und unser Verständnis für sie überflügelt hat. Sie meinen deshalb, daß es die Hauptaufgabe der unmittelbaren Zukunft ist, die Methoden der Naturwissenschaften auf die Gebiete der Anthropologie, Soziologie und Volkswirtschaft auszudehnen, in der Hoffnung, einen ähnlichen Erfolg auf den sozialen Gebieten zu erreichen. Vom Glauben, daß dies notwendig ist, kommen sie zum Glauben, daß es möglich ist. Darin, glaube ich, zeigen sie einen übertriebenen Optimismus und ein Verkennen der Art aller wissenschaftlichen Fortschritte.

Alle die großen Erfolge der exakten Wissenschaft wurden auf Gebieten erzielt, wo es einen gewissen hohen Grad der Isolation zwischen Phänomen und Beobachter gibt. Wir haben im Falle der Astronomie gesehen, daß dies aus der enormen Größe gewisser Erscheinungen gegenüber dem Menschen resultieren kann, so daß des Menschen größte Erfolge, um nicht nur von seinem bloßen Schein zu sprechen, nicht den kleinsten sichtbaren Eindruck auf die himmlische Welt machen können. In der modernen Atomphysik andererseits, der Wissenschaft des unaussprechlich Kleinen, stimmt es, daß alles, was wir tun, einen Einfluß auf viele individuelle Partikel haben wird, der groß ist *vom Standpunkt jener Partikel.* Wir leben jedoch nicht im Maßstab der betrachteten Partikel, weder räumlich noch zeitlich, und die Ereignisse, die vom Gesichtspunkt eines Beobachters, der dem Maßstab ihrer Existenz entspricht, von größter Bedeutung sind, erscheinen uns — mit einigen Ausnahmen natürlich, wie bei den Wilsonschen Nebelkammerexperimenten —

nur als gemittelte Massenwirkungen, bei denen enorme Anzahlen von Partikeln beteiligt sind. Soweit diese Effekte betrachtet werden, sind die betrachteten Zeitintervalle vom Standpunkt der einzelnen Teilchen und ihrer Bewegung her groß, und unsere statistischen Theorien haben eine bewundernswert angemessene Grundlage. Kurzum, wir sind zu klein, um die Sterne in ihrem Lauf zu beeinflussen, und zu groß, um uns um irgend etwas außer den Massenwirkungen von Molekülen, Atomen und Elektronen zu kümmern. In beiden Fällen erreichen wir eine hinreichend lose Kopplung mit den Phänomenen, die wir untersuchen, um eine massive Gesamtbeschreibung dieser Kopplung zu geben, obgleich die Kopplung für uns nicht lose genug sein mag, um sie immer vernachlässigen zu können.

Es ist in den Sozialwissenschaften so, daß die Kopplung zwischen dem beobachteten Phänomen und dem Beobachter am schwierigsten zu verkleinern ist. Auf der einen Seite ist der Beobachter in der Lage, einen beträchtlichen Einfluß auf die Phänomene auszuüben, die zu seiner Aufmerksamkeit gelangen. Mit aller Rücksicht auf die Intelligenz, Geschicklichkeit und Lauterkeit der Absichten meiner Freunde von der Anthropologie kann ich mir nicht denken, daß irgendeine Gemeinschaft, die sie untersucht haben, hinterher jemals genau die gleiche sein wird. Mancher Missionar hat seine Mißverständnisse einer primitiven Sprache dadurch, daß er sie schriftlich festhielt, zu ewigen Gesetzen gemacht. Es gibt vieles in den sozialen Gewohnheiten eines Volkes, was allein schon dadurch verdorben und zerstört wird, daß man darüber Befragungen anstellt. In einem anderen Sinne also als dem, in dem es gewöhnlich ausgesprochen wird, *traduttore traditore*.

Auf der anderen Seite hat der Sozialwissenschaftler nicht den Vorteil, auf seine Gegenstände von den kalten Höhen der Ewigkeit und Allgegenwart herunterzuschauen. Es kann sein, daß es eine Massensoziologie menschlicher Tierchen gibt, wie die Bevölkerung der *Drosophila* in einer Flasche beobachtet, aber dies ist keine Soziologie, an der wir, da wir selbst menschliche mikroskopische Tierchen sind, besonders interessiert wären. Uns ist nicht viel an menschlichem Auf- und Niedergang, Vergnügen und Qualen *sub specie aeternitatis* gelegen. Unser Anthropologe berichtet von den

Sitten, die mit dem Leben verbunden sind, der Erziehung, dem Vorwärtskommen und dem Tod der Menschen, deren Lebensmaßstab weitgehend der gleiche wie sein eigener ist. Unser Volkswirtschaftler ist am meisten daran interessiert, solche Wirtschaftszyklen vorherzusagen, die in weniger als einer Generation durchlaufen werden oder wenigstens Rückwirkungen haben, die einen Menschen in verschiedenen Stufen seiner Entwicklung unterschiedlich beeinflussen. Wenige Philosophen der Politik beschränken heutzutage ihre Untersuchungen auf die Welt der Ideen von Plato.

Anders ausgedrückt, müssen wir in den sozialen Wissenschaften mit kurzen statistischen Abläufen umgehen, und wir können auch nicht sicher sein, daß ein beträchtlicher Teil dessen, was wir beobachten, kein künstliches Erzeugnis unserer eigenen Schöpfung ist. Eine Untersuchung der Effektenbörse kommt einem Auflösen der Effektenbörse gleich. Wir sind zu sehr im Einklang mit den Objekten unserer Untersuchung, um gute Sonden zu sein. Kurz, ob unsere Untersuchungen in den sozialen Wissenschaften statisch oder dynamisch sind — und sie sollen von beider Natur etwas haben —, sie können uns niemals mehr geben als sehr wenige Dezimalstellen, und eben darum können sie uns niemals mit einer Menge nachweisbarer, wichtiger Information versorgen, die mit der verglichen werden kann, die wir bei den Naturwissenschaften zu erwarten gelernt haben. Es gibt vieles, was wir, ob wir wollen oder nicht, der »unwissenschaftlichen«, erzählenden Methode des professionellen Historikers überlassen müssen.

ANMERKUNG

Es gibt eine Frage, die genau zu diesem Kapitel gehört, obgleich sie in keinem Sinne einen Höhepunkt seines Themas darstellt. Es ist die Frage, ob es möglich ist, eine schachspielende Maschine zu konstruieren, und ob diese Fähigkeit eine wesentliche Differenz zwischen den Möglichkeiten der Maschine und des Geistes darstellt. Es ist zu bemerken, daß wir nicht die Frage stellen müssen, ob es möglich ist, eine Maschine zu konstruieren, die ein optimales Spiel im Sinne von von Neumann spielen wird. Nicht einmal das beste menschliche Gehirn nähert sich dem. Andererseits steht es außer Frage, daß es möglich ist, eine Maschine zu konstruieren, die in dem Sinne Schach spielen wird, daß sie die Regeln des Spieles unabhängig vom Gewinn des Spieles befolgt. Dies ist im wesentlichen nicht schwieriger als der Entwurf eines Systems miteinander verbundener Signale für ein Eisenbahnstellwerk. Das echte Problem liegt dazwischen: eine Maschine zu konstruieren, die auf einem der vielen Niveaus, die menschliche Schachspieler haben, einen interessanten Gegner darstellt.

Ich denke, daß es möglich ist, einen relativ groben, jedoch nicht gänzlich trivialen Apparat für diesen Zweck zu konstruieren. Die Maschine muß wirklich — mit möglichst hoher Geschwindigkeit — alle ihre eigenen zulässigen Züge und alle zulässigen Gegenzüge des Gegners für zwei oder drei Züge im voraus durchspielen. Jeder Folge von Zügen sollte sie eine bestimmte konventionelle Bewertung zuweisen. Hier erhält das Mattsetzen des Gegenspielers bei jedem Stadium die höchste Wertung, Schachmatt gesetzt zu werden die niedrigste; während Figuren verlieren, gegnerische Figuren nehmen, Schach bieten und andere erkennbare Situationen Bewertungen erhalten sollten, die nicht zu weit von denen entfernt sind, die gute Spieler ihnen einräumen würden. Der erste einer ganzen Folge von Zügen sollte eine ebenso große Bewertung erhalten, wie die von-Neumannsche Theorie ihm geben würde. In dem Stadium, in der die Maschine und der Gegenspieler je einmal ziehen, ist die Bewertung eines Zuges durch die Maschine die minimale Bewertung der Situation, nachdem der Gegenspieler alle möglichen Züge gemacht hat. In dem Stadium, wo die Maschine und der Gegenspieler zweimal ziehen, ist die Bewertung eines Zuges durch die Maschine das Minimum in bezug auf des Gegenspielers ersten Zug mit maximaler Bewertung der Züge durch die Maschine — im Stadium, in dem es nur einen Zug des Gegenspielers gibt und einen der Maschine, der ihm folgt. Dieser Prozeß kann auf den Fall ausgedehnt werden, in dem jeder Spieler drei Spiele macht usw. Dann wählt die Maschine irgendeines der Spiele aus und gibt ihm die maximale Bewertung für das Stadium n Spiele voraus, wobei n irgendeinen Wert hat, den der Erbauer der Maschine bestimmt. Dieses macht sie als ihr definitives Spiel.

Eine solche Maschine würde nicht nur ordnungsgemäßes Schach spielen, sondern ein Schach, das nicht so offensichtlich schlecht ist, daß es unsinnig wäre. In jedem Stadium, wo es ein mögliches Schach in zwei oder drei Zügen gibt, würde die Maschine es bieten; und wenn es möglich wäre, ein Schach des Gegners in zwei oder drei Zügen zu vermeiden, würde es die Maschine vermeiden. Sie würde wahrscheinlich einen dummen oder unaufmerksamen Schachspieler besiegen und würde fast sicher gegen einen aufmerksamen und geschickten Spieler verlieren. Mit anderen Worten, sie kann ein ebenso guter Spieler sein wie die große Mehrheit der Menschen. Das heißt nicht, daß sie den Grad der Vollkommenheit der Maelzelschen Betrugsmaschine erreichen wird, aber trotz alledem kann sie eine ganz hübsche Fertigkeit erlangen.

TEIL II

ERGÄNZENDE KAPITEL
1961

IX

ÜBER LERNENDE UND SICH SELBST REPRODUZIERENDE MASCHINEN

Zwei der Phänomene, die wir als charakteristisch für lebende Systeme ansehen, sind die Fähigkeit zu lernen und die Fähigkeit, sich selbst zu reproduzieren, d. h. sich fortzupflanzen. Diese Eigenschaften, so verschieden sie erscheinen, sind eng miteinander verwandt. Ein Tier, das lernt, ist eines, das fähig ist, durch seine vergangene Entwicklung in ein anderes Wesen verändert zu werden, und ist deshalb innerhalb seiner individuellen Lebensdauer an seine Umgebung anpassungsfähig. Ein Tier, das sich vermehrt, ist fähig, andere Tiere nach seiner Art hervorzubringen, wenigstens näherungsweise, obgleich nicht so vollkommen nach seinem Vorbild, daß sie nicht im Laufe der Zeit variieren könnten. Wenn diese Variation selbst nicht vererblich ist, dann haben wir das grobe Material, mit dem die natürliche Auswahl arbeiten kann. Wenn die erbliche Unveränderlichkeit Verhaltensweisen betrifft, dann werden unter den verschiedenen Verhaltensweisen, die vererbt werden, einige als vorteilhaft für die fortdauernde Existenz der Rasse gefunden werden, während andere, die nachteilig für diese fortdauernde Existenz sind, ausgemerzt werden. Das Ergebnis ist eine Art von rassischem oder phylogenetischem Lernen, da es sich vom ontogenetischen Lernen des Individuums unterscheidet. Ontogenetisches und phylogenetisches Lernen sind beides Weisen, auf die das Tier sich selbst auf seine Umwelt einstellen kann. Ontogenetisches und phylogenetisches Lernen, und bestimmt das letztere, erstrecken sich nicht nur auf alle Tiere, sondern auch auf Pflanzen und tatsächlich auf alle Organismen, die in irgendeinem Sinne als lebend angesehen werden können. Der Grad jedoch, bis zu dem diese beiden Formen des Lernens bei verschiedenen Arten von Lebewesen als wichtig gefunden werden, variiert in weiten Grenzen.

Beim Menschen, und im geringeren Maße bei den anderen Säugetieren, haben sich ontogenetisches Lernen und individuelle Anpassungsfähigkeit am weitesten entwickelt. Tatsächlich kann gesagt werden, daß ein großer Teil des phylogenetischen Lernens des Menschen der Erwerbung der Fähigkeit für gutes ontogenetisches Lernen gewidmet war.

Es wurde von Julian Huxley in seinem grundlegenden Aufsatz über das Denkvermögen der Vögel[41] gezeigt, daß Vögel eine kleine Kapazität für ontogenetisches Lernen besitzen. Etwas Ähnliches trifft bei den Insekten zu, und bei beiden Beispielen kann es mit den ungeheuren Anforderungen verknüpft werden, die an das Individuum durch das Fliegen und die daraus folgende Vorrangstellung der entsprechenden Fähigkeiten des Nervensystems, die auf andere Weise für das ontogenetische Lernen eingesetzt werden könnten, gestellt werden. So kompliziert die Verhaltensweisen der Vögel sind — im Fliegen, im Werben, in der Sorge um das Junge und im Nestbau —, sie werden von Anfang an richtig ausgeführt, ohne daß es dazu einer wesentlichen Anleitung durch das Muttertier bedürfte.

Es ist sicher zweckmäßig, ein Kapitel dieses Buches diesen beiden verwandten Gegenständen zu widmen. Können von Menschenhand geschaffene Maschinen lernen und können sie sich selbst reproduzieren? Wir werden versuchen, in diesem Kapitel zu zeigen, daß sie wirklich lernen und sich selbst reproduzieren können, und wir werden eine Darstellung der Technik geben, die für diese beiden Tätigkeiten notwendig ist.

Der einfachere dieser beiden Prozesse ist der des Lernens, und hier ist die technische Entwicklung am weitesten vorangeschritten. Ich werde hier besonders vom Lernen der Spielmaschine berichten, das sie befähigt, sich die Strategie und die Taktiken ihrer Arbeit durch Erfahrung zu beschaffen.

Es gibt eine begründete Theorie des Spielens — die von-Neumannsche Theorie[42]. Sie betrifft eine Politik, die am besten betrach-

---

[41] *Huxley, J.*, Evolution: The Modern Synthesis, Harper Bros., New York 1943.
[42] *von Neumann, J.*, und *O. Morgenstern*, Spieltheorie und wirtschaftliches Verhalten, Physica-Verlag, Würzburg 1961.

tet wird, wenn man sie vom Ende des Spieles und nicht vom Beginn her ansieht. Beim letzten Zug des Spieles strebt ein Spieler danach, wenn möglich einen gewinnbringenden Zug zu machen, und wenn nicht, dann wenigstens einen Zug, der zum Unentschieden führt. Sein Gegenspieler strebt im vorhergehenden Stadium danach, einen Zug zu machen, der den anderen Spieler daran hindern wird, mit dem nächsten Zug zu gewinnen oder zum Unentschieden zu kommen. Wenn er selbst in jenem Stadium einen gewinnbringenden Zug machen kann, wird er dies tun, und dieses wird dann nicht das vorletzte, sondern das letzte Stadium des Spieles sein. Der andere Spieler wird bei dem diesem vorhergegangenen Zug versuchen, so zu handeln, daß gerade die besten Einfälle seines Gegenspielers ihn nicht davon abhalten können, mit einem gewinnbringenden Zug zu enden, und so weiter rückwärts.

Es gibt Spiele, wie z. B. das »Ticktacktoe«, wo die gesamte Strategie bekannt ist und es möglich ist, mit dieser Politik ganz vom Anfang an zu beginnen. Wenn dieses möglich ist, ist es offenkundig die beste Art, das Spiel zu spielen. In vielen Spielen jedoch, wie Schach und Dame, ist unsere Kenntnis nicht ausreichend, um eine vollständige Strategie dieser Art aufzubauen, und dann können wir uns lediglich ihr nähern. Die von-Neumannsche Art der approximativen Theorie zielt darauf hin, einen Spieler anzuleiten, mit der äußersten Vorsicht zu handeln, in der Annahme, daß sein Gegenspieler ein vollkommener Meisterspieler ist.

Dieses Verhalten jedoch ist nicht immer gerechtfertigt. Im Krieg, der eine Art Spiel ist, wird es im allgemeinen zu einer nicht entscheidenden Aktion führen, die oft nicht besser als eine Niederlage sein wird. Lassen Sie mich zwei historische Beispiele anführen. Als Napoleon die Österreicher in Italien bekämpfte, war ein Teil seiner Überlegenheit, daß er die österreichische Art des militärischen Denkens als unbeweglich und traditionsgebunden kannte, so daß seine Annahme gerechtfertigt war, daß sie unfähig wären, sich den Vorteil der entscheidungserzwingenden Kriegsmethoden zunutze zu machen, die durch die Soldaten der Französischen Revolution entwickelt waren. Als Nelson gegen die vereinigten Flotten des kontinentalen Europas kämpfte, hatte er den Vorteil, mit Hilfe einer eigenen maritimen Maschinerie zu kämpfen, die die Ozeane auf

Jahre beherrscht hatte und Denkweisen entwickelt hatte, die, wie er genau wußte, seine Feinde nicht kannten. Wenn er nicht die vollen Möglichkeiten dieses Vorteils ausgenutzt hätte und so vorsichtig gehandelt hätte, wie er unter der Voraussetzung, daß er einem Feind von gleicher maritimer Erfahrung gegenüberstand, hätte handeln müssen, hätte er auf die Dauer gesehen gewonnen, jedoch nicht so schnell und entscheidend, daß die dichte Seeblockade hätte errichtet werden können, die die endgültige Niederlage Napoleons war. So war in beiden Fällen der entscheidende Faktor die persönliche Vergangenheit des Befehlshabers und seiner Gegner, statistisch aufgezeigt in der Vergangenheit ihrer Aktionen, und nicht der Versuch, das vollkommene Spiel gegen den vollkommenen Gegner zu spielen. Irgendeine direkte Anwendung der von-Neumannschen Methode der Spieltheorie auf diese Fälle hätte sich als wertlos erwiesen.

Auf ähnliche Weise sind Bücher über Schachtheorie nicht vom von-Neumannschen Gesichtspunkt aus geschrieben. Sie sind Kompendien von Prinzipien, die aus der praktischen Erfahrung von Schachspielern, die gegen andere Schachspieler von großer Qualifikation und großem Wissen gespielt haben, gezogen sind, und sie erstellen bestimmte Werte oder Bewertungen, die dem Verlust jeder Figur beizumessen sind, der Beweglichkeit, dem Rang, der Entwicklung und anderen Faktoren, die mit dem Ablauf des Spieles variieren können.

Es ist nicht sehr schwierig, Maschinen herzustellen, die auf irgendeine Art Schach spielen. Die reine Befolgung der Spielregeln, so daß also nur erlaubte Züge gemacht werden, liegt leicht innerhalb der Fähigkeiten ganz einfacher Rechenmaschinen. Tatsächlich ist es nicht schwer, eine gewöhnliche digitale Maschine für diese Zwecke einzurichten.

Nun kommt die Frage der Strategie innerhalb der Spielregeln. Jede Bewertung von Figuren, Rang, Beweglichkeit usw. kann echt auf numerische Ausdrücke reduziert werden, und wenn dies geschehen ist, können die Maximen eines Schachbuches für die Bestimmung der besten Züge in jedem Stadium benutzt werden. Solche Maschinen sind gebaut worden, und sie spielen ein sehr ordentliches Amateurschach, obgleich gegenwärtig kein meisterhaftes Spiel.

Versetzen Sie sich selbst in die Lage, gegen solch eine Maschine Schach zu spielen. Um die Situation klarzustellen, wollen wir annehmen, daß Sie Korrespondenzschach spielen, ohne zu wissen, daß es eine Maschine ist, mit der Sie spielen, und ohne die Vorurteile, die dieses Wissen wecken kann. Wie es immer beim Schach der Fall ist, werden Sie sich natürlich eine Ansicht über Ihres Gegenspielers Schachkenntnisse bilden. Sie werden finden, daß, wenn die gleiche Situation zweimal auf dem Schachbrett eintritt, Ihres Gegenspielers Reaktion jedesmal die gleiche ist, und Sie werden finden, daß er eine sehr unbewegliche Person ist. Wenn Ihnen irgendein Trick gelingt, wird er unter den gleichen Bedingungen immer wieder gelingen. Es ist also für einen Experten nicht allzu schwer, sich von seinem Maschinengegenspieler ein Bild zu machen und ihn jedesmal zu schlagen.

Es gibt jedoch Maschinen, die nicht so trivial besiegt werden können. Wir wollen annehmen, daß alle paar Spiele die Maschine Zeit in Anspruch nimmt und ihre Fähigkeiten für einen anderen Zweck benutzt. In dieser Zeit spielt sie nicht gegen einen Gegner, sondern untersucht alle vorausgegangenen Spiele, die sie in ihrem Gedächtnis aufgezeichnet hat, um zu bestimmen, welches Gewicht den verschiedenen Bewertungen der Figuren, des Ranges, der Beweglichkeit und von ähnlichem am meisten zum Gewinn führen wird. Auf diese Weise lernt sie nicht nur aus ihren eigenen Fehlern, sondern auch aus ihres Gegners Erfolgen. Sie ersetzt nun ihre früheren Bewertungen durch die neuen und fährt nun als neue und bessere Maschine zu spielen fort. Eine solche Maschine würde nicht länger einen unbeweglichen Charakter haben, und die Tricks, die einmal gegen sie erfolgreich waren, werden letztlich scheitern. Mehr als das, kann sie sogar im Verlauf der Zeit einiges von der Diplomatie ihrer Gegner in sich aufnehmen.

All dieses ist beim Schach sehr schwierig, und tatsächlich ist die volle Entwicklung dieser Technik, eine Maschine zu bauen, die Meisterschach spielen kann, noch nicht erreicht. Dame bietet ein leichteres Problem. Die Homogenität der Bewertungen der Figuren reduziert in hohem Maße die Anzahl der Kombinationen, die betrachtet werden müssen. Überdies ist das Damespiel — teilweise als Folge dieser Homogenität — viel weniger in einzelne Stufen unterteilt als das Schachspiel. Auch ist beim Damespielen das Hauptproblem des Endspieles nicht länger, Figuren zu nehmen, sondern Kontakt mit dem Gegner zu erreichen, so daß einer in der Lage ist, Figuren zu nehmen. In ähnlicher Weise muß die Bewertung der Züge beim Schachspiel für die verschiedenen Stadien unabhängig gemacht werden. Nicht nur ist das Endspiel in den Betrachtungen, die an erster Stelle stehen, vom Mittelspiel verschieden, sondern auch die Eröffnungen sind viel mehr darauf gerichtet, die Figuren in Positionen mit ungehinderter Beweglichkeit im Angriff und in der Verteidigung zu bringen, als dies beim Mittelspiel der Fall ist. Das Ergebnis ist, daß wir nicht einmal näherungsweise mit einer gleichmäßigen Bewertung der verschiedenen Gewichtsfaktoren für das Spiel als Ganzes zufrieden sein können, sondern den Lernprozeß in eine Anzahl getrennter Stufen unterteilen müssen. Nur dann können wir hoffen, eine lernende Maschine zu konstruieren, die Meisterschach spielen kann.

Der Gedanke einer Programmierung erster Ordnung, die in gewissen Fällen linear sein kann, kombiniert mit einer Programmierung zweiter Ordnung, die einen viel umfassenderen Teil der Vergangenheit für die Bestimmung der Politik benutzt, die in der Programmierung erster Ordnung durchgeführt werden muß, ist früher in diesem Buch im Zusammenhang mit dem Problem der Vorhersage erwähnt worden. Das Zielgerät benutzt die unmittelbare Vergangenheit des Fluges des Flugzeuges als Mittel für die Vorhersage der Zukunft durch eine lineare Operation; aber die Festlegung der genauen linearen Operation ist ein statistisches Problem, in dem die lange Vergangenheit des Fluges und die Vergangenheit vieler ähnlicher Flüge benutzt werden, um die Grundlage der Statistik zu geben.

Die statistischen Untersuchungen, die notwendig sind, um eine lange Vergangenheit für die Bestimmung der Strategie zu benutzen, die im Hinblick auf die kurze Vergangenheit angewendet werden muß, sind im höchsten Grade nichtlinear. Tatsächlich wird bei der Anwendung der Wiener-Hopf-Gleichung für die Vorhersage[43] die

---

[43] *Wiener, N.*, Extrapolation, Interpolation, and Smoothing of Stationary Time Series with Engineering Applications, The Technology Press of M.I.T. and John Wiley & Sons, New York 1949.

Bestimmung der Koeffizienten dieser Gleichung auf nichtlineare Weise vorgenommen. Im allgemeinen operiert eine lernende Maschine mit nichtlinearer Rückkopplung. Die Dame spielende Maschine, die von Samuel[44] und Watanabe[45] beschrieben wird, kann lernen, den Menschen zu besiegen, der sie auf ordentliche, folgerichtige Weise in zehn bis zwanzig Stunden programmiert hat.

Watanabes philosophische Gedanken über die Verwendung von Programmierungsmaschinen sind sehr anregend. Auf der einen Seite behandelt er eine Methode, einen elementaren geometrischen Satz zu beweisen, die in optimaler Weise gewissen Kriterien der Eleganz und Einfachheit gehorchen soll, als ein lernendes Spiel, das nicht gegen einen individuellen Gegner gespielt werden muß, sondern gegen etwas, das wir »Colonel Bogey« nennen können. Ein ähnliches Spiel, das Watanabe untersucht, wird bei der logischen Induktion gespielt, wenn wir eine Theorie aufbauen wollen, die auf ähnliche quasi-ästhetische Weise optimal ist, auf der Basis einer Bewertung der Wirtschaftlichkeit, Unmittelbarkeit und von ähnlichem durch die Bestimmung der Werte einer endlichen Anzahl von Parametern, die frei gelassen werden. Es stimmt, dies ist nur eine begrenzte logische Induktion, aber sie ist sehr wohl wert, untersucht zu werden.

Viele Formen der Kampfhandlungen, die wir normalerweise nicht als Spiele betrachten, sind durch die Theorie der Spielmaschinen durchleuchtet worden. Ein interessantes Beispiel ist der Kampf zwischen einem Mungo und einer Schlange. Wie Kipling in »Rikki-Tikki-Tavi« zeigt, ist der Mungo nicht immun gegen das Gift der Kobra, obgleich er zu einem gewissen Grade durch sein Fell aus steifen Borsten geschützt ist, das es schwierig für die Schlange macht, es durchzubeißen. Wie Kipling feststellt, ist der Kampf ein Tanz mit dem Tod, ein Kampf muskulärer Geschicklichkeit und Beweglichkeit. Es gibt keinen Grund, anzunehmen, daß die individuellen Bewegungen des Mungos schneller oder genauer als jene der Kobra sind. Doch der Mungo tötet beinahe immer die

---

[44] *Samuel, A. L.*, »Some Studies in Machine Learning, Using the Game of Checkers«, IBM Journal of Research and Development, 3, 210—229 (1959).

[45] *Watanabe, S.*, »Information Theoretical Analysis of Multivariate Correlation«, IBM Journal of Research and Development, 4, 66—82 (1960).

Kobra und geht aus dem Kampf unversehrt hervor. Wie kann er dies tun?

Ich gebe hier einen Bericht, der mir richtig erscheint, da ich sowohl einen solchen Kampf beobachtet habe wie auch Filmaufnahmen von anderen solchen Kämpfen gesehen habe. Ich garantiere aber nicht die Korrektheit meiner Beobachtungen und Auslegungen. Der Mungo beginnt mit einem Scheinangriff, der die Schlange veranlaßt, vorzustoßen. Der Mungo weicht aus und vollführt einen anderen Scheinangriff, so daß wir ein rhythmisches Bild der Handlungen beider Tiere haben. Dieser Tanz ist jedoch nicht statisch, sondern entwickelt sich progressiv. Wenn er weitergeht, kommen die Scheinangriffe des Mungos früher und früher in Phase im Hinblick auf die Vorstöße der Kobra, bis schließlich der Mungo angreift, wenn die Kobra ausgestreckt ist und nicht in einer Stellung ist, wo sie sich schnell bewegen kann. Diesmal ist des Mungos Angriff keine Finte, sondern ein tödlich genauer Biß durch das Gehirn der Kobra.

Mit anderen Worten ist das Handlungsschema der Schlange auf einzelne plötzliche Sprünge beschränkt, auf jeden einzelnen für sich selbst, während das Handlungsbild des Mungos einen angemessenen, wenn nicht sehr langen Teil der gesamten Vergangenheit des Kampfes einschließt. Hier handelt der Mungo wie eine lernende Maschine, und die wirkliche Tödlichkeit seines Angriffes ist von dem viel höher organisierten Nervensystem abhängig.

Wie ein Walt-Disney-Film vor mehreren Jahren zeigte, ereignet sich etwas sehr Ähnliches, wenn einer unserer Vögel aus dem Westen, die Ralle, eine Klapperschlange angreift. Wenn auch der Vogel mit Schnabel und Kralle kämpft und ein Mungo mit seinen Zähnen, ist das Handlungsbild sehr ähnlich. Ein Stierkampf ist ein sehr gutes Beispiel für die gleiche Angelegenheit, denn es muß in Erinnerung gerufen werden, daß der Stierkampf kein Sport, sondern ein Tanz mit dem Tod ist, um die Schönheit und die sich kreuzenden koordinierten Aktionen des Stieres und des Menschen darzustellen. Fairness dem Stier gegenüber wird hierbei kein Raum gegeben, und wir können von unserem Gesichtspunkt aus das vorausgehende Anstacheln und Schwächen des Stieres auslassen, das den Zweck hat, den Kampf auf ein Niveau zu bringen, wo die

Wechselwirkung des Verhaltens beider Teilnehmer am höchsten entwickelt ist. Der geschickte Stierkämpfer hat ein großes Repertoire möglicher Aktionen, wie z. B. das Schwenken der Capa, verschiedene Sprünge, Pirouetten und ähnliches, die beabsichtigen, den Stier in eine Lage zu bringen, in der er vollkommen im Angriff ist und der genau bis zu dem Augenblick ausgedehnt wird, wo der Stierkämpfer bereit ist, den Degen in das Herz des Stieres zu stoßen.

Was ich bezüglich des Kampfes zwischen dem Mungo und der Kobra oder dem Torero und dem Stier gesagt habe, wird ebenso auf physische Kämpfe zwischen Mensch und Mensch zutreffen. Man betrachte ein Duell mit dem Degen. Es besteht aus einer Folge von Scheinangriffen, Paraden und Ausfällen mit der Absicht jedes Teilnehmers, seines Gegners Degen so weit aus der Richtung zu bringen, daß er durchstoßen kann, ohne sich selbst einem Gegenstoß auszusetzen. Auch bei einem Tennismeisterschaftsspiel reicht es nicht aus, den Ball perfekt anzunehmen oder zurückzuschlagen, soweit jeder einzelne Schlag betrachtet wird; die Strategie ist vielmehr, den Gegner zu einer Reihe von Rückschlägen zu zwingen, die ihn progressiv in eine schlechtere Position versetzt, bis es keinen Weg mehr gibt, den Ball sicher zurückzuspielen.

Diese physischen Kämpfe und die Art Spiele, die wir der Spielmaschine zugeordnet haben, haben das gleiche Element des Lernens in Ausdrücken der Erfahrung, über des Gegners Gewohnheiten ebensosehr als über die eigenen. Was für Spiele von physischem Charakter stimmt, trifft ebenso für Kämpfe zu, in denen das intellektuelle Element stärker ist, wie z. B. für den Krieg und die Spiele, die den Krieg simulieren, durch welche unsere Stabsoffiziere die Elemente ihrer militärischen Erfahrung gewinnen. Dies stimmt für den klassischen Krieg zu Lande und zur See und gleicherweise für den neuen und noch unversuchten Krieg mit Atomwaffen. Irgendein Grad der Mechanisierung, analog der Mechanisierung des Damespiels durch lernende Maschinen, ist bei alldem möglich.

Es gibt nichts Gefährlicheres, als den dritten Weltkrieg ins Auge zu fassen. Es lohnt sich, zu betrachten, ob ein Teil der Gefahr nicht eigentlich in der unüberwachten Verwendung lernender Maschinen liegen kann. Wieder und wieder habe ich die Behauptung gehört, daß lernende Maschinen uns nicht irgendwelchen neuen Gefahren aussetzen können, da wir sie abschalten können, wenn wir es gerne möchten. Aber können wir es wirklich? Um eine Maschine wirkungsvoll abzuschalten, müssen wir im Besitz der Information sein, bis zu welchem Punkt die Gefahr eingetreten ist. Die reine Tatsache, daß wir die Maschine gebaut haben, garantiert uns nicht, daß wir die genaue Information besitzen, dies zu tun. Dies ist schon implizit in der Feststellung enthalten, daß die Dame spielende Maschine den Menschen besiegen kann, der sie programmiert hat, und dies nach einer sehr kurzen Einarbeitungszeit. Überdies steht gerade die Operationsgeschwindigkeit der modernen Digitalmaschinen unserer Fähigkeit im Wege, die Anzeichen der Gefahr wahrzunehmen und durchzudenken.

Der Gedanke an nichtmenschliche Geräte großer Leistung und großer Fähigkeit, eine Politik und ihre Gefahren zu verfolgen, ist nichts Neues. Alles was neu ist, ist, daß wir jetzt wirklich Geräte dieser Art besitzen. In der Vergangenheit sind ähnliche Möglichkeiten für die Techniken der Magie, die das Thema für so viele Legenden und Sagen bildet, vorausgesagt worden. Diese Sagen haben die moralische Situation des Magiers gründlich entdeckt. Ich habe schon einige Aspekte der legendären Ethik der Magie in einem früheren Buch erörtert, das »Mensch und Menschmaschine«[46] betitelt ist. Ich wiederhole hier einiges, was ich dort erörtert habe, um es genauer in seinem neuen Zusammenhang mit lernenden Maschinen darzustellen.

Eine der bekanntesten Erzählungen der Magie ist Goethes »Zauberlehrling«. In dieser läßt der Zauberer seinen Gehilfen und Famulus mit dem Auftrag, Wasser zu tragen, allein. Da der Bursche faul und erfinderisch ist, übergibt er die Arbeit einem Besen, zu dem er die magischen Worte gesagt hat, die er von seinem Meister hörte. Der Besen führt dienstfertig die Arbeit für ihn aus, will aber nicht wieder aufhören. Der Junge wird beinahe ertränkt. Er merkt, daß er den zweiten Zauberspruch, der den Besen anhalten läßt, nicht gelernt oder wieder vergessen hat. In der Verzweiflung nimmt er den Besenstiel, bricht ihn über seinem Knie entzwei und

---

[46] *Wiener, N.*, Mensch und Menschmaschine — The Human Use of Human Beings, Metzner-Verlag, Frankfurt — Berlin 1952.

sieht zu seiner Bestürzung, daß jede Hälfte des Besens fortfährt, Wasser zu tragen. Bevor er vollkommen vernichtet ist, kehrt der Meister zurück, spricht die Machtworte, die den Besen anhalten, und schilt den Gehilfen tüchtig aus.

Eine andere Geschichte ist die Erzählung von dem Fischer und dem Geist aus 1001 Nacht. Der Fischer hat in seinem Netz einen verschlossenen Krug mit dem Siegel Salomos heraufgezogen. Es ist eines der Gefäße, in die Salomo die rebellischen Geister eingeschlossen hat. Der Geist tritt in einer Rauchwolke hervor, und die gigantische Figur erzählt dem Fischer, daß er während seiner ersten Jahre der Gefangenschaft beschlossen hat, seinen Befreier mit Macht und Glück zu belohnen, jetzt aber, ihn zu erschlagen. Zum Glück findet der Fischer einen Weg, den Geist zurück in die Flasche zu locken, worauf er den Krug auf den Grund des Ozeans versenkt.

Schrecklicher als jede dieser beiden Erzählungen ist die Fabel von der Affenpfote von W. W. Jacobs, einem englischen Schriftsteller zu Beginn des Jahrhunderts: Ein pensionierter englischer Arbeiter sitzt mit seiner Frau und einem Freund, einem aus Indien zurückgekehrten englischen Feldwebel, zu Tisch. Der Feldwebel zeigt seinen Gastgebern ein Amulett in Form einer getrockneten, eingeschrumpften Affenpfote. Diese hatte ihm ein indischer Heiliger geschenkt, der die Torheit, sich dem Schicksal entziehen zu wollen, beweisen wollte; sie besaß die Kraft, drei Menschen je drei Wünsche zu gewähren. Der Soldat sagt, er wisse nichts von den ersten beiden Wünschen des ersten Eigentümers, aber als letztes habe jener sich den Tod gewünscht. Er selbst, wie er seinen Freunden erzählt, sei der zweite Eigentümer, will jedoch nichts vom Schrecken seiner eigenen Erfahrungen berichten. Er wirft die Pfote in das Feuer, sein Freund jedoch ergreift sie wieder und will ihre Kräfte erproben. Seine erste Bitte ist die nach zweihundert Pfund. Kurz danach wird an die Tür geklopft und ein Angestellter der Gesellschaft, bei der sein Sohn beschäftigt ist, betritt den Raum. Der Vater erfährt, daß sein Sohn durch einen Betriebsunfall umgekommen ist und daß die Gesellschaft, ohne aber irgendeine Verantwortlichkeit oder gesetzliche Verpflichtung anzuerkennen, dem Vater die Summe von zweihundert Pfund als Entschädigung zahlen möchte. Der vom Kummer getroffene Vater spricht seinen zweiten Wunsch aus — daß sein Sohn zurückkehren möge —, und als es noch einmal an die Tür klopft und sie geöffnet wird, erscheint irgend etwas, was wir in noch so vielen Worten nicht ausdrücken können, nämlich der Geist des Sohnes. Der letzte Wunsch ist, daß dieser Geist wieder verschwinden soll.

In allen diesen Geschichten ist die Pointe die, daß die Wirksamkeiten der Magie buchstäblich gedacht sind und daß, wenn wir eine Wohltat von ihnen erbitten, wir um das bitten müssen, was wir wirklich wünschen, und nicht um das, was wir zu wünschen glauben.

Die neuen und wirklichen Wohltaten der lernenden Maschine sind ebenso buchstäblich. Wenn wir eine Maschine programmieren, um einen Krieg zu gewinnen, müssen wir gut nachdenken, was wir mit Gewinnen meinen. Eine lernende Maschine muß durch Erfahrung programmiert werden. Die einzige Erfahrung eines nuklearen Krieges, der nicht katastrophal unmittelbar ist, ist die Erfahrung eines Kriegsspieles. Wenn wir diese Erfahrung als Richtschnur für unser Vorgehen in einem wirklichen Ernstfall benutzen müssen, müssen die Werte des Gewinnens, die wir bei den programmierenden Spielen benutzt haben, die gleichen Werte sein, die wir im Inneren beim Ausgang eines echten Krieges gemeint haben. Wir können darin nur zu unserem unmittelbaren, äußersten und unentrinnbaren Verderben irren. Wir können nicht erwarten, daß die Maschine uns in solchen Vorurteilen und gefühlsmäßigen Kompromissen folgt, die uns in die Lage setzen, Zerstörung mit dem Namen des Sieges zu benennen. Wenn wir nach dem Sieg fragen und nicht wissen, was wir mit ihm meinen, werden wir das Gespenst finden, das an unsere Tür klopft.

Soviel über lernende Maschinen. Nun lassen Sie mich ein oder zwei Worte über sich fortpflanzende Maschinen sagen. Hier sind beide Worte, *Maschine* und *sich fortpflanzende*, wichtig. Die Maschine ist nicht nur eine Form der Materie, sondern eine Fähigkeit, gewisse bestimmte Vorsätze auszuführen. Selbstfortpflanzung ist nicht lediglich das Hervorbringen einer greifbaren Nachbildung, sie ist das Schaffen einer Nachbildung, die der gleichen Funktionen fähig ist.

Hier treten zwei verschiedene Gesichtspunkte zutage. Einer davon ist lediglich kombinatorisch und betrifft die Frage, ob eine Maschine genügend Teile und eine ausreichend komplizierte Struktur hat, um als eine ihrer Funktionen zur Selbstreproduktion fähig zu sein. Diese Frage ist durch den verstorbenen John von Neumann bejahend beantwortet worden. Die andere Frage betrifft ein wirkliches, operatives Verfahren für das Bauen von selbstreproduzierenden Maschinen. Hier werde ich meine Aufmerksamkeit auf eine Klasse von Maschinen richten, die, obgleich sie nicht alle Maschinen einschließt, sehr allgemein ist. Ich beziehe mich auf den nichtlinearen Übertrager.

Solche Maschinen sind Apparaturen, die als Eingang eine einzelne Zeitfunktion und als Ausgang eine andere Zeitfunktion haben. Der Ausgang ist vollkommen durch die Vergangenheit des Eingangs bestimmt; im allgemeinen jedoch addiert die Addition von Eingängen nicht die entsprechenden Ausgänge. Solche Geräte sind als Übertrager bekannt. Eine Eigenschaft aller Übertrager, ob linear oder nichtlinear, ist Invarianz im Hinblick auf die Translation der Zeit. Wenn eine Maschine eine bestimmte Funktion ausführt, wird, wenn der Eingang in der Zeit zurückverschoben wird, der Ausgang um den gleichen Betrag zurückverschoben.

Grundlegend für unsere Theorie der selbstreproduzierenden Maschinen ist eine kanonische Form der Darstellung von nichtlinearen Übertragern. Hier sind die Begriffe der Impedanz und der Admittanz, die in der Theorie der linearen Schaltungen so wesentlich sind, nicht voll anwendbar. Wir werden uns auf bestimmte neuere Methoden für die Durchführung dieser Darstellung beziehen müssen, Methoden, die teilweise durch mich[47] und teilweise durch Prof. Denis Gabor[48] von der Universität London entwickelt wurden.

Während sowohl Prof. Gabors als auch meine eigenen Methoden zur Konstruktion von nichtlinearen Übertragern führen, sind sie

---

[47] *Wiener, N.*, Nonlinear Problems in Random Theory, The Technology Press of M.I.T. and John Wiley & Sons, Inc., New York 1958.

[48] *Gabor, D.*, »Electronic Inventions and Their Impact on Civilization«, Inaugural Lecture, March 3, 1959, Imperial College of Science and Technology, University of London, England.

soweit linear, daß der nichtlineare Übertrager mit einem Ausgang dargestellt wird, der die Summe der Ausgänge einer Reihe von nichtlinearen Übertragern mit dem gleichen Eingang ist. Diese Ausgänge sind mit veränderlichen Koeffizienten linear kombiniert. Dies erlaubt uns, die Theorie der linearen Entwicklung beim Entwurf und der Festlegung des nichtlinearen Übertragers zu benutzen. Im besonderen gestattet uns diese Methode, die Koeffizienten der konstituierenden Elemente durch einen Prozeß der kleinsten Fehlerquadrate zu erhalten. Wenn wir dies zu einer Methode vereinigen, einen statistischen Mittelwert über die Menge aller Eingänge unserer Schaltung zu gewinnen, haben wir im wesentlichen einen Zweig der Theorie der Orthogonalreihen erhalten. Solch eine statistische Basis der Theorie nichtlinearer Übertrager kann aus einer wirklichen Untersuchung der Vergangenheitsstatistik der Eingänge gewonnen werden, die in jedem speziellen Fall benutzt wurden.

Dies ist ein grober Abriß der Gaborschen Methoden. Während meine im wesentlichen ähnlich sind, ist die statistische Grundlage für meine Arbeit ein wenig anders.

Es ist wohlbekannt, daß elektrische Ströme nicht kontinuierlich geleitet werden, sondern durch einen Elektronenstrom, der statistische Abweichungen von der Gleichförmigkeit besitzen muß. Diese statistischen Schwankungen können durch die Theorie der Brownschen Bewegung oder durch die ähnliche Theorie des Schrot-Effektes oder des Röhrenrauschens, über das ich einiges im nächsten Kapitel sagen werde, echt dargestellt werden. Auf jeden Fall kann eine Apparatur gebaut werden, die einen standardisierten Schrot-Effekt mit hochspezifizierter statistischer Verteilung erzeugt, und solche Geräte werden sogar kommerziell hergestellt. Es ist zu bemerken, daß das Röhrenrauschen in einem Sinne ein universaler Eingang ist, da seine Schwankungen in einer ausreichend langen Zeit früher oder später sich irgendeiner bestimmten Kurve nähern. Dieses Röhrenrauschen besitzt eine sehr einfache Theorie der Integration und der Mittelwertbildung.

In Ausdrücken der Statistik des Röhrenrauschens können wir leicht eine abgeschlossene Klasse orthonormaler nichtlinearer Operationen bestimmen. Wenn die Eingänge, die diesen Operationen unterworfen sind, die dem Röhrenrauschen angepaßte statistische Verteilung haben, wird das gemittelte Produkt des Ausganges zweier Gerätekomponenten unserer Apparatur Null sein, wobei dieser Mittelwert im Hinblick auf die statistische Verteilung des Röhrenrauschens genommen wird. Überdies kann das mittlere Quadrat des Ausgangs jeder Schaltung auf Eins normiert werden. Das Resultat ist, daß die Entwicklung des allgemein nichtlinearen Wandlers nach Ausdrücken dieser Komponenten aus einer Anwendung der vertrauten Theorie der orthonormalen Entwicklungen herrührt.

Um es genauer zu sagen, ergeben unsere einzelnen Apparateteile Ausgänge, die Produkte von Hermiteschen Polynomen in den Laguerreschen Koeffizienten der Vergangenheit des Einganges sind. Dies wird in meiner Arbeit »Nonlinear Problems in Random Theorie« im Detail dargestellt.

Es ist natürlich schwierig, im ersten Augenblick den Mittelwert über eine Menge von möglichen Eingängen zu bestimmen. Was diese schwierige Aufgabe durchführbar macht, ist, daß die Rauschgeneratoreingänge die Eigenschaft besitzen, die als metrische Transitivität oder Ergodizität bekannt ist. Jede integrable Funktion des Parameters der Verteilung der Rauschgeneratoreingänge hat in fast jedem Augenblick einen Zeitmittelwert, der gleich seinem Erwartungswert über die Menge ist. Dies erlaubt uns, zwei Apparateteile mit einem gemeinsamen Rauscheingang zu nehmen und den Erwartungswert ihres Produktes über die gesamte Menge der möglichen Eingänge zu bestimmen, und zwar durch das Berechnen ihres Produktes und dessen zeitlichen Mittelwertes. Das Repertoire von Operationen, die für alle diese Prozesse gebraucht werden, beinhaltet nichts anderes als die Addition von Spannungen, die Multiplikation von Spannungen und die Operation der zeitlichen Mittelwertbildung. Geräte für alle diese Operationen existieren. Tatsache ist, daß die Elementargeräte, die bei Prof. Gabors Methode benötigt werden, die gleichen sind, die in meiner verwendet werden. Einer seiner Schüler hat ein besonders wirkungsvolles und billiges Multipliziergerät erfunden, das auf dem piezoelektrischen Effekt eines Kristalls durch die Anziehung zweier Magnetspulen beruht.

Worin dies alles gipfelt, ist, daß wir jeden unbekannten, nichtlinearen Übertrager durch eine Summe linearer Ausdrücke imitieren können, jeder mit festen Charakteristiken und mit einem geeigneten Koeffizienten. Dieser Koeffizient kann als das mittlere Produkt der Ausgänge des unbekannten Übertragers und eines besonderen bekannten Übertragers bestimmt werden, wenn der gleiche Rauschgenerator mit beiden Eingängen verbunden ist. Anstatt dieses Resultat auf der Skala eines Instrumentes abzulesen und es dann von Hand auf den geeigneten Übertrager überzuführen, also anstatt eine schrittweise Simulation der Apparatur herzustellen, ist es kein besonderes Problem, die Übertragung der Koeffizienten auf die Teile des Rückkopplungsapparates automatisch durchzuführen. Was wir damit erreicht haben, ist, eine »white box« zu schaffen, die potentiell die Charakteristiken jedes beliebigen nichtlinearen Übertragers annehmen kann, und sie dann in die Form eines bestimmten »black box«-Übertragers zu bringen, indem die beiden den gleichen Rauscheingang erhalten und indem die Ausgänge der Strukturen in der geeigneten Art verbunden werden, um so zu der passenden Kombination ohne jeden Eingriff unsererseits zu gelangen.

Ich frage, ob dies philosophisch sehr verschieden von dem ist, was geschieht, wenn ein Gen als Modell handelt, um andere Moleküle des gleichen Genes aus einer unbestimmten Mischung von Amino- und Nukleinsäuren zu formen, oder wenn ein Virus andere Moleküle des gleichen Virus aus den Geweben und Säften seines Wirtes in seine eigene Form überführt. Ich behaupte nicht im entferntesten, daß die Einzelheiten dieser Prozesse die gleichen sind, aber ich behaupte, daß sie philosophisch gesehen sehr ähnliche Phänomene sind.

X

GEHIRNWELLEN UND SELBSTORGANISIERENDE SYSTEME

Im vorhergehenden Kapitel erörterte ich die Probleme des Lernens und der Selbsterzeugung, da sie sich sowohl auf Maschinen als auch wenigstens in Analogie auf lebende Systeme anwenden lassen. Hier werde ich gewisse Erläuterungen wiederholen, die ich im Vorwort gegeben habe und die ich beabsichtige zu unmittelbarem Gebrauch einzusetzen. Wie ich angedeutet habe, sind die beiden Phänomene eng miteinander verwandt, denn das erste ist die Basis für die Anpassung des Individuums an seine Umgebung durch Erfahrung, was wir mit ontogenetischem Lernen bezeichnen, während das zweite, da es den Stoff liefert, auf dem die Variation und die natürliche Auswahl operieren kann, die Basis des phylogenetischen Lernens ist. Wie ich bereits erwähnt habe, erreichen die Säugetiere, insbesondere der Mensch, einen Großteil ihrer Anpassung an ihre Umwelt durch ontogenetisches Lernen, wohingegen die Vögel mit ihren sehr unterschiedlichen Verhaltensweisen, die während des Lebens des Individuums nicht gelernt werden, sich viel mehr dem phylogenetischen Lernen zugewendet haben.

Wir haben die Bedeutung der nichtlinearen Rückkopplungen für die Erzeugung beider Prozesse gesehen. Das vorliegende Kapitel ist der Untersuchung eines speziellen sich selbst organisierenden Systems gewidmet, bei dem nichtlineare Phänomene eine große Rolle spielen. Was ich hier beschreibe, ist das, was sich, wie ich glaube, bei der Selbstorganisation der Elektroenzephalogramme oder der Gehirnwellen ereignet.

Bevor wir diese Angelegenheit vernünftig erörtern können, muß ich einiges darüber sagen, was Gehirnwellen sind und wie ihr Aufbau genauer mathematischer Behandlung ausgesetzt werden kann. Es ist seit vielen Jahren bekannt, daß die Tätigkeit des Nervensystems von bestimmten elektrischen Spannungen begleitet ist. Die ersten Beobachtungen auf diesem Gebiet fallen in den Anfang des letzten Jahrhunderts und wurden durch Volta und Galvani bei neuromuskulären Präparationen des Froschschenkels gemacht. Dies war die Geburt der Elektrophysiologie. Diese Wissenschaft kam jedoch bis zum Ende des ersten Viertels des jetzigen Jahrhunderts nur langsam voran.

Es lohnt sich schon, zu überlegen, warum die Entwicklung dieses Zweiges der Physiologie so langsam war. Der ursprüngliche Apparat, der für die Untersuchung der elektrophysiologischen Spannung benutzt wurde, bestand aus Galvanometern. Diese hatten zwei Schwächen. Die erste war, daß die gesamte Energie, die für das Bewegen der Magnetspule oder der Nadel des Galvanometers zur Verfügung stand, aus dem Nerv selbst kam und außerordentlich klein war. Die zweite Schwierigkeit war, daß das Galvanometer jener Zeit ein Instrument war, dessen bewegliche Teile ganz beträchtliche Trägheit hatten und eine beträchtliche Rückstellkraft nötig war, um die Nadel in eine genau bestimmte Lage zu bringen; d. h., seiner Natur nach war das Galvanometer nicht nur ein Aufzeichnungsinstrument, sondern auch ein Verzerrungsinstrument. Das beste der früheren physiologischen Galvanometer war das Fadengalvanometer von Einthoven, bei dem die beweglichen Teile auf einen einzelnen Draht reduziert waren. So ausgezeichnet dieses Instrument für den Stand seiner Zeit war, war es nicht gut genug, um kleine elektrische Spannungen ohne große Verzerrungen aufzuzeichnen.

So mußte die Elektrophysiologie auf eine neue Technik warten. Diese Technik war jene der Elektronik und nahm zwei Formen an. Eine davon gründete sich auf Edisons Entdeckung bestimmter Phänomene die Leitfähigkeit von Gasen betreffend, und hieraus ging die Anwendung der Vakuumröhre für die Verstärkung hervor. Sie machte es möglich, eine vernünftige wahrheitsgetreue Transformation schwacher Potentiale in starke Potentiale zu erreichen. So erlaubt sie uns, die endgültigen Elemente des Aufzeichnungsapparates durch eine Energie zu bewegen, die nicht aus dem Nerv stammt, sondern von ihm geregelt wird.

Die zweite Erfindung beinhaltete auch die Elektrizitätsleistung im Vakuum und ist als der Kathodenstrahl-Oszillograph bekannt. Dieser machte es möglich, als beweglichen Teil des Instrumentes einen viel leichteren Geräteteil zu benutzen als jenen irgendeines früheren Galvanometers, nämlich einen Elektronenstrom. Mit Hilfe dieser beiden Geräte, einzeln oder zusammen, waren die Physiologen dieses Jahrhunderts in der Lage, die Zeitverläufe kleiner Potentiale genau zu verfolgen, die für die Genauigkeit der Instrumentation des 19. Jahrhunderts völlig außerhalb des Bereiches des Möglichen gelegen hätten.

Mit diesen Mitteln sind wir in der Lage gewesen, genaue Aufzeichnungen der zeitlichen Verläufe der kleinen Potentiale zu erhalten, die zwischen zwei Elektroden entstehen, die auf die Kopfhaut aufgesetzt oder in das Gehirn eingesetzt sind. Während diese Potentiale bereits im 19. Jahrhundert beobachtet worden sind, erzeugte die Verfügbarkeit der neuen genauen Meßmethoden große Hoffnungen unter den Physiologen vor 20 oder 30 Jahren. Was die Möglichkeiten der Anwendung der Geräte für die direkte Untersuchung der Gehirntätigkeit betrifft, waren auf diesem Gebiet Berger in Deutschland, Adrian und Matthews in England und Jasper, Davis und das Ehepaar Gibbs in den Vereinigten Staaten führend.

Es muß zugegeben werden, daß die spätere Entwicklung der Elektroenzephalographie bis jetzt nicht in der Lage gewesen ist, die rosigen Hoffnungen, die von den frühen Bearbeitern dieses Gebietes gehegt worden sind, zu erfüllen. Die Daten, die sie erhielten, wurden von einem Farbschreiber aufgezeichnet. Sie sind sehr komplizierte und unregelmäßige Kurven, und obgleich es möglich war, bestimmte vorherrschende Frequenzen zu erkennen, wie z. B. den Alpha-Rhythmus von ungefähr zehn Schwingungen pro Sekunde, war die Farbaufzeichnung nicht die geeignete Form für eine weitere mathematische Behandlung. Das Resultat ist, daß die Elektroenzephalographie mehr eine Kunst als eine Wissenschaft wurde und von der Fähigkeit des geübten Beobachters abhing, bestimmte Eigenschaften der Aufzeichnung auf der Basis großer Erfahrung zu erkennen. Dies hatte den sehr grundlegenden Nachteil, die Auslegung der Elektroenzephalographie zu einer weitaus subjektiven Angelegenheit zu machen.

In den späten zwanziger und frühen dreißiger Jahren wurde ich an der harmonischen Analyse kontinuierlicher Prozesse interessiert. Während die Physiker schon früher solche Prozesse betrachtet hatten, war die Mathematik der harmonischen Analyse beinahe immer auf die Untersuchung entweder periodischer Prozesse oder solcher, die in irgendeinem Sinne mit zunehmend größer werdender positiver oder negativer Zeit nach Null tendieren, beschränkt gewesen. Meine Arbeit war der erste Versuch, die harmonische Analyse kontinuierlicher Prozesse auf eine feste mathematische Grundlage zu bringen. In dieser fand ich, daß der fundamentale Begriff der der Autokorrelationsfunktion war, die bereits von G. J. Taylor (jetzt Sir Geoffrey Taylor) bei der Untersuchung der Turbulenz benutzt worden war[49].

Diese Autokorrelationsfunktion oder kurz Autokorrelation für eine Zeitfunktion $f(t)$ wird durch den Zeitmittelwert des Produktes $f(t+\tau)$ mit $f(t)$ dargestellt. Es ist vorteilhaft, komplexe Funktionen der Zeit einzuführen, obgleich wir in den wirklichen untersuchten Fällen mit reellen Funktionen operieren. Nun wird die Autokorrelation der Mittelwert des Produktes $f(t+\tau)$ mit der Konjugierten von $f(t)$. Ob wir nun mit reellen oder komplexen Funktionen arbeiten, das Intensitätsspektrum von $f(t)$ ist durch die Fourier-Transformierte der Autokorrelation gegeben.

Ich habe bereits von dem Nachteil der Farbaufzeichnungen für weitere mathematische Umformungen gesprochen. Bevor vieles aus dem Gedanken der Autokorrelation folgen konnte, war es nötig, diese Farbaufzeichnungen durch andere Aufzeichnungen zu ersetzen, die besser für die Instrumentation geeignet sind.

Eine der besten Arten, kleine schwankende elektrische Spannungen für die weitere Behandlung aufzuzeichnen, ist die Benutzung von Magnetband. Dieses erlaubt das Speichern des schwankenden elektrischen Potentials in permanenter Form, die später zu jedem beliebigen Zeitpunkt benutzt werden kann. Ein solches Instrument wurde ungefähr vor 10 Jahren im Research Laboratory of Electronics des Massachusetts Institute of Technology unter der Lei-

---

[49] *Taylor, G. I.*, »Diffusion by Continuous Movements«, Proceedings of the London Mathematical Society, Ser. 2, 20, 196—212 (1921—1922).

tung von Prof. Walter A. Rosenblith und Dr. Mary A. B. Brazier[50] gebaut.

In dieser Apparatur wird das Magnetband zur frequenzmodulierten Aufzeichnung benutzt. Der Grund dafür ist, daß das Ablesen des Magnetbandes immer einen gewissen Betrag des Löschens beinhaltet. Mit amplitudenmodulierter Aufzeichnung verursacht dieses Löschen eine Veränderung der beinhalteten Nachricht, so daß auf sukzessives Ablesen des Bandes tatsächlich eine Veränderung der Nachricht folgt.

Bei der Frequenzmodulation gibt es ebenfalls einen bestimmten Löschvorgang, doch sind die Instrumente, mit denen wir das Band ablesen, relativ unempfindlich gegen die Amplitude und lesen lediglich die Frequenz ab. Bis das Band so weitgehend ausgelöscht ist, daß es vollkommen unlesbar wird, verzerrt die teilweise Löschung des Bandes die Nachricht, die es trägt, nicht wesentlich. Das Ergebnis ist, daß das Band sehr oft abgelesen werden kann, im wesentlichen mit der gleichen Genauigkeit, mit der es zuerst abgelesen wurde.

Wie aus der Natur der Autokorrelation zu sehen ist, ist eines der Hilfsmittel, die wir brauchen, ein Mechanismus, der die Ablesung des Bandes um einen regulierbaren Betrag verzögert. Wenn eine Magnetbandaufzeichnung mit der Zeitdauer A auf einem Apparat abgespielt wird, der zwei Wiedergabeköpfe hintereinander hat, werden zwei Signale erzeugt, die bis auf eine relative Verschiebung in der Zeit gleich sind. Die Zeitverschiebung hängt von dem Abstand zwischen den Wiedergabeköpfen und der Bandgeschwindigkeit ab und kann beliebig variiert werden. Wir können eines der Signale $f(t)$ und das andere $f(t+\tau)$ nennen, wobei τ die Zeitverschiebung ist. Das Produkt der beiden kann z. B. durch die Benutzung quadratischer Gleichrichter und linearer Mischer und durch Anwendung der Identität

$$4ab = (a+b)^2 - (a-b)^2 \qquad (10.01)$$

gewonnen werden. Aus dem Produkt kann der Mittelwert nähe-

---

[50] *Barlow, J. S.*, und *R. M. Brown*, An Analog Correlator System for Brain Potentials, Technical Report 300, Research Laboratory of Electronics, M.I.T., Cambridge, Mass., 1955.

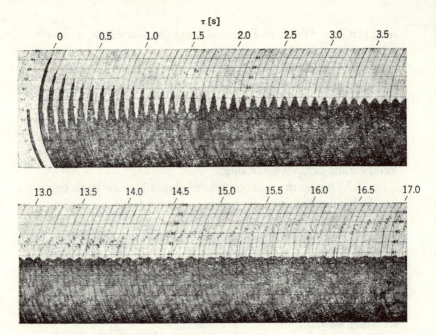

AUTOKORRELATION

Abb. 9.

rungsweise durch Integrieren mit einem Widerstands-Kondensator-Netzwerk, das eine Zeitkonstante hat, die groß ist gegen die Dauer A des Beispiels, erzeugt werden. Der resultierende Mittelwert ist proportional dem Wert der Autokorrelationsfunktion für die Verzögerung τ. Die Wiederholung des Prozesses für verschiedene Werte von τ bringt eine Reihe von Werten der Autokorrelation hervor (oder vielmehr der Stichprobenautokorrelation über eine große Zeitbasis A). Das beigefügte Schaubild der Abb. 9 zeigt einen Ausschnitt einer echten Autokorrelation dieser Art[51]. Wir wollen bemerken, daß wir nur die halbe Kurve gezeigt haben, da die Autokorrelation für negative Zeiten die gleiche ist wie die für positive Zeiten, wenigstens wenn die Kurve, von der wir die Autokorrelation genommen haben, reell ist.

[51] Diese Arbeit wurde ausgeführt unter der Mitwirkung des Neurophysiologischen Laboratoriums Massachusetts General Hospital und des Communications Biophysics Laboratory des M.I.T.

Es ist zu bemerken, daß ähnliche Autokorrelationskurven seit vielen Jahren in der Optik benutzt worden sind und daß das Instrument, mit dem sie gewonnen wurden, das Michelson-Interferometer (Abb. 10) ist. Durch ein System von Spiegeln und Linsen teilt das Michelson-Interferometer einen Lichtstrahl in zwei Teile, die auf Wege von verschiedener Länge ausgeschickt und dann zu einem Strahl vereinigt werden. Verschiedene Weglängen ergeben verschiedene Zeitverzögerungen, und das resultierende Lichtbündel ist die Summe zweier Nachbildungen des einfallenden Strahles, die wiederum mit $f(t)$ und $f(t+\tau)$ bezeichnet werden können. Wenn die Strahlintensität mit einem intensitätsempfindlichen Fotometer gemessen wird, ist die Ablesung des Fotometers proportional dem Quadrat von $f(t)+f(t+\tau)$ und enthält deshalb einen Ausdruck, der proportional der Autokorrelation ist. Mit anderen Worten wird uns die Intensität der Interferenzstreifen (mit Ausnahme einer linearen Transformation) die Autokorrelation geben.

All dies war implizit in Michelsons Arbeit enthalten. Man erkennt, daß durch die Fourier-Transformation der Streifen uns das

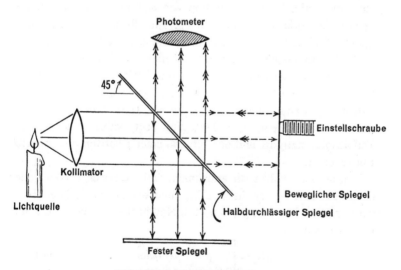

MICHELSON-INTERFEROMETER

Abb. 10.

Interferometer das Energiespektrum des Lichtes gibt und in Wirklichkeit ein Spektrometer ist. Es ist tatsächlich die genaueste Art eines Spektrometers, die uns bekannt ist.

Diese Art Spektrometer ist nur in früheren Jahren zu ihrem Recht gekommen. Mir wurde gesagt, daß sie jetzt als wichtiges Hilfsmittel für Präzisionsmessungen aufgegriffen wurde. Das bedeutet, daß die Praktiken, die ich nun für das Ausarbeiten der Autokorrelationsaufzeichnungen darlegen will, gleichermaßen auf die Spektroskopie anwendbar sind und Methoden bieten, die Information bis zu den Grenzen auszudehnen, die durch ein Spektrometer erreicht werden können.

Wir wollen die Technik, das Spektrum einer Gehirnwelle aus einer Autokorrelation zu erhalten, erörtern. Es soll $C(t)$ die Autokorrelation von $f(t)$ sein. Dann kann $C(t)$ in der Form

$$C(t) = \int_{-\infty}^{\infty} e^{2\pi i \omega t} \, dF(\omega) \qquad (10.02)$$

geschrieben werden. Hier ist F immer eine wachsende oder wenigstens nicht abnehmende Funktion von ω, und wir werden sie als Spektralfunktion von f bezeichnen. Im allgemeinen wird diese Spektralfunktion aus drei Teilen bestehen, die additiv überlagert sind. Der Linienteil des Spektrums erstreckt sich nur über eine abzählbare Menge von Punkten. Nehmen wir diesen Teil weg, so finden wir lediglich ein kontinuierliches Spektrum. Dies kontinuierliche Spektrum ist die Summe zweier Teile, von denen eines nur über einer Menge vom Maß Null liegt, während der andere Teil absolut stetig ist und das Integral einer positiven, integrablen Funktion ist.

Von jetzt an wollen wir annehmen, daß die ersten beiden Teile des Spektrums — der diskrete Teil und der kontinuierliche Teil, der nur über einer Menge vom Maß Null liegt — fehlen. In diesem Falle können wir

$$C(t) = \int_{-\infty}^{\infty} e^{2\pi i \omega t} \varphi(\omega) \, d\omega \qquad (10.03)$$

schreiben, wobei $\varphi(\omega)$ die Spektraldichte ist. Wenn $\varphi(\omega)$ von der

Lebesgueschen Klasse L^2 ist, können wir

$$\varphi(\omega) = \int_{-\infty}^{\infty} C(t) e^{-2\pi i \omega t} dt \qquad (10.04)$$

schreiben. Wie man beim Betrachten der Autokorrelation der Gehirnwellen erkennt, liegt der vorherrschende Teil der Intensität des Spektrums in der Umgebung von 10 Hz. In solchem Falle wird $\varphi(\omega)$ eine Form ähnlich dem folgenden Schema

haben. Die beiden Höcker bei 10 und -10 sind spiegelbildlich zueinander.

Die Wege, eine Fourier-Analyse numerisch durchzuführen, sind verschieden, indem sie die Verwendung von Integrationsinstrumenten und numerischen Rechenprozessen einschließen. In beiden Fällen ist es unbequem, daß die Hauptscheitel bei 10 und -10 sind und nicht nahe an Null liegen. Es gibt jedoch Transformationen, die die harmonische Analyse auf die Nähe der Frequenz Null legen, die also in hohem Maße die Arbeit vermindern. Es ist zu bemerken, daß

$$\varphi(\omega - 10) = \int_{-\infty}^{\infty} C(t) e^{20\pi i t} e^{-2\pi i \omega t} dt \qquad (10.05)$$

gilt. Mit anderen Worten, wenn wir $C(t)$ mit $e^{20\pi i t}$ multiplizieren, wird uns unsere neue harmonische Analyse ein Band in der Nähe der Frequenz Null geben und ein weiteres Band in der Nähe der Frequenz $+20$ Hz. Wenn wir dann eine solche Multiplikation durchführen und das $+20$-Band durch Mittelwertmethoden entfernen, die Äquivalente der Benutzung eines Wellenfilters sind, werden wir unsere harmonische Analyse auf eine in der Nähe der Frequenz Null reduziert haben.

Nun ist
$$e^{20\pi it} = \cos 20\pi t + i \sin 20\pi t. \qquad (10.06)$$

Deshalb sind die reellen und imaginären Teile der Funktion $C(t)\, e^{20\pi it}$ durch $C(t) \cos 20\pi t$ und $iC(t) \sin 20\pi t$ gegeben. Die Beseitigung der Frequenzen in der Nähe von $+20$ Hz kann durch das Durchlassen dieser beiden Funktionen durch einen Tiefpaß durchgeführt werden, was äquivalent der Bildung ihrer Mittelwerte über ein Intervall von einer zwanzigstel Sekunde oder größer ist.

Wir nehmen an, daß wir eine Kurve haben, bei der das Maximum der Intensität nahe bei einer Frequenz von 10 Hz liegt. Wenn wir diese mit dem Cosinus oder Sinus von $20\pi t$ multiplizieren, werden wir eine Kurve bekommen, die die Summe aus zwei Teilen ist, von denen eine sich lokal wie diese

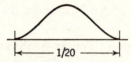

und die andere ähnlich dieser

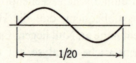

verhält.

Wenn wir die zweite Kurve zeitlich über eine Zehntelsekunde mitteln, werden wir Null erhalten. Wenn wir die erste mitteln, bekommen wir die Hälfte der maximalen Höhe. Das Ergebnis ist, daß wir durch das Glätten von $C(t) \cos 20\pi t$ und $iC(t) \sin 20\pi t$ respektive gute Annäherungen an den reellen und imaginären Teil einer Funktion bekommen, die alle ihre Frequenzen in der Nähe von Null hat, und diese Funktion wird die Frequenzverteilung um Null haben, die ein Teil des Spektrums von $C(t)$ um 10 Hz herum hat. Nun soll $K_1(t)$ das Resultat der Glättung von $C(t) \cos 20\pi t$ und $K_2(t)$ das Resultat der Glättung von $C(t) \sin 20\pi t$ sein. Wir wollen

$$\int_{-\infty}^{\infty} [K_1(t) + iK_2(t)] e^{-2\pi i \omega t} dt$$
$$= \int_{-\infty}^{\infty} [K_1(t) + iK_2(t)] [\cos 2\pi\omega t - i \sin 2\pi\omega t] dt \quad (10.07)$$

erhalten. Dieser Ausdruck muß reell sein, da er ein Spektrum ist. Deshalb wird er gleich

$$\int_{-\infty}^{\infty} K_1(t) \cos 2\pi\omega t \, dt + \int_{-\infty}^{\infty} K_2(t) \sin 2\pi\omega t \, dt. \quad (10.08)$$

Mit anderen Worten, wenn wir eine Cosinus-Analyse von K_1 machen und eine Sinus-Analyse von K_2 und sie addieren, werden wir das verzerrte Spektrum von f haben. Man kann zeigen, daß K_1 gerade und K_2 ungerade wird. Das bedeutet, daß, wenn wir eine Cosinus-Analyse von K_1 durchführen und die Sinus-Analyse von K_2 addieren oder subtrahieren, wir nacheinander das Spektrum rechts und links der Mittenfrequenz mit der Distanz ω erhalten. Diese Methode für die Spektrumgewinnung werden wir als die Überlagerungsmethode bezeichnen.

Im Falle von Autokorrelationen, die lokal nahezu sinusförmig sind von z. B. 0,1 Hz (wie z. B. jene, die in der Gehirnwellen-Autokorrelation von Abb. 9 erscheint) kann die Rechnung für diese Überlagerungsmethode vereinfacht werden. Wir nehmen unsere Autokorrelation in Intervallen von einer vierzigstel Sekunde. Wir nehmen dann die Folge bei 0, $1/20$ s, $2/20$ s, $3/20$ s usw. und ändern das Vorzeichen jener Brüche mit ungeraden Zählern. Wir mitteln diese aufeinanderfolgend für eine hinreichende Länge und bekommen eine Größe, die nahezu gleich $K_1(t)$ ist. Wenn wir in ähnlicher Weise mit den Werten bei $1/40$ s, $3/40$ s und $5/40$ s usw. verfahren, die Vorzeichen der Größen alternierend verändern und die gleichen Mittlungsprozesse wie zuvor durchführen, bekommen wir eine Annäherung an $K_2(t)$. Von diesem Stadium an ist das Verfahren klar.

Die Rechtfertigung für dieses Verfahren ist, daß die Verteilung der Masse, die

1 in den Punkten $2n\pi$

-1 in den Punkten $(2n+1)\pi$

und sonst überall Null ist, wenn sie einer harmonischen Analyse unterworfen wird, eine Cosinus-Komponente der Frequenz 1 und keine Sinus-Komponente enthält. In ähnlicher Weise wird eine Verteilung

$$1 \text{ bei } (2n+1/2)\pi$$

$$-1 \text{ bei } (2n-1/2)\pi$$

und 0 sonst überall

die Sinus-Komponente der Frequenz 1 und keine Cosinus-Komponente enthalten. Beide Verteilungen werden auch Komponenten der Frequenz N enthalten, aber da die Originalkurve, die wir analysieren, bei diesen Frequenzen fehlt oder beinahe fehlt, werden diese Ausdrücke keine Wirkung erzielen. Dies vereinfacht unsere Überlagerung weitgehend, da die einzigen Faktoren, mit denen wir zu multiplizieren haben, $+1$ oder -1 sind.

Wir haben diese Überlagerungsmethode als sehr brauchbar für die harmonische Analyse der Gehirnwellen gefunden, da wir lediglich manuelle Mittel zur Verfügung haben und da der Umfang der Arbeit überwältigend ist, wenn wir alle Einzelheiten der harmonischen Analyse ohne den Gebrauch der Überlagerung durchführen. Unsere ganze frühere Arbeit über die harmonische Analyse des Gehirnspektrums ist mit der Überlagerungsmethode ausgeführt worden. Da es sich jedoch späterhin als möglich erwies, eine Digitalrechenmaschine zu benutzen, für die das Reduzieren des Rechenaufwandes keine solch wichtige Angelegenheit ist, wurde vieles unserer späteren Arbeit auf dem Gebiet der harmonischen Analyse direkt ohne die Anwendung der Überlagerung ausgeführt. Es wird noch viel Arbeit an Stellen geben, wo Digitalrechner nicht verfügbar sind, so daß ich die Überlagerungsmethode in der Praxis nicht als überholt ansehe.

Ich lege hier Teile einer speziellen Autokorrelation dar, die wir bei unserer Arbeit erhalten haben. Da die Autokorrelation einen großen Datenbereich deckt, ist sie nicht geeignet, hier als Ganzes wiedergegeben zu werden, und wir stellen lediglich den Anfang in der Nähe von $\tau=0$ und einen Teil ihres weiteren Verlaufes dar.

Die Abb. 11 stellt die Resultate einer harmonischen Analyse der Autokorrelation dar, deren Teil in Abb. 9 dargestellt ist. In diesem Falle erhielten wir unser Ergebnis mit einem sehr schnellen Digitalrechner[52], jedoch haben wir sehr gute Übereinstimmung zwischen diesem Spektrum und dem erhalten, das wir früher durch Überlagerungsmethoden von Hand gewannen, zumindest in der Nähe des hohen Teiles des Spektrums.

Wenn wir die Kurve untersuchen, finden wir eine bemerkenswerte Intensitätsdichte in der Nähe der Frequenz 9,05 Hz. Der Punkt, an dem das Spektrum im wesentlichen verschwindet, ist sehr

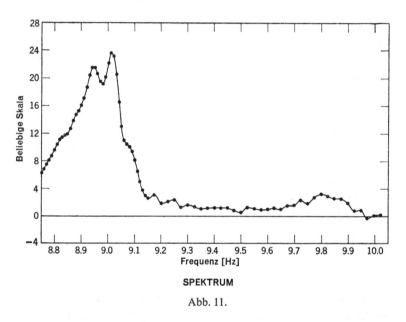

Abb. 11.

scharf und ergibt eine objektive Größe, die mit viel größerer Genauigkeit nachgeprüft werden kann als irgendeine andere Größe, die in der Elektroenzephalographie vorkommt. Es sind bestimmte Anzeichen dafür vorhanden, daß bei anderen Kurven, die wir erhalten haben, die aber von irgendwie fraglicher Zuverlässigkeit in ihren Einzelheiten sind, diesem plötzlichen Abfall der Intensität ein ganz plötzliches Ansteigen folgt, so daß zwischen ihnen eine

[52] Die IBM-709 am Rechenzentrum des M.I.T. wurde benutzt.

Einbuchtung in der Kurve ist. Ob dies der Fall ist oder nicht, es besteht eine starke Vermutung, daß die Intensität im Scheitelpunkt einer Fortnahme der Intensität aus dem Bereich, in dem die Kurve niedrig ist, entspricht.

Im Spektrum, das wir erhalten haben, muß es auffallen, daß der größte Teil der Fläche unter der Kurve innerhalb eines Bereiches von ungefähr einem Drittel einer Schwingung liegt. Eine interessante Sache ist, daß mit einem anderen Elektroenzephalogramm der gleichen Versuchsperson, das vier Tage später aufgezeichnet wurde, diese angenäherte Ausdehnung der Kurve bewahrt bleibt, und es besteht mehr als eine Vermutung, daß die Form in jeder Einzelheit erhalten bleibt. Es gibt auch einen Grund, anzunehmen, daß bei anderen Versuchspersonen die Breite der Kurve verschieden sein wird und vielleicht enger. Eine vollkommen befriedigende Bestätigung davon wartet noch auf zukünftige Entdeckungen.

Es ist höchst wünschenswert, daß die Art der Arbeit, die wir in diesen Andeutungen erwähnt haben, durch genauere experimentelle Arbeit mit besseren Instrumenten ergänzt wird, so daß die Vorstellungen, die wir uns hier machen, bestimmt bewiesen oder bestimmt ausgeschlossen werden können.

Ich möchte mich jetzt dem Problem des Probennehmens zuwenden. Dafür werde ich einige Gedanken meiner früheren Arbeit über die Integration im Funktionenraum[53] anführen müssen. Mit Hilfe dieses Mittels werden wir in der Lage sein, ein statistisches Modell eines fortlaufenden Prozesses mit einem gegebenen Spektrum zu konstruieren. Obgleich dieses Modell kein exaktes Abbild des Prozesses ist, der Gehirnwellen erzeugt, ist es ihm ähnlich genug, um statistisch wichtige Information über die Wurzel aus dem mittleren quadratischen Fehler zu liefern, der im Gehirnwellenspektrum zu erwarten ist wie z. B. der eine, der bereits in diesem Kapitel erwähnt wurde.

Ich stelle hier ohne Beweis einige Eigenschaften einer gewissen reellen Funktion $x(t, \alpha)$ dar, die bereits in meinem Aufsatz über allgemeine harmonische Analyse und an anderer Stelle[53] dargestellt

---

[53] *Wiener, N.*, »Generalized Harmonic Analysis«, Acta Mathematica, 55, 117—258 (1930); Nonlinear Problems in Random Theory, The Technology Press of M.I.T. and John Wiley & Sons, Inc., New York 1958.

wurde. Die reelle Funktion $x(t, \alpha)$ hängt von einer Variablen t ab, die von $-\infty$ bis $+\infty$ läuft, und von einer Variablen α, die von 0 bis 1 läuft. Sie stellt eine räumliche Veränderliche einer Brownschen Bewegung dar, abhängig von der Zeit t und dem Parameter α einer statistischen Verteilung. Der Ausdruck

$$\int_{-\infty}^{\infty} \varphi(t)\, dx(t, \alpha) \qquad (10.09)$$

ist für alle Funktionen $\varphi(t)$ der Lebesgueschen Klasse L^2 $(-\infty, +\infty)$ definiert. Wenn $\varphi(t)$ eine Ableitung hat, die zu L^2 gehört, ist der Ausdruck (10.09) gegeben durch

$$-\int_{-\infty}^{\infty} x(t, \alpha)\, \varphi'(t)\, dt \qquad (10.10)$$

und ist dann für alle Funktionen definiert, die nach einem bestimmten, wohldefinierten Grenzprozeß zu L^2 gehören. Andere Integrale

$$\int_{-\infty}^{\infty} \cdots \int_{-\infty}^{\infty} K(\tau_1, \cdots \tau_n)\, dx(\tau_1, \alpha) \cdots dx(\tau_n, \alpha) \qquad (10.11)$$

sind in ähnlicher Weise definiert. Der grundlegende Satz, von dem wir Gebrauch machen, ist, daß man

$$\int_0^1 d\alpha \int_{-\infty}^{\infty} \cdots \int_{-\infty}^{\infty} K(\tau_1, \cdots, \tau_n)\, dx(\tau_1, \alpha) \cdots dx(\tau_n, \alpha) \qquad (10.12)$$

erhält, indem man

$$K_1(\tau_1, \cdots, \tau_{n/2}) = \sum K(\sigma_1, \sigma_2, \cdots, \sigma_n) \qquad (10.13)$$

setzt, wobei die τ_k durch alle möglichen Identifikationen von Paaren der σ_k miteinander (wenn n gerade ist) gebildet werden und indem man

$$\int_{-\infty}^{\infty} \cdots \int_{-\infty}^{\infty} K_1(\tau_1, \cdots, \tau_{n/2})\, d\tau_1, \cdots, d\tau_{n/2} \qquad (10.14)$$

bildet. Wenn n ungerade ist, gilt

$$\int_0^1 d\alpha \int_{-\infty}^{\infty} \cdots \int_{-\infty}^{\infty} K(\tau_1, \cdots, \tau_n)\, dx(\tau_1, \alpha) \cdots dx(\tau_n, \alpha) = 0 \qquad (10.15)$$

Ein anderer wichtiger Satz, der diese stochastischen Integrale betrifft, ist, daß wenn $\mathscr{F}\{g\}$ ein Funktional von $g(t)$ ist, so daß $\mathscr{F}[x(t, \alpha)]$ eine Funktion ist, die in α zu L gehört und nur von den Differenzen $x(t_2, \alpha) - x(t_1, \alpha)$ abhängt, dann für jedes t_1 und für fast alle Werte von α

$$\lim_{A \to \infty} \frac{1}{A} \int_0^A \mathscr{F}[x(t, \alpha)] \, dt = \int_0^1 \mathscr{F}[x(t_1, \alpha)] \, d\alpha \qquad (10.16)$$

gilt. Dies ist der Ergodensatz von Birkhoff und wurde vom Autor[54] und anderen bewiesen.

Es ist, wie bereits erwähnt wurde, in den *Acta Mathematica*-Aufsätzen ausgeführt, daß, wenn U eine unitäre Transformation der Funktion $K(t)$ ist,

$$\int_{-\infty}^{\infty} UK(t) \, dx(t, \alpha) = \int_{-\infty}^{\infty} K(t) \, dx(t, \beta) \qquad (10.17)$$

gilt, wobei β sich von α lediglich durch eine maßtreue Transformation des Intervalls $(0, 1)$ auf sich selbst unterscheidet.

Nun soll $K(t)$ zu L^2 gehören und es soll

$$K(t) = \int_{-\infty}^{\infty} q(\omega) e^{2\pi i \omega t} \, d\omega \qquad (10.18)$$

im Plancherelschen[55] Sinne gelten. Wir wollen die reelle Funktion

$$f(t, \alpha) = \int_{-\infty}^{\infty} K(t + \tau) \, dx(\tau, \alpha) \qquad (10.19)$$

untersuchen, die die Antwort eines linearen Übertragers auf einen Brownschen Eingang darstellt. Diese wird die Autokorrelation

$$\lim_{T \to \infty} \frac{1}{2T} \int_{-T}^{T} f(t+\tau, \alpha) \overline{f(t, \alpha)} \, dt \qquad (10.20)$$

[54] *Wiener, N.*, »The Ergodic Theorem«, Duke Mathematical Journal 5, 1—39 (1939), und in Modern Mathematics for the Engineer, E. F. Beckenbach (Ed.), McGraw-Hill, New York 1956, pp. 166—168.

[55] *Wiener, N.*, »Plancherel's Theorem«, The Fourier Integral and Certain of Its Applications, The University Press, Cambridge, England, 1933, pp. 46—71; Dover Publications, Inc., New York.

haben, und diese hat nach dem Ergodensatz für fast alle Werte von α den Wert

$$\int_0^1 d\alpha \int_{-\infty}^{\infty} K(t_1+\tau)\,dx(t_1,\alpha) \int_{-\infty}^{\infty} \overline{K(t_2)}\,dx(t_2,\alpha)$$
$$= \int_{-\infty}^{\infty} K(t+\tau)\overline{K(t)}\,dt. \quad (10.21)$$

Das Spektrum lautet dann fast überall

$$\int_{-\infty}^{\infty} e^{-2\pi i\omega\tau}\,d\tau \int_{-\infty}^{\infty} K(t+\tau)\overline{K(t)}\,dt = \left|\int_{-\infty}^{\infty} K(\tau)e^{-2\pi i\omega\tau}\,d\tau\right|^2$$
$$= |q(\omega)|^2. \quad (10.22)$$

Dies ist jedoch das echte Spektrum. Die Stichproben-Autokorrelation über die Mittelwertzeit A (in unserem Falle 2700 s) ist

$$\frac{1}{A}\int_0^A f(t+\tau,\alpha)\overline{f(t,\alpha)}\,dt$$
$$= \int_{-\infty}^{\infty} dx(t_1,\alpha) \int_{-\infty}^{\infty} dx(t_2,\alpha)\frac{1}{A}\int_0^A K(t_1+\tau+s)\overline{K(t_2+s)}\,ds. \quad (10.23)$$

Das resultierende Stichprobenspektrum hat fast immer den Zeitmittelwert

$$\int_{-\infty}^{\infty} e^{-2\pi i\omega\tau}\,d\tau\,\frac{1}{A}\int_0^A ds \int_{-\infty}^{\infty} K(t+\tau+s)\overline{K(t+s)}\,dt = |q(\omega)|^2. \quad (10.24)$$

Das heißt, das Probenspektrum und das echte Spektrum haben den gleichen Zeitmittelwert.

Für viele Zwecke sind wir am angenäherten Spektrum interessiert, bei dem die Integration über τ nur über $(0, B)$ durchgeführt wird, wobei B in dem Spezialfall, den wir bereits dargelegt haben, 20 s beträgt. Wir wollen uns erinnern, daß $f(t)$ reell und die Autokorrelation eine symmetrische Funktion ist. Deshalb können wir die Integration von 0 bis B durch die Integration von $-B$ bis B ersetzen:

$$\int_{-B}^{B} e^{-2\pi i u\tau}\,d\tau \int_{-\infty}^{\infty} dx(t_1,\alpha) \int_{-\infty}^{\infty} dx(t_2,\alpha)\frac{1}{A}\int_0^A K(t_1+\tau+s)$$
$$\times \overline{K(t_2+s)}\,ds. \quad (10.25)$$

Dies hat als Mittelwert

$$\int_{-B}^{B} e^{-2\pi i u \tau} d\tau \int_{-\infty}^{\infty} K(t+\tau)\overline{K(t)}\, dt$$
$$= \int_{-B}^{B} e^{-2\pi i u \tau} d\tau \int_{-\infty}^{\infty} |q(\omega)|^2 e^{2\pi i \tau \omega} d\omega$$
$$= \int_{-\infty}^{\infty} |q(\omega)|^2 \frac{\sin 2\pi B(\omega-u)}{\pi(\omega-u)} d\omega. \tag{10.26}$$

Das Quadrat des angenäherten Spektrums über $(-B, B)$ lautet

$$\left| \int_{-B}^{B} e^{-2\pi i u \tau} d\tau \int_{-\infty}^{\infty} dx(t_1,\alpha) \int_{-\infty}^{\infty} dx(t_2,\alpha) \right.$$
$$\left. \frac{1}{A}\int_{0}^{A} K(t_1+\tau+s)\overline{K(t_2+s)}\, ds \right|^2$$

und hat als Mittelwert

$$\int_{-B}^{B} e^{-2\pi i u \tau} d\tau \int_{-B}^{B} e^{2\pi i u \tau_1} d\tau_1 \frac{1}{A^2} \int_{0}^{A} ds \int_{0}^{A} d\sigma \int_{-\infty}^{\infty} dt_1 \int_{-\infty}^{\infty} dt_2$$
$$\times [K(t_1+\tau+s)\overline{K(t_1+s)}\,\overline{K(t_2+\tau_1+\sigma)}K(t_2+\sigma)$$
$$+ K(t_1+\tau+s)\overline{K(t_2+s)}\,\overline{K(t_1+\tau_1+\sigma)}K(t_2+\sigma)$$
$$+ K(t_1+\tau+s)\overline{K(t_2+s)}\,\overline{K(t_2+\tau_1+\sigma)}K(t_1+\sigma)]$$
$$= \left[\int_{-\infty}^{\infty} |q(\omega)|^2 \frac{\sin 2\pi B(\omega-u)}{\pi(\omega-u)} d\omega \right]^2$$
$$+ \int_{-\infty}^{\infty} |q(\omega_1)|^2 d\omega_1 \int_{-\infty}^{\infty} |q(\omega_2)|^2 d\omega_2$$
$$\times \left[\frac{\sin 2\pi B(\omega_1-u)}{\pi(\omega_1-u)} \right]^2 \frac{\sin^2 A\pi(\omega_1-\omega_2)}{\pi^2 A^2 (\omega_1-\omega_2)^2}$$
$$+ \int_{-\infty}^{\infty} |q(\omega_1)|^2 d\omega_1 \int_{-\infty}^{\infty} |q(\omega_2)|^2 d\omega_2$$
$$\times \frac{\sin 2\pi B(\omega_1+u)}{\pi(\omega_1+u)} \frac{\sin 2\pi B(\omega_2-u)}{\pi(\omega_2-u)} \frac{\sin^2 A\pi(\omega_1-\omega_2)}{\pi^2 A^2 (\omega_1-\omega_2)^2}.$$
$$\tag{10.27}$$

Es ist wohlbekannt, daß, wenn m einen Mittelwert bezeichnet,

$$m[\lambda - m(\lambda)]^2 = m(\lambda^2) - [m(\lambda)]^2 \qquad (10.28)$$

gilt.

Deshalb wird die Wurzel aus dem mittleren Fehlerquadrat des angenäherten Probenspektrums gleich

$$\sqrt{\begin{aligned}&\int_{-\infty}^{\infty}|q(\omega_1)|^2 d\omega_1 \int_{-\infty}^{\infty}|q(\omega_2)|^2 d\omega_2 \frac{\sin^2 A\pi(\omega_1-\omega_2)}{\pi^2 A^2 (\omega_1-\omega_2)^2} \\ &\times \left(\frac{\sin^2 2\pi B(\omega_1-u)}{\pi^2(\omega_1-u)^2} + \frac{\sin 2\pi B(\omega_1+u)}{\pi(\omega_1+u)} \frac{\sin 2\pi B(\omega_2-u)}{\pi(\omega_2-u)}\right)\end{aligned}} \qquad (10.29)$$

sein. Nun ist

$$\int_{-\infty}^{\infty} \frac{\sin^2 A\pi u}{\pi^2 A^2 u^2} du = \frac{1}{A}, \qquad (10.30)$$

also ist

$$\int_{-\infty}^{\infty} g(\omega) \frac{\sin^2 A\pi(\omega-u)}{\pi^2 A^2 (\omega-u)^2} d\omega \qquad (10.31)$$

$1/A$ multipliziert mit einem laufend gewogenen Mittelwert von $g(\omega)$. Im Falle, daß die gemittelte Größe über dem kleinen Bereich $1/A$ nahezu konstant ist, was hier eine vernünftige Annahme ist, werden wir für den Wert der Wurzel aus dem mittleren Fehlerquadrat die genäherte obere Schranke in jedem Punkt des Spektrums

$$\sqrt{\frac{2}{A} \int_{-\infty}^{\infty} |q(\omega)|^4 \frac{\sin^2 2\pi B(\omega-u)}{\pi^2 (\omega-u)^2} d\omega} \qquad (10.32)$$

erhalten. Wir wollen bemerken, daß, wenn das angenäherte Probenspektrum sein Maximum bei $n=10$ hat, sein Wert dort

$$\int_{-\infty}^{\infty} |q(\omega)|^2 \frac{\sin 2\pi B(\omega-10)}{\pi(\omega-10)} d\omega \qquad (10.33)$$

ist, was für glatte $q(\omega)$ nicht stark von $|q(10)|^2$ verschieden ist. Die Wurzel aus dem mittleren Fehlerquadrat des Spektrums in bezug auf diese Größe als Maßeinheit ist

$$\sqrt{\frac{2}{A} \int_{-\infty}^{\infty} \left|\frac{q(\omega)}{q(10)}\right|^4 \frac{\sin^2 2\pi B(\omega-10)}{\pi^2 (\omega-10)^2} d\omega} \qquad (10.34)$$

und deshalb nicht größer als

$$\sqrt{\frac{2}{A} \int_{-\infty}^{\infty} \frac{\sin^2 2\pi B(\omega-10)}{\pi^2 (\omega-10)^2} d\omega} = 2\sqrt{\frac{B}{A}}. \qquad (10.35)$$

In dem Falle, den wir betrachtet haben, ist das

$$2\sqrt{\frac{20}{2700}} = 2\sqrt{\frac{1}{135}} \approx \frac{1}{6}. \qquad (10.36)$$

Wenn wir dann annehmen, daß das Einbuchtungsphänomen reell ist, oder sogar, daß das plötzliche Verschwinden, das bei unserer Kurve bei einer Frequenz von ungefähr 9,05 Hz stattfindet, reell ist, so muß es betrachtet werden, da es mehrere physiologische Fragen betrifft. Die drei Hauptfragen betreffen die physiologische Funktion dieser beobachteten Phänomene, den physiologischen Mechanismus, durch den sie hervorgebracht werden, und die mögliche Verwendung dieser Beobachtungen in der Medizin.

Es ist zu beachten, daß eine scharfe Frequenzlinie einem bestimmten Takt äquivalent ist. Da das Gehirn in einem gewissen Sinne ein Regel- und Rechengerät darstellt, ist es natürlich, zu fragen, ob andere Formen der Regel- und Rechengeräte Taktgeber benutzen. Tatsächlich benutzen die meisten von ihnen solche. Taktgeber werden in diesen Geräten zum Zwecke des Durchschleusens benutzt. Alle solche Apparate müssen eine große Anzahl Impulse in einzelne Impulse auflösen und aufreihen. Wenn diese Impulse lediglich durch das Ein- oder Ausschalten des Kreises weitergeleitet werden, ist die Taktfolge der Impulse von geringer Bedeutung, und es ist keine Schleusung nötig. Die Folge dieser Methode der Impulsleitung ist jedoch, daß ein ganzer Kreis bis zu der Zeit belegt ist, wo die Nachricht herausgelaufen ist; und dies bedingt das Aussetzen eines großen Teiles der Apparatur für eine unbestimmte Zeit. Es ist also wünschenswert bei einer Rechen- oder Regelapparatur, daß die Nachrichten durch ein kombiniertes Ein-Aus-Signal weitergeleitet werden. Dies macht den Apparat unmittelbar für weitere Verwendung frei. Damit dies stattfindet, müssen die Nachrichten so gespeichert werden, daß sie gleichzeitig abgerufen und kombiniert werden können, während sie noch in der Maschine sind. Dafür ist ein Schleusen nötig, und dies Schleusen kann auf bequeme Weise unter Benutzung eines Taktgebers durchgeführt werden.

Es ist wohlbekannt, daß wenigstens bei den längeren Nervenfasern nervliche Impulse durch Spitzen übertragen werden, deren Form von der Art unabhängig ist, in der sie erzeugt werden. Die Kombination dieser Spitzen ist eine Funktion des Synapsenmechanismus. In diesen Synapsen wird eine Anzahl hereinführender Fasern mit einer austretenden Faser verbunden. Wenn die geeignete Kombination der eintretenden Fasern innerhalb eines sehr kurzen Zeitintervalls zündet, dann zündet die austretende Faser. In dieser Kombination ist der Effekt der eintretenden Fasern in gewissen Fällen additiv, so daß, wenn mehr als eine bestimmte Anzahl zündet, eine Schwelle erreicht wird, die die austretende Faser veranlaßt, zu zünden. In anderen Fällen haben einige der eintretenden Fasern eine hemmende Wirkung, die vollkommen das Zünden verhindert oder auf jeden Fall die Schwelle für andere Fasern vergrößert. In jedem Falle ist eine kurze Kombinationsperiode wesentlich, und wenn die hereinkommenden Nachrichten nicht innerhalb dieser kurzen Periode liegen, kombinieren sie sich nicht. Es ist daher irgendeine Art eines Schleusenmechanismus notwendig, um den hereinkommenden Nachrichten zu ermöglichen, exakt gleichzeitig anzukommen. Sonst wird die Synapse nicht als Kombinationsmechanismus arbeiten[56].

[56] Dies ist ein vereinfachtes Bild dessen, was sich besonders in der Cortex ereignet, da die »Alles-oder-Nichts-Operation« der Neuronen von ihrer ausreichenden Länge abhängt, so daß die Wiederherstellung der Form der hereinkommenden Impulse in den Neuronen selbst sich einer asymptotischen Form nähert. Jedoch besteht in der Cortex z. B., von der Kürze der Neuronen herrührend, noch die Notwendigkeit der Synchronisation, obgleich die Einzelheiten des Prozesses viel komplizierter sind.

Es ist nun wünschenswert, einen weiteren Beweis dafür zu haben, daß dieses Schleusen tatsächlich stattfindet. Hier ist eine Arbeit von Prof. Donald B. Lindsley von der Psychologischen Fakultät der University of California in Los Angeles wertvoll. Er hat eine Untersuchung über Reaktionszeiten für visuelle Signale angestellt. Wie gut bekannt ist, tritt, wenn ein visuelles Signal ankommt, die muskuläre Wirkung, die es anreizt, nicht sofort ein, sondern nach einer bestimmten Verzögerung. Prof. Lindsley hat gezeigt, daß diese Verzögerung nicht konstant ist, sondern aus drei Teilen zu bestehen scheint. Einer dieser Teile ist von konstanter Länge, während die anderen zwei gleichmäßig über ungefähr $1/10$ s verteilt zu sein scheinen. Es ist, als ob das zentrale Nervensystem eintretende Impulse nur alle $1/10$ s aufgreifen könnte und als ob die austretenden Impulse in die Muskeln vom zentralen Nervensystem nur alle $1/10$ s ankommen können. Dieses ist der experimentelle Beweis eines Schleusens, und die Verknüpfung dieses Schleusens mit $1/10$ s, die die angenäherte Dauer des zentralen Alpha-Rhythmus des Gehirnes ist, ist sehr wahrscheinlich nicht zufällig.

Soviel über die Funktion des zentralen Alpha-Rhythmus. Nun erheben sich die Fragen, die den Mechanismus betreffen, der diesen Rhythmus hervorbringt. Hier müssen wir die Tatsache anführen, daß der Alpha-Rhythmus durch Flackern verschoben werden kann. Wenn Licht in Intervallen mit einer Periode von etwa $1/10$ s in das Auge hineingeblitzt wird, wird der Alpha-Rhythmus des Gehirnes verändert, bis er eine starke Komponente von der gleichen Periode wie das Blitzen hat. Unzweifelhaft bringt das Flackern ein elektrisches Flackern in der Retina hervor und fast sicher auch im zentralen Nervensystem.

Es gibt nun einen direkten Beweis, daß ein rein elektrisches Flackern eine Wirkung hervorbringen kann, die ähnlich der des visuellen Blitzens ist. Dies Experiment ist in Deutschland durchgeführt worden. Es wurde ein Raum mit einem stromleitenden Boden und einer isolierten stromleitenden Metallplatte, die an der Decke aufgehängt war, geschaffen. Versuchspersonen wurden in diesen Raum gestellt, und der Boden und die Decke wurden mit einem Generator verbunden, der ein wechselndes elektrisches Potential erzeugte, das eine Frequenz von ungefähr 10 Hz hatte.

Die praktische Wirkung auf die Versuchspersonen war sehr stark beunruhigend, ähnlich wie die Wirkung eines gleichen Blitzens beunruhigend ist. Es wird natürlich nötig sein, diese Experimente unter besser kontrollierten Bedingungen zu wiederholen und gleichzeitig die Elektroenzephalogramme der Versuchspersonen zu nehmen. So weit jedoch diese Experimente gehen, gibt es ein Anzeichen dafür, daß die gleiche Wirkung wie die des visuellen Flackerns durch ein elektrisches Flackern hervorgerufen werden kann, das durch elektrostatische Induktion erzeugt wird.

Es ist wichtig, zu bemerken, daß, wenn die Frequenz eines Oszillators durch Impulse von verschiedener Frequenz verändert werden kann, der Mechanismus nichtlinear sein muß. Ein linearer Mechanismus, der mit einer Schwingung von einer bestimmten Frequenz arbeitet, kann lediglich eine Schwingung der gleichen Frequenz erzeugen, im allgemeinen mit einer Veränderung der Phase und der Amplitude. Dies stimmt nicht für nichtlineare Mechanismen, die Schwingungen mit Frequenzen hervorbringen können, die die Summe und Differenz verschiedener Oberwellen der Frequenz des Oszillators und der Frequenz der erzwungenen Störung sind. Es ist für solch einen Mechanismus durchaus möglich, eine Frequenz zu verschieben; und in dem Falle, den wir betrachtet haben, wird diese Verschiebung von der Art einer Anpassung sein. Es ist nicht ganz unwahrscheinlich, daß diese Anpassung ein langzeitliches Phänomen ist und daß für kurze Zeiten dieses System näherungsweise linear bleibt.

Betrachten wir die Möglichkeit, daß das Gehirn eine Anzahl von Oszillatoren mit Frequenzen von ungefähr 10 Hz enthält und daß diese Frequenzen in Grenzen gegenseitig angepaßt werden können. Unter solchen Umständen sind die Frequenzen geeignet, in eine oder mehrere kleine Anhäufungen zusammengedrängt zu werden, wenigstens in bestimmten Bereichen des Spektrums. Die Frequenzen, die in diese Anhäufung gedrängt werden, müssen von irgendwoher dorthin geschoben sein und so Lücken im Spektrum verursachen, wo die Intensität kleiner ist als die, die wir sonst erwarten sollten. Daß solch ein Phänomen wirklich bei der Erzeugung der Gehirnwellen im Individuum erscheinen kann, dessen Autokorrelation in der Abb. 9 gezeigt ist, wird durch die scharfe Einbuchtung in der Intensität bei Frequenzen von ungefähr 9,0 Hz angeregt. Dies konnte mit den schwach auflösenden Kräften der harmonischen Analyse, die durch frühere Autoren[57] benutzt wurde, nicht leicht entdeckt werden.

Damit dieser Bericht vom Ursprung der Gehirnwellen überzeugend ist, müssen wir das Gehirn nach der Existenz und der Art der angenommenen Oszillatoren untersuchen. Prof. Rosenblith vom M.I.T. hat mich über die Existenz eines Phänomens informiert, das als die Nachentladung[58] bekannt ist. Wenn ein Lichtblitz in die Augen gesendet wird, gehen die Potentiale der Cortex, die mit dem Blitz in Beziehung gesetzt werden können, nicht unmittelbar auf Null zurück, sondern durchlaufen eine Folge von positiven und negativen Phasen, bevor sie verschwinden. Das Muster dieses Potentialverlaufs kann einer harmonischen Analyse unterworfen werden, und man findet, daß es in der Nähe von 10 Hz einen großen Intensitätsbetrag hat. Soweit ist es wenigstens kein Widerspruch zur Theorie der Gehirnwellen-Selbstorganisation, die wir hier aufgestellt haben. Das Zusammenziehen dieser Kurzzeitschwingungen in eine kontinuierliche Schwingung wurde bei anderen Körperrhythmen beobachtet wie z. B. dem annähernd $23^1/_2$stündigen Tagesrhythmus, der bei vielen Lebewesen beobachtet wird[59]. Dieser Rhythmus kann in den 24-Stunden-Rhythmus von Tag und Nacht durch die Veränderung der äußeren Umwelt gezwungen werden. Biologisch ist es nicht wichtig, ob der natürliche Rhythmus der Lebewesen genau ein 24-Stunden-Rhythmus ist, vorausgesetzt, daß er durch die äußere Umwelt in den 24-Stunden-Rhythmus gezwungen werden kann.

[57] Ich muß sagen, daß ein Beweis der Existenz niedriger Zentralrhythmen von Dr. *W. Grey Walter* vom Burden Neurological Institute in Bristol, England, erbracht wurde. Mir sind nicht alle Einzelheiten seiner Methode bekannt, jedoch entnahm ich, daß das Phänomen, auf das er sich bezieht, in der Tatsache besteht, daß in seinen toposkopischen Bildern der Gehirnwellen, wenn eine aus dem Zentrum herauskommt, die Linien, die die Frequenz anzeigen, auf relativ enge Bereiche beschränkt sind.

[58] *Barlow, J. S.,* »Rhythmic Activity Induced by Photic Stimulation in Relation to Intrinsic Alpha Activity of the Brain in Man«, EEG Clin. Neurophysiol., 12, 317—326 (1960).

[59] Cold Spring Harbor Symposium on Quantitative Biology, Volume XXV (Biological Clocks). The Biological Laboratory, Cold Spring Harbor, L.I., N.Y., 1960.

Ein interessantes Experiment, das auf die Gültigkeit meiner Hypothese bezüglich der Gehirnwellen Licht werfen kann, kann durchaus bei der Untersuchung von Leuchtkäfern oder von anderen Tieren wie z. B. von Grillen oder Fröschen, die erfreulicherweise sichtbare oder hörbare Impulse aussenden und ebenso diese Impulse empfangen können, durchgeführt werden. Es ist oft vermutet worden, daß die Leuchtkäfer auf einem Baum im Takt miteinander aufleuchten, und dieses augenscheinliche Phänomen wurde als eine menschliche optische Täuschung dargestellt. Ich habe es bestätigt gehört, daß bei einigen Leuchtkäfern Südostasiens dies Phänomen so deutlich ist, daß es kaum als Täuschung bezeichnet werden kann. Nun hat der Leuchtkäfer eine doppelte Aktivität. Auf der einen Seite ist er ein Sender von mehr oder weniger periodischen Impulsen, und auf der anderen Seite besitzt er Empfänger für diese Impulse. Kann nicht das gleiche vermutete Phänomen der Frequenzzusammenziehung stattfinden? Für diese Arbeit sind genaue Aufzeichnungen des Aufleuchtens nötig, die gut genug sind, sie einer genauen harmonischen Analyse zu unterwerfen. Darüber hinaus sollten die Leuchtkäfer periodischem Licht ausgesetzt werden, z. B. aus einer aufleuchtenden Neonröhre, und man sollte beobachten, ob dies die Tendenz hat, sie in die gleiche Frequenz zu zwingen. Wenn dies der Fall ist, sollte man versuchen, eine genaue Aufzeichnung dieser spontanen Aufleuchtungen einer Autokorrelationsanalyse zu unterwerfen; ähnlich jener, die wir bei den Gehirnwellen gemacht haben. Ohne es zu wagen, mich über das Ergebnis dieser Experimente zu äußern, die noch nicht gemacht sind, erscheint mir diese Untersuchungsrichtung vielversprechend und nicht allzu schwierig.

Das Phänomen der Anpassung der Frequenzen erscheint auch in gewissen nichtlebenden Situationen. Betrachten wir eine Anzahl elektrischer Wechselstromgeneratoren, deren Frequenz von Reglern kontrolliert werden, die mit den Antriebsmaschinen verbunden sind. Diese Regler halten die Frequenz in angemessenen engen Grenzen. Wir wollen annehmen, daß die Ausgänge der Generatoren in Sammelschienen parallel geschaltet sind, aus denen der Strom in die Stromabnahme fließt, die im allgemeinen mehr oder weniger zufälligen Schwankungen gemäß dem Ein- und Ausschalten des Lichtes und ähnlichem unterworfen ist. Um die menschlichen Probleme des Schaltens zu vermeiden, das in der veralteten Art der Kraftzentrale vor sich geht, werden wir das An- und Abschalten der Generatoren als automatisch annehmen. Wenn der Generator auf seine Geschwindigkeit gebracht ist und die Phase jener der anderen Generatoren des Systems nahe genug ist, wird ein automatisches Gerät ihn mit den Sammelschienen verbinden, und wenn er durch irgendeinen Umstand sich von der genauen Frequenz und Phase allzuweit entfernen sollte, wird ihn ein ähnliches Gerät automatisch abschalten. In einem solchen System übernimmt ein Generator, der dahin tendiert, zu schnell zu laufen und so eine zu hohe Frequenz zu haben, einen Teil der Belastung, der größer als sein normaler Anteil ist, wohingegen ein Generator, der zu langsam läuft, einen kleineren als normalen Anteil der Belastung übernimmt. Das Resultat ist, daß eine Anpassung zwischen den Frequenzen der Generatoren erfolgt. Das gesamte Generatorensystem arbeitet, als ob es einen virtuellen Regler besäße, der genauer ist als die Regler der einzelnen Generatoren und der durch die Menge dieser Regler zusammen mit der gegenseitigen elektrischen Wechselwirkung der Generatoren dargestellt wird. So funktioniert, wenigstens teilweise, die genaue Frequenzregulierung elektrischer Generatorsysteme, und dies macht elektrische Uhren von großer Genauigkeit möglich.

Ich schlage deshalb vor, daß der Ausgang solcher Systeme experimentell und theoretisch untersucht werden sollte; auf eine Art, die analog jener ist, in der wir die Gehirnwellen untersucht haben.

Historisch ist es interessant, daß in den frühen Tagen der Wechselstromtechnik Versuche gemacht wurden, Generatoren des gleichen konstanten Spannungstyps, der in modernen Generatorsystemen benutzt wird, in Serie und nicht parallel zu schalten. Es stellte sich heraus, daß die Wechselwirkung der einzelnen Generatoren in der Frequenz eher eine Abneigung als eine Anpassung war. Das Ergebnis war, daß solche Systeme in unmöglicher Weise unstabil waren, wenn nicht die rotierenden Teile der einzelnen Generatoren durch eine durchgehende Welle oder durch Getriebe fest verbunden wurden. Auf der anderen Seite zeigt die parallele Sammelschienenverbindung der Generatoren eine innere Stabilität, die es möglich macht, Generatoren verschiedener Stationen zu einem einzigen abgeschlossenen System zu verbinden. Um eine biologische Analogie zu gebrauchen, hatte das Parallelsystem eine bessere Homöostase als das Reihensystem und überlebte deshalb, während das Reihensystem sich selbst durch natürliche Auswahl ausschloß.

Wir sehen so, daß eine nichtlineare Wechselwirkung, die die Anpassung der Frequenz verursacht, ein sich selbst organisierendes System erzeugen kann, wie es z. B. bei Gehirnwellen, die wir untersucht haben, und bei einem Wechselstromnetz der Fall ist. Diese Möglichkeit der Selbstorganisation ist durch nichts auf die sehr niedrige Frequenz dieser beiden Phänomene begrenzt. Wir können selbstorganisierende Systeme bei der Frequenz von z. B. infrarotem Licht oder dem Radarspektrum betrachten.

Wie wir zuvor festgestellt haben, ist eines der primären Probleme der Biologie die Art, in der die Hauptsubstanzen, die Gene oder Viren konstitutionieren, oder möglicherweise spezielle Substanzen, die Krebs erzeugen, sich selbst aus Materialien ohne diese Spezifikation reproduzieren wie z. B. aus einer Mischung von Amino- und Nukleinsäuren. Die gewöhnlich gegebene Erklärung ist, daß ein Molekül dieser Substanzen als Modell wirkt, an das sich die konstituierenden kleineren Moleküle selbst anlegen und zu einem ähnlichen Makromolekül vereinigen. Dies ist weitaus eine Verbildlichung und ist lediglich ein anderer Weg, das fundamentale Phänomen des Lebens zu beschreiben, das darin besteht, daß andere Makromoleküle nach dem Vorbild der bestehenden Makromoleküle geformt werden. Wie immer dieser Prozeß vor sich geht, er ist ein dynamischer Prozeß und beinhaltet Kräfte oder ihre Äquivalente. Ein möglicher Weg, solche Kräfte zu beschreiben, ist, daß der aktive Träger der Art eines Moleküls in dem Frequenzmodell seiner molekularen Strahlung liegt, von dem ein wichtiger Teil im infraroten elektromagnetischen Spektrum oder sogar noch tiefer liegen kann. Es kann sein, daß spezielle Virussubstanzen unter irgendwelchen Umständen infrarote Schwingungen aussenden, die die Fähigkeit haben, die Formation anderer Moleküle des Virus aus einem indifferenten Magma von Aminosäuren und Nukleinsäuren zu formen. Es ist durchaus möglich, daß dieses Phänomen als eine Art der Anpassungswechselwirkung der Frequenz betrachtet werden kann. Da diese ganze Angelegenheit noch *sub judice* ist mit noch nicht einmal formulierten Einzelheiten, enthalte ich mich, weiter speziell zu werden. Der offensichtliche Weg, dies zu untersuchen, ist die Untersuchung der Absorptions- und Emissions-Spektren einer umfangreichen Menge von Virusmaterial, wie z. B. des Kristalles des Tabakmosaikvirus, und dann die Wirkung des Lichtes dieser Frequenzen auf die Produktion weiterer Viren durch das bestehende Virus im geeigneten Nährmaterial zu beobachten. Wenn ich von Absorptionsspektren spreche, spreche ich von einem Phänomen, das fast sicher existiert, und was die Emissionsspektren anlangt, haben wir etwas dieser Art im Phänomen der Fluoreszenz.

Jede solche Untersuchung wird eine höchst genaue Methode für die detaillierte Untersuchung der Spektren enthalten, in der Gegenwart dessen, was normalerweise als überwiegende Beträge von Licht eines kontinuierlichen Spektrums angesehen wird. Wir haben bereits gesehen, daß wir einem ähnlichen Problem bei der Mikroanalyse der Gehirnwellen gegenüberstehen und daß die Mathematik der Interferometerspektrografie im wesentlichen die gleiche ist wie die, die wir hier durchgeführt haben. Ich habe daher die feste Vorstellung, daß die volle Leistung dieser Methode bei der Untersuchung der Molekularspektren und im besonderen bei der Untersuchung solcher Spektren von Viren, Genen und dem Krebs entdeckt wird. Es ist verfrüht, den ganzen Wert dieser Methoden sowohl in der rein biologischen Forschung als auch in der Medizin vorherzusagen, doch habe ich große Hoffnungen, daß sie sich auf beiden Gebieten als von größtem Wert erweisen werden.

REGISTER

Abelsche Gruppe   91
Absorptionsspektrum   284
Aiken, Dr.   43
Akutowicz, E. J.   18
Alpharhythmus   204, 259, 278
Analogrechner   172
Anastomose   46, 170
Astronomie   63
Ataxie   34, 145
Audiogramm   136
Autokorrelation   262
Automat   75

Barlow, J. S.   262, 280
Bigelow, Julian H.   32, 35
Birkhoff   88, 59, 272
„Black Box"   15
Bohr, Niels   72
Boolesche Algebra   174
Borel, Emile   83
Bose, A. G.   16
Brown, R. M.   261
Brownsche Bewegung   115
Brazier, Dr. Mary A. B.   261
Bush, Dr. Vannevar   28

Calculus ratiocinator   40
Cerebellartremor   146
Charaktergruppe   92
Chávz, Dr. Ignacio   45
Clonus   49

Damespiel   243
Darwin, Charles   72
Darwin, Sir Charles   72

Darwin, Sir George   72
Descartes   76
Differentialanalysator   172
Digitalrechner   173
Dominanz der Großhirnhälfte   218
Durchmusterung   64

Effektor   146
Elektroenzephalogramm   204, 257
Emissionsspektrum   284
Entropie   97
Entscheidung   104
Ergoden-Hypothese   89
Ergodensatz   272
Ergodensatz, individueller   95
Ergodentheorie   88
Ergodisch   96
Ergodizität   255

Fibrillation   46
Fisher, R. A.   38
Flackern   278
Fluoreszenz   284
Folge   85
Frequenzdarstellung   151
Frequenzmodulation   261

Gabor, D.   16
Gedächtnis   177
-, langdauerndes   210
-, zirkulierendes   210
Gehirnwellen   257
Gene   71
Gestalt   200
Geulincx   77

Gezeitentheorie 69
Gibbs, Williard 83
Goldstine, Dr. 43
Gruppe 91
Gruppenabtastung 198
Gruppencharakter 92
Gruppenmaß 94, 200

Haar, H. 94
„Händigkeit" 218
Harmonische Analyse 268
Heisenberg, W. 73
Homöostase 169
Hopf, E. 88
Hörschwelle 136
Huxley, J. 242

Identität 91
Induktion, vollständige 183
Informationsgehalt 37, 105
Internuntialvorrat 209
Invariante 90
-, lineare 91
-, metrische 96
Inverse 91

Kippschwingung 163
Kolmogoroff, A. N. 38
Koopman, 88, 95
Kybernetik 39

Lagekoordinate, verallgemeinerte 86
Lebesgue, Henri 83, 118
Lebesguesches Integral 88
Lebesguesches Maß 87
Lee, Dr. Yuk Wing 28, 45
Leibniz 40, 77
Lernen, ontogenetisches 241
-, phylogenetisches 241
Leuchtkäfer 281
Levinson, N. 44
Linnaeus (Linné) 185

Lobotomie 212
Logische Addition 175
Logische Multiplikation 175

MacColl, L. A. 33
Machina ratiocinatrix 40
Magie 250
Magnetband 261
Makromolekül 283
Malabranche 77
Masani, P. 18
Maschine, sich fortpflanzende 252
Maß 89
Maßerhaltende Transformation 97
Materialismus 81
Maxwell, Clerk 39
Maxwellscher Dämon 99
McCulloch, Dr. Warren 39, 42
Mechanismus 81
Metrisch transitiv 96
Michelson-Interferometer 263
Mischungseigenschaft 126
Mittel-Ergodensatz 95
Mittelwert 89
Modulation 111
Molekulare Strahlung 283
Monaden 77
Morgenstern, O. 242
Multiplikator 16
Mutation 71
Myelinhülle 170

Nacheilung 134
Nachentladung 280
Nachricht 107
Negation 175
Neumann, Dr. von 43, 88, 95, 242
Neutron 176
Nichtlineares System 14

Okkasionalismus 77
Osgood, W. F. 88
Oxtoby, J. C. 87